生命と地球の進化アトラス

VOLUME

1

地球の起源から
シルル紀

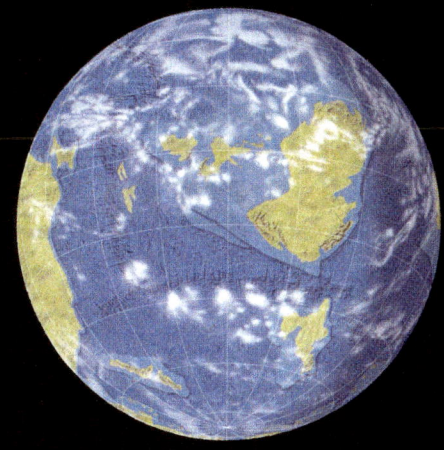

生命と地球の進化アトラス

VOLUME

I

地球の起源から
シルル紀

R.T.J.ムーディ／A.Yu.ジュラヴリョフ 著

小畠郁生 監訳

朝倉書店

Published in the United States of America by
Macmillan Reference USA
1633 Broadway
New York,
NY 10019

All rights reserved. No part of this book may be
reproduced or transmitted in any form, or by any means,
electronic or mechanical,including photocopying, recording, or by
any information storage and retrieval system, without permission
in writing from the publisher.

目　次

シリーズの序　6
地質年代図　9

PART 1 は　じ　め　に　10

地球の起源と特質　14

化石のでき方　30
化学循環　32

生命の起源と特質　34

五つの界　42

始　生　代　44

藻類の進化　54

原　生　代　56

初期無脊椎動物の進化　64

PART 2 古 生 代 前 期　66

カンブリア紀　70

節足動物の進化　84

オルドビス紀　86

三葉虫類の進化　102

シルル紀　104

脊索動物の進化　120

用語解説　122
参考文献・謝辞　137
監訳者あとがき　138
日本語参考図書　139
索　引　140

シリーズの序

　この現代ではたいていの人が，地球の起源，海中での生命の誕生，恐竜の時代，原始人類，氷河時代などについて，おおまかな知識はすでにもっている．しかし，あちこちの採石場や海岸に露出した岩石や，偶然に発見された化石から，これらの膨大な物語が組み立てられたのが，僅かこの200年ほどの間にすぎないというのは驚くべきことである．

　すでに古代ギリシャ人やローマ人も，自然の世界を科学的に観察していた．西暦1200年に中国の博物学者で詩人の朱子（Zhu Xi）も，「高い山に貝殻を見たことがある．……その貝は水中に住んでいたにちがいない．低い土地が今や高地となり，軟らかいものが硬い石に変わったのだ」と書いている．しかし，それから600年後のヨーロッパでも，自然科学の歩みはまだ遅々としたものだった．いくつかの重要な発見はあったが，いぜんとして地球はごく近い過去に，最高の創造主によってつくられたものだという考え方が一般的だった．

　少しずつ，この考え方に疑問を投げかける人が現れ始めた．1788年，スコットランドの地主でアマチュアの地質学者であったジェイムズ・ハットン（James Hutton）は，地球がそれまで考えられもしなかった，気も遠くなるほど古いものであることを強く主張した．彼はスコットランドで，河川や海岸の浸食や砕屑物の堆積層を観察し，古い岩石の層を調べた．その岩層の驚くほどの厚さは，それが膨大な時間をかけて生まれたものであることを示していた．「いつ始まったとも，いつ終わるとも知れない」とハットンはいい，斉一観という考え方を提唱して，「現在は過去を解くカギである」という言葉でそれを表した．この言葉は，自然の法則はどの時代にも変わらないということを意味する．これによって彼は中世的な考え方を葬り去り，地質学を科学として確立した．

　ハットンの生きている間に，化石は単なる珍奇な個人収集物から，生命の起源に関する論争の核心を占めるものとなった．1750年ころまでは，ほとんどの博物学者（多数の聖職者が含まれていた）が，地球上の植物や動物はこれまでずっと同じ姿であったし，これからもずっと同じ姿であり続けるものと考えていた．生物の絶滅などということは，創造主が重大な誤りを犯したことを意味するものと考えられた．しかし，探検や産業的発掘が進むにともなって，未知の動植物の遺骸が次々に発見された．

　北アメリカの初期の探検者たちは，そこで発見したものを研究のためヨーロッパに送った．貝殻やシダの葉はまだそれほどの問題にはならなかったが，1750年ころ，新植民地オハイオの地表堆積層から掘り出された巨大な骨や歯がロンドンやパリに送られてきた．ヨーロッパの学者たちは，これらはある種のゾウの遺物と考えたが，現代のインドゾウやアフリカゾウとは違っていた．何か別種のゾウ——彼らはこれにインコグニトゥム（Incognitum）（「未知のもの」）という名前をつけた——が，今も北アメリカの西部辺境に生きているのではないかと彼らは考えた．しかし，探検者がさらに西に進んでも生きているゾウは発見されず，この理屈は成り立たなくなった．1795年には，フランスの有名な解剖

学者で，古生物学者のジョルジュ・キュヴィエ（Georges Cuvier）は，アメリカのインコグニトゥムは絶滅した動物マストドンであると発表した．彼はほかにもいくつか，化石化した骨しか知られず，明らかに絶滅したと考えられる大型の動物について論文を発表した．これにはシベリアのマンモスや南アメリカの巨大な地上ナマケモノであるメガテリウム（Megatherium）が含まれていた．

キュヴィエは，これらの動物が消滅したのは，全地球的な破局によってすべての生物が一掃されたためと考えた．この考え方は聖書の大洪水や疫病の話と一致し，ゆっくりした変化を主張する斉一観に反対の伝統主義者もこれを支持した．しかし科学としての地質学が進むのにともなって，あらゆる証拠は斉一観を裏づけるように思われた．ごく最近の1960年代まで，多くの地質学者は「超斉一観主義者」となって，現代世界ではもはや観察されない作用は認めようとしないほどだった．実際には，破局論者も多くの点で正しかった．大量絶滅が隕石の衝突や氷河時代といった出来事によって起こったという考え方もある．このような出来事でさえ，今日では自然現象であることがわかっている．

斉一観の考え方を裏づける証拠は，主として1820〜1830年代に築かれた層序学――岩層の新旧の順序づけ――の原理から得られた．ハットンは岩石に対し時間枠を設定し，彼の後継者たちは地球上の多くの場所で特定の岩石の分布がくり返し見られることに気づいた．さらに，特定の岩層には，予測可能な化石群が含まれていた．イングランド南部のある岩層は，同じ化石群を含んでいるスコットランドやフランスの岩層と相互に対比できると考えられた．ある特定の岩層が相互に対比できるものであることが明らかになれば，その上や下にどのようなものがあるかを地質学者は予測することができた．地質時代の重要な区分――石炭紀，ジュラ紀，白亜紀，シルル紀など――が，年代の順にではなかったが，1つずつ定義され，名前がつけられていった．

しかし，化石はどう考えるべきものだろうか？ これは時代とともに，はっきりと変化していった．化石はジョルジュ・キュヴィエが主張したように，一連の創造と絶滅を表すものなのだろうか？ それともさまざまな時代を通してひとつながりのものなのだろうか？ イギリスやフランスの哲学者たちは19世紀の前半，この問題について議論をくり返したが，最後に1859年にその法則とメカニズムを明らかにしたのはチャールズ・ダーウィン（Charles Darwin）だった．今日見られる生物の多様性は，長い時間をかけた系統の分離（種の形成）によってのみ生じえたものであり，すべての生物は想像を絶する遠い昔の共通の祖先にまでさかのぼりうることを彼は示したのである．このようなモデルを与えられ，さらに多くの化石による裏づけを得て，19世紀の古生物学者は，その後ほとんど何の修正も必要としないほどの詳細な生命の歴史を描き上げた．20

> 時間と岩石と化石の複雑な関係について謎が解け始めたのは，1800年代の初め頃からだった．

世紀の発見は，遺伝学の役割が理解されたこととも相まって，さらに多くの光を投げかけたが，現代の古生物学研究の多くは，大まかに組み立てられた全体像の隙間を埋めていっているにすぎない．

地質の科学は1915年ころの2つの大きな進歩によって，革命的な発展を遂げた．その1つは放射年代測定法だった．マリー・キュリー（Marie Curie）およびピエル・キュリー（Pierre Curie）が1890年代に発見した放射性崩壊の原理を岩石に適用したものである．地質学者ははじめて，累重する岩層の絶対年代を確定したり，1830年代に確立された地質時代の放射年代をはっきりさせることができるようになった．

第2の革命は大陸漂移説（大陸移動説）によってもたらされた．1915年まで，地質学者の多くは地球が安定したものだと考えていた．ただし一部には，地図で見るアフリカと南アメリカがジグソー・パズルのようにぴったりと合うことや，はるかに離れた場所で見られる化石が似通っていることに気づいた人もいた．これらが単なる偶然ではないことを最初に主張したのはドイツの地質学者アルフレート・ウェゲナー（Alfred Wegener）だった．これらの大陸は約2億5000万年前のペルム紀から三畳紀には同じ1つの巨大な陸塊の一部だったのであり，今なお移動し続けているのだと彼は主張した．多くの地質学者は，地球は固体であり，大陸を移動させるようなメカニズムは存在しないという地球物理学の定説を論拠として，ウェゲナーの説を嘲笑した．

ウェゲナーの説が最終的に立証されたのは，1950年代から1960年代の初めに深海底でいくつかの発見が行われたのちのことだった．大陸漂移の原動力となっているのはプレートテクトニクスである．大陸や大洋底はいくつかのプレートの上に乗っている．大洋底の中央部で地球のマントルから湧き出してきた新しい地殻が，押し出されていったものがプレートである．新しい岩石が湧き出してくるのにともなって，海洋プレートはそこから両側に同じように押し出されていく．別のところでは，新しい地殻が押し出されてくるのに合わせて，プレートが別のプレートの下に潜り込んだり，2つのプレートが互いに押し合ったりしている．

5億5000万年前の岩石からウサギのようなもっと新しい時代の動物が発見されたら，進化の理論は根本からくつがえっていただろう．しかし，そのようなものが発見されたことはかつてない．

このような動きがアンデスやヒマラヤのような山脈をつくる．

地質学者は地球の歴史を1年ずつすべて調べつくすことはできないし，古生物学者はこれまで地球上に住んだすべての生物の化石を調べることはできない．しかし45億年にわたる地球の歴史を復元するだけの証拠は充分得られているし，予測にはずれる発見や，他の証拠と矛盾する発見というものはほとんどない．たとえば，100万年前に北アメリカやヨーロッパの大半が氷に覆われていたことは，何万という観測結果が一致して示している．カナダでは100万年前の砂漠の岩石や，熱帯のサンゴ礁は1つも見つかっていない．毎年何百万という新しい化石が発掘されているが，カンブリア紀の頁岩からウサギの化石が出てきたり，恐竜といっしょに人類が見つかったりして古生物学者に衝撃を与えたことはいまだかつてない．すでに得られている知識にもとづいて，その隙間の部分で，どのようなものが発見される可能性があるかについては推測することができる．このような考え方は独断的だということもできよう．しかし，何か予想外の新発見によってこれが誤りであることが立証されるまでは，岩石や化石は地球とそのすべての生物種の真の歴史を記録しているものと考えてよいだろう．

本書で読者は，地質学と古生物学の最新の知識を知ることができるだろう．層序学，年代測定，プレートテクトニクスの原理が大枠を定め，詳細な古地理学的地図はこの地球の驚くべき形の変化を示す．あらゆる国の地質学者が世界のあらゆる場所で，その生息環境や気候を調べ，蓄積してきた証拠がすべて，これを裏づけているのである．

第Ⅰ巻は地球の誕生に始まって，それがしだいに生物に適したものとなっていく変化をたどり，初期の生命の出現までについて語る．第Ⅱ巻では大陸が次々と形を変えていくのにともなう山脈の形成，森林の発達，両生類から恐竜類や鳥類までの動物の進化の物語を記す．第Ⅲ巻ではさらに最近の変化について記し，人類の登場や，われわれが地球に及ぼしつつある先例のないような影響についても述べる．これは200年前にジェイムズ・ハットンが想像できたよりも，さらに畏れに満ちた物語である．

マイケル・ベントン　英国・ブリストル大学

地質年代図

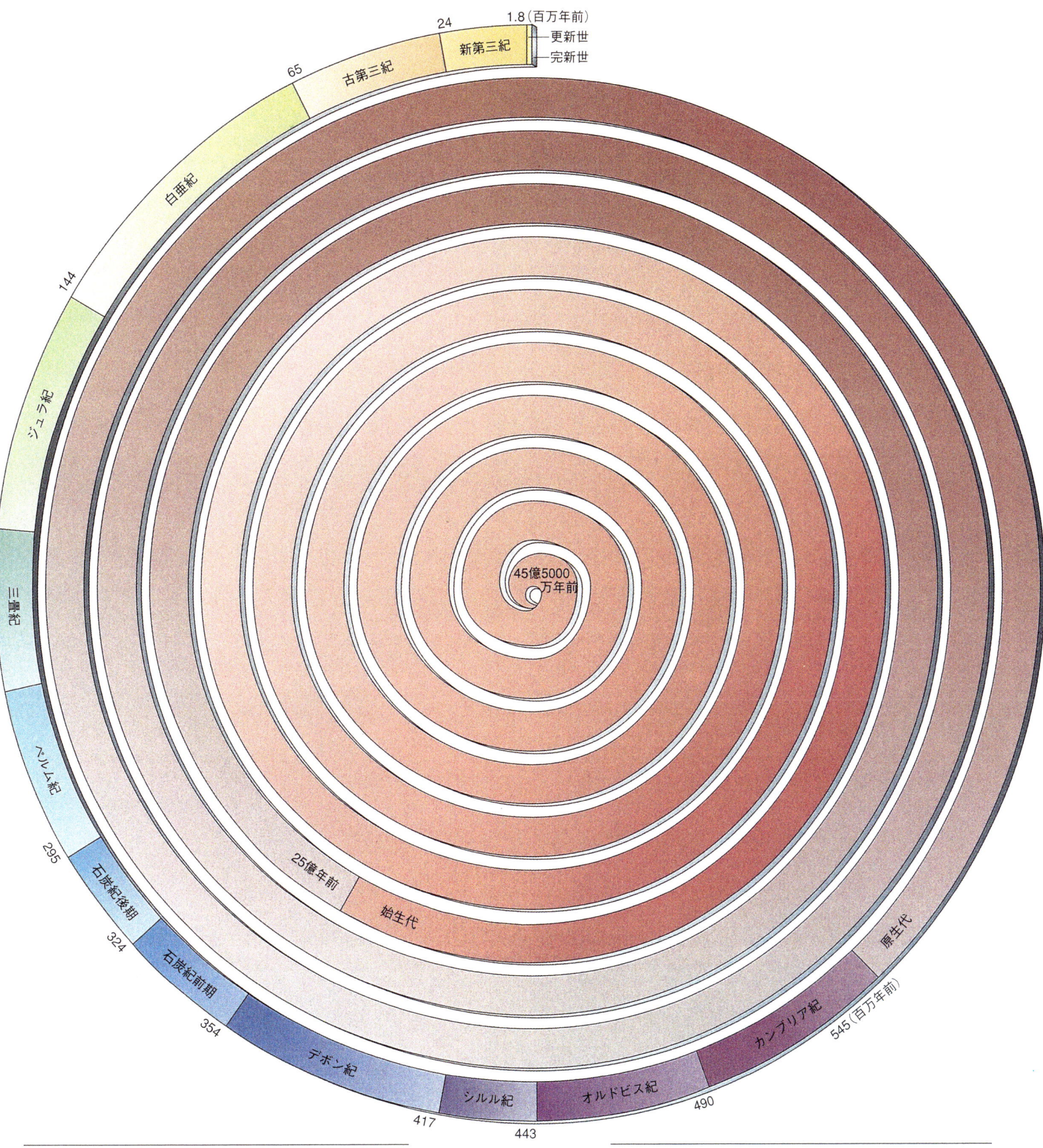

真の時間の長さ

この地質年代図は真の時間の長さがよくわかるよう，渦巻きの形に描かれている．したがって，20億5000万年続いた始生代と，200万年もなかった更新世との長さをはっきりと比べることができる．

最新版か？

地質学の世界で，地質年代ほどしじゅう変化するものはない．たえず検討しなおされているためである．本書で用いているデータは，特に他から指摘された部分を除き，主として Bilal U. Haq と Frans W.B.van Eysinga (Elsevier Science BV) の1988年の年代表にもとづく．

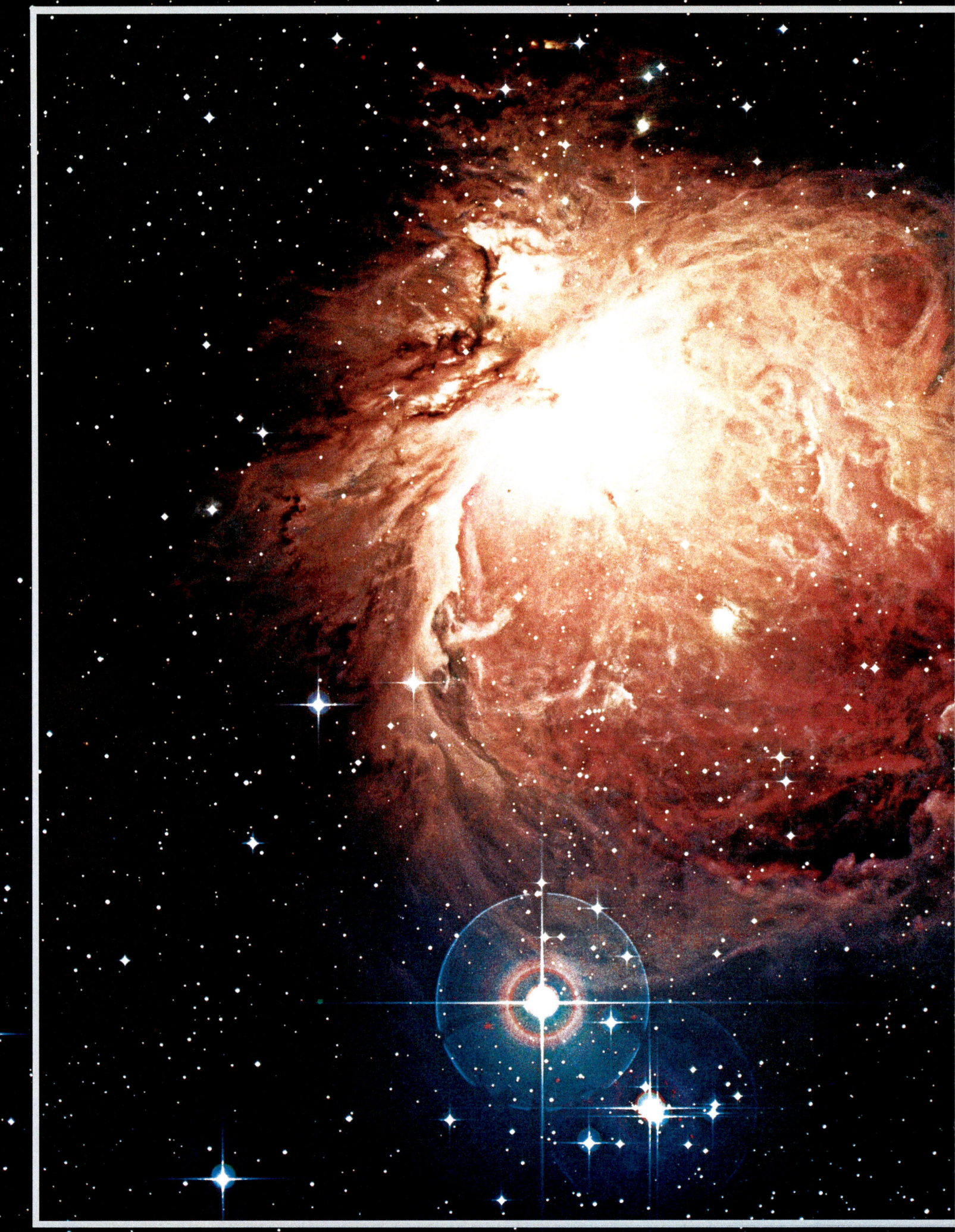

はじめに

45億5000万年前から5億5000万年前

地球史の始まり PART 1

地球の起源と特質 ▶

生命の起源と特質 ▶

始生代 ▶

原生代 ▶

PART 1 はじめに

　地球の年齢と大きさ，そして太陽や他の惑星との関係は，はるか昔から私たちの祖先を悩ませてきた難問にちがいない．古代ギリシア人は，惑星や太陽，月はそれぞれ地球を中心に回る天球上にあると思っていた．紀元前6世紀，ギリシアの数学者ピタゴラス（Pythagoras）は，地球も一つの天体であり，地軸の傾きが季節の変化をもたらすことに気づいた．サモス島のアリスタルコス（Aristarchus）は，地球が太陽の周囲を回っているのだといち早く唱えた一人である．だが，この説が受け入れられたのは1543年，ポーランドの天文学者ニコラス・コペルニクス（Nicolas Copernicus）が，太陽を中心にした太陽系モデルを発表してからであった．このモデルにティコ・ブラーエ（Tycho Brahe）とヨハネス・ケプラー（Johannes Kepler）が磨きをかけ，惑星運動の法則をケプラーが編み出した．望遠鏡が発明されると，ガリレオ・ガリレイ（Galileo Galilei）がこれを使ってコペルニクスのモデルを裏づけ，さらにアイザック・ニュートン（Isaac Newton）が太陽系の物理的特徴を理論的に説明した．

　ヨーロッパでは，聖書に出てくる天地創造の記述をそのまま信じ込み，17世紀の有力な神学者が割り出した6000年足らずという年数を地球の年齢としていた．この問題は18世紀後半から19世紀にかけて盛んに論じられる．スコットランドのアマチュア地質学者ジェイムズ・ハットン（James Hutton）は岩石層に残る証拠をもとに，地球の歴史は途方もなく長いと主張した．20世紀の初頭，放射性同位元素の発見によって岩石の年数を正確に計測できるようになり，地上最古の岩石は40億年前のものであることがわかった．

　私たちの太陽系にある太陽と惑星は，宇宙で最古の存在ではない．これらが現れるずっと前に，水素やヘリウムといった単純な元素の原子から数多くの星が作られていた．この宇宙自体，およそ150億年前に起こった大爆発によって誕生したのである．その後，宇宙空間を漂う破片の雲から星ができ，燃えつきたり，激しい爆発を起こしたり，他の物体と衝突するようになった．こうした破片の雲から，45億5000万年ほど前に地球が生まれたのである．

　現在の天文学者たちは，ハッブル望遠鏡のような先端の科学技術を使って，星間雲や，新たに生じる恒星や惑星を研究し，宇宙のかなたで惑星系が形成される過程の多くを観察できる．今では時間の尺度も確立し，地球が誕生するまでに起きた一連の出来事も確認されている．

隕石，月の石，地球最古の岩石や鉱物，そして最古の化石は，地球史の最初の数十億年を探る重要な証拠となる．だが，こうした初期の資料は限られている．なぜなら地球外から破片が次々と激突して地球最古の岩石を破壊し，内部溶解を引き起こしたあとに，表面の岩石もすべて溶かしてしまったからである．そして45億1000万年ほど前，火星大の物体が地球にぶつかり，両者の地殻が破壊されて月が生まれた．その正確な年代は1960年代後半以降，宇宙飛行士が持ち帰った月の岩石の標本をもとにはじき出された．

　小さな質量の物体でも巨大な量のエネルギーを閉じ込めていることがある．たとえば，直径わずか10 mの隕石が衝突すると，中程度の地震にも匹敵するエネルギーが放出される．この惑星のもとの質量が大きいほど，エネルギーを蓄える量は大きく，期間も長くなる．地球の場合は，誕生して最初の10億年に何度となく惑星の破片が衝突した結果，莫大なエネルギーが蓄えられたと推測される．破片は凍った状態で飛来したと思われるが，衝突によって生じた熱が駆動装置として働き，地球を構成する（コア，マントルなどの）同心円層ができあがった．

　強烈な熱が発生した結果，地球は熱機関と化した．熱と流体の流れが内部「発電機」を動かし始めると，地球の奥深くで対流が起きる．これがやがてプレートテクトニクスを背後から支える原動力となり，地球の表面を大陸が移動し始める．この内部発電機と機械的流れは一方で磁気発電機を作り出し，磁場が生じた．この磁場の存在を示す証拠は35億年も前の岩石に残っている．磁場は一定不変ではなく，周期的に方向を変えており，海底の火山岩には，岩石ができた当時の磁場を示す証拠が「凍結」されている．

　地球史が始まって5億年のあいだ，表面は高温で激しい破壊が繰り返されていたため，地殻の発達が妨げられ，陸塊も成長できなかった．40億〜35億年前，マントルが冷えて対流がゆるやかになると，花崗岩が現れ，初めて微小大陸の核ができた．もう一つの重要な発達は，地球上に水が蓄積されたことである．宇宙の破片が運んできた水分は，火山活動など，当時の地球を形作っていた化学的物理的作用を通して徐々に放出された．そして塩分の豊富な水たまりから，大きな海洋ができた．これが土台となってやがて生物の進化が始まる．その分子ももとは遠い宇宙からやってきたかもしれない．海洋ができたおかげもあって表面の温度はさらに下がった．そのとき以来，地球表面の温度はあまり変動していないものと思われる．

　最後になって現れた特徴の一つに大気がある．最初の段階で地球を取り巻いていたガスはすべて，太陽から吹く激しい風に吹き飛ばされたにちがいない．これらのガスは次第に，二酸化炭素や窒素，水分を豊富に含む新しい大気に置き換わっていった．このようなガスの覆いが紫外線を防ぐ重要な防御壁となり，地球は暖かく保たれた．ガスが複数の層に分かれて，異なる温度で動き始めると，対流が起こり，空気が地球上を循環し始めた．当時作られた鉄分の豊富な堆積物を調べると，酸化した形跡が見られないので，まだ酸素はなかったようである．それでも原始的な生活形が進化し，35億年ほど前に光合成を始めると，その働きで大気中に酸素が増えた．

> 地球が冷えると，以前ほど過酷な場所ではなくなった．初期の大陸ができ始め，水や二酸化炭素，窒素が現れ，最初の微生物が進化した．

地球の起源と特質

　私たちの住む太陽系のなかで，地球は特別な存在である．広い宇宙のどこか別の場所にはまだ調べられていない銀河があり，中心となる太陽からちょうどよい距離に，つまり暑すぎもせず寒すぎもしないところに，惑星が何千個もできている可能性がある．また地球と同様，有害光線を遮断し，銀河の破片をそらしたり破壊したりするガスの保護層に包まれているかもしれない．さらに，こうした惑星が水をなみなみと湛え，豊かな生物圏を維持していることも考えられる．だとしても，これらの特性をすべて備えていることがわかっている惑星は地球だけである．

　地球の物語は100億〜150億年前のあいだに起こったビッグバン（Big Bang）に始まる．これは膨大な数の核爆発にも匹敵する出来事で，その前には，宇宙の物質はすべて途方もない高密度のたった一点に凝縮していた．このビッグバンによって，水素やヘリウムを始めとするすべての化学元素が生じた．水素とヘリウムは最も軽い元素で，目に見えるあらゆる物質の90％以上がこの二つに由来している．これらは宇宙の基本成分であり，したがって地球や生命の基本成分でもある．

　この宇宙は，100億〜150億年前に宇宙空間で起きたビッグバンという激変のなかで始まった．数秒のあいだは，巨大なエネルギーと，電子や陽子，中性子といった原子より小さな粒子しか存在しなかった．温度は100億度という驚異的な値であった．

　それから数分で温度は10億度以下まで下がり，粒子が合体しだして，軽い元素の核が形成された．およそ100万年後，温度が数千度まで下がると，原子ができ始めた．最初の元素は最も軽い水素（H）で，その次がヘリウム（He）であったと思われる．

　ビッグバンの初期に，水素とヘリウムは爆発地点を離れて宇宙空間に吹き飛ばされた．その後，引力によってまとめられ，星雲（nebulae）と呼ばれる濃いガスの雲をつくった．この星雲のなかで恒星や銀河が誕生した．恒星内部で進行する熱核反応によって，水素とその同位元素は結合してヘリウムを生じる．そういう意味では，ヘリウムは水素が燃えてできた産物と言える．

　他の元素，たとえばヘリウムなどが燃えると，炭素（C）や酸素（O）ができる．このあたりは恒星の進化の初期段階であり，さらに進むと，ナトリウム（Na），マグネシウム（Mg），硫黄（S），リン（P），珪素（Si）が作られる．恒星が燃え続けると，核融合が進行して極度な高温と強烈な活性を生じ，鉄（Fe）のような重い元素が作られる．こうして，この宇宙を構成する元素のほとんどが徐々に現れた．

　初期の恒星はどこかの時点でエネルギー源を使い果たし，内部破裂寸前に至った．そこへさらなる引力が加わって，中性子と陽子の衝撃が激しくなった．崩壊した恒星が超新星爆発（supernova explosion）を起こして突然終わりを告げると，鉄より重い元素が新たに生まれた．そして，より多くの物質が宇宙空間に放出された．天文学者たちは今でも，こうした大昔の恒星の生と死のサイクルを宇宙空間のいたるところで観察している．

　超新星爆発によって生じたガスとちりは，新たな星雲として分散している．私たちの住む太陽系の場合，星雲が強力に凝縮して中心をなす熱球，すなわち原始太陽となった．原始太陽のまわりをさまざまな元素の円盤が回転していたが，これらは次第に冷えてもっと大きな物体をつくり出した．そして微惑星（planetesimal）と呼ばれる惑星状の断片が衝突して原始惑星や衛星を生じた．こうした断片の一部は太陽の周囲を回り続け，今でも小惑星帯（belt of asteroids）として残っている．

　最初の星雲が凝縮して20億〜30億年ほど経った頃，太陽系（solar system）が形作られた．中心の温度が1000万〜1500万度に達したときに太陽が輝き始め，水素が融合してヘ

> 軽い気体の水素は，この宇宙で最初の物質であったと思われる．水素は最も軽く最も豊富に存在する元素で，他の元素はすべて水素から作られる．

キーワード

気　圏
コ　ア
地　殻
脱ガス過程
分　化
火成岩
岩石圏
マントル
変成岩
光合成
堆積岩
シーケンス
構造プレート
不整合
斉一観

参照

生命の起源と特質：シアノバクテリア，酸素，光合成
始生代：初期の大陸，最古の岩石
原生代：複雑な生活形の発達

120（億年前）	110	100	90	80
ビッグバン	現在の宇宙の創造			星雲が凝縮する
	物質は主に水素（80％）とヘリウム（15％）から構成されている			

リウムを生じた．約1000万年のあいだ，この融合によって激しい風が巻き起こり，揮発性元素が宇宙空間へ大量に吹き飛ばされた．原始惑星からもこうした元素が引き出され，やがてこの太陽系の内惑星，すなわち水星，金星，地球，火星が形成された．外側の宇宙空間で付加したものは，巨大な外惑星の木星，土星，天王星，海王星を生じた．これらの惑星はまだガス状のままである．

1　ビッグバン，宇宙の起源
2　太陽系星雲が収縮し始める
3　星雲が回転し始め，平らになってくる
4　ほとんどの塊が中央に吹き寄せられて，太陽を形作る
5　惑星が集積して太陽をまわる軌道に乗り，太陽系を作る
6　地球とその他の地球型惑星

微惑星が集積し揮発性元素が消えたところで，地球ができあがったが，まだ分離していない溶岩の塊で，大気もなかった．だが引力が急速に支配力を増して，衝突が続き，放射性活動を通してエネルギーが放出されると，さらに熱が発生し溶解が進んだ．地球と大型の微惑星が激しく衝突してもっと高熱が生じ，月が作られた．この地球を揺るがす出来事が起きたのはおよそ45億年前である．宇宙飛行士が月面で採集した最古の岩石は44億年前のもので，これまで地球の地殻から採集されたどの岩石よりも古かった．

130億年

およそ130億年前にビッグバンが起こった．その結果，太陽系星雲が生じ，数十億年経つあいだに，太陽の付加円盤が太陽系の惑星になった．およそ45億年前，火星大の物体が地球に衝突して月ができた．

7　微惑星が地球に衝突
8　断片が軌道に乗る
9　合体して月ができる

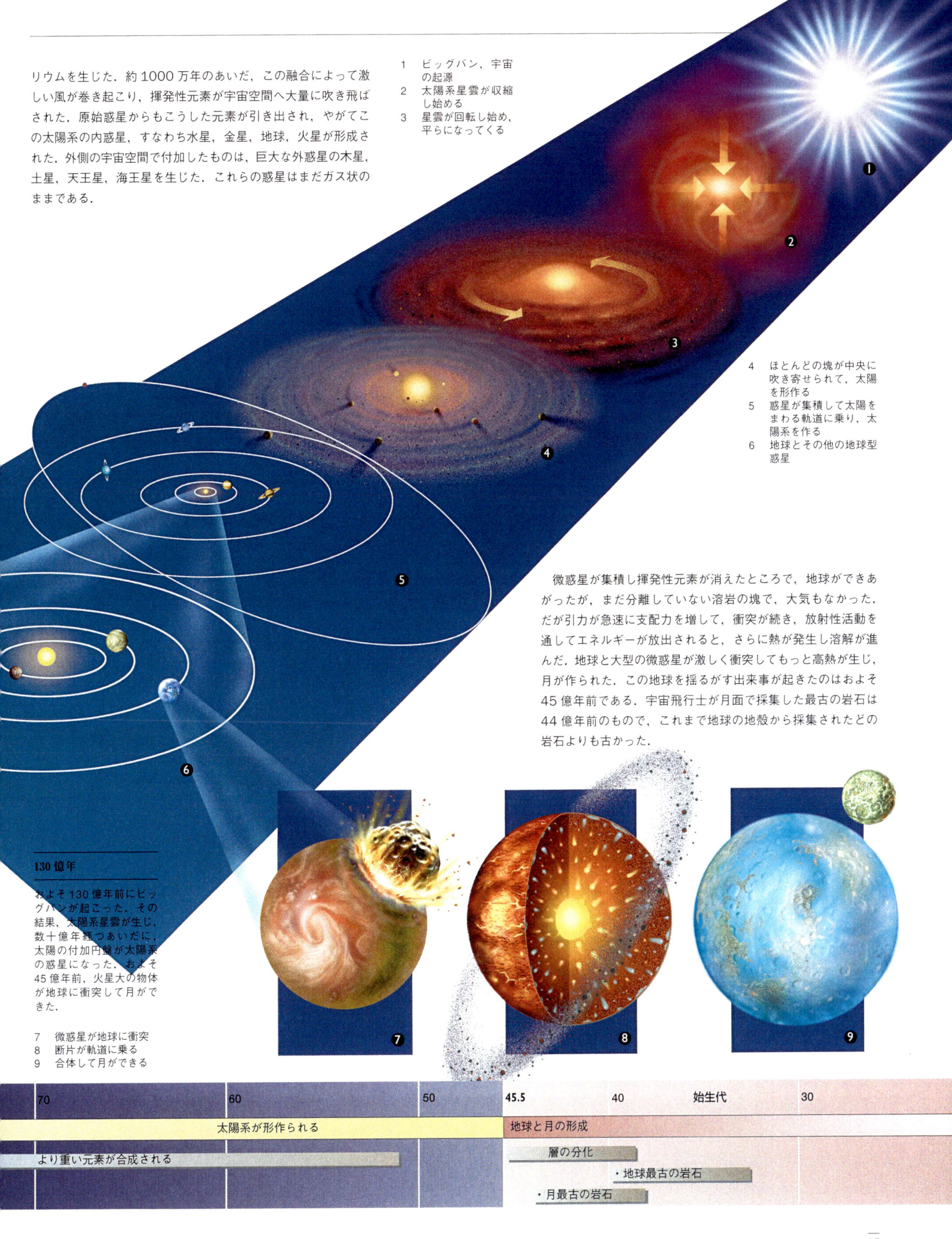

70	60	50	45.5	40	始生代	30
太陽系が形作られる			地球と月の形成			
より重い元素が合成される			層の分化			
				・地球最古の岩石		
		・月最古の岩石				

PART 1

地球の起源と特質

生まれたての地球は珪酸塩（silicate）と金属が一様に混じり合っていたので，表面も中心部分も組成は同じであった．この惑星が付加するときに生じた熱と放射能によって温度が上昇し続け，物質が複数の層に分離した．こうした分化の過程で，鉄やそれに続く重い金属が中心に向かって沈み，軟らかめのコアを作った．計算によると，金属鉄が地球内部に沈み始めたのは，地球の質量の1/8が集まった時点で，地球全体の付加が完了するずっと前であった．ガスを含む軽い元素は上へ向かって流れ，最も軽いガスは宇宙空間に飛び出した．およそ35億年前，コアは最初，熱せられて半分溶けた状態になっていた．だが圧力が増すと，内核（inner core）は固まった．外核（outer core）は，受ける圧力がもっと小さかったので，液状のままであった．

分化の初期段階では，マグマ，すなわち溶けた岩石の分厚い海がコアを包んでいた．4億年の期間をかけてこの海が冷え，重い物質から軽い物質が分離し続けて，マントル（mantle）と地殻（crust）ができる．分化が進むあいだも，初期の地球には微惑星が衝突し続け，マグマの海に飛び込んでさらに温度を上昇させた．

> 地球がどのようにしてできたかは，はっきりわかっていない．だが，科学者たちは，付加がやむ前にコアができ始め，内部は鉄のコアを溶かすほど熱かったと考えている．

惑星の組成はそのもとになったガス星雲（gaseous nebulae）の組成を反映している．宇宙空間の物質が蓄積し，軽いガスが失われ続けた結果，太陽に近い惑星（内惑星，inner planets）は珪素や金属のような重い元素で作られ，一方，火星を除く外惑星（outer planets）は主に水素やヘリウムのガスから構成されることになった．内惑星ができるのにかかった時間は1億年ぐらいであろう．これは，太陽系の形成から月に地殻ができるまでの期間にあたる．惑星ができるにしたがって，内圧が生じ，温度が上昇した．溶解が続くうちに，重元素と軽元素が分離し，重い物質がコアに向かって移動する一方で，軽い物質は表面へと流れた．だが，地球と，その近くにある三つの惑星のあいだには重要な違いがある．

> 地球と付近の惑星はほぼ同時期に同じ物質から作られたが，そのあいだには重要な違いがある．

地球の分化

初期の地球は珪酸塩と金属が均質に混ざった状態であった．鉄とニッケルが中心に集まって最初のコアを作った．その後，酸素と他の金属が珪酸塩と結びついて，コアの周囲にマントルを形成した．最後に，軽い物質が固まって外側の地殻となった．

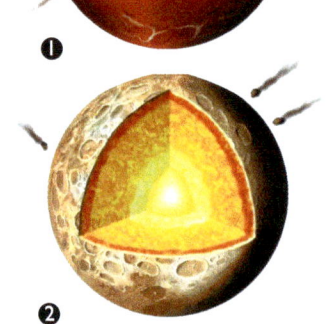

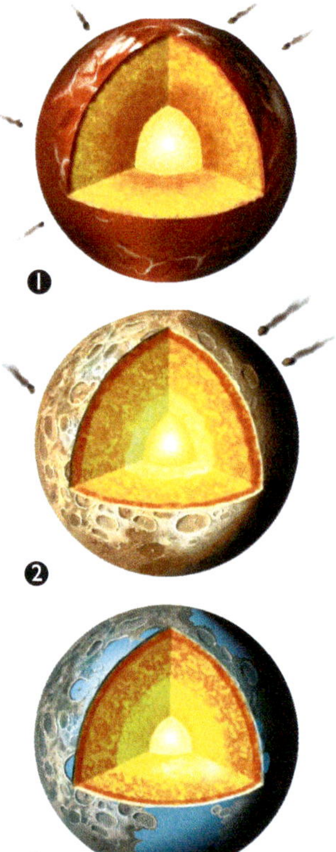

❶

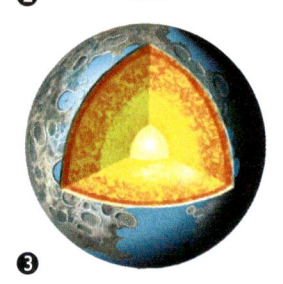

❷

❸

1 付加過程によって地球が温められ，溶けた鉄が沈み込んでコアを形成
2 低密度の珪酸塩が表面へ向かって上昇
3 コア，地殻，マントルへの分化が完了

太陽の家族

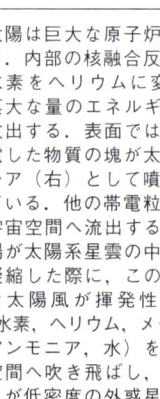

太陽は巨大な原子炉である．内部の核融合反応が水素をヘリウムに変え，莫大な量のエネルギーを放出する．表面では，帯電した物質の塊が太陽フレア（右）として噴出している．他の帯電粒子は宇宙空間へ流出する．太陽が太陽系星雲の中心で凝縮した際に，このような太陽風が揮発性ガス（水素，ヘリウム，メタン，アンモニア，水）を宇宙空間へ吹き飛ばし，これらが低密度の外惑星を形成した．一方，温度の高い中心部では，珪酸塩，酸化物，金属が凝縮して地球型惑星を作った．

大型惑星と小型惑星

太陽に近い四つの小型惑星は主として岩石からできている．金星と地球は同じくらいの大きさである．火星と水星はもっと小さく，地球の衛星である月は水星とだいたい同じ大きさである．木星は大型のガス性外惑星のなかで最も大きい．最も遠い位置にある惑星，冥王星は内惑星と同じように小さくて岩石質だが，温度ははるかに低く，メタンの霜が表面を覆っている．

1　水星
2　金星
3　地球
4　火星
5　木星
6　土星
7　天王星
8　海王星
9　冥王星

❶❷❸❹　太陽風　❺　　❻　　❼

はじめに

外核：炭素，窒素，酸素の化合物

内核：珪酸塩と鉄

液体金属水素とヘリウム

[木星／土星]
きわめて高密度の気圏

液体水素とヘリウムに加えて，少しばかりのメタン，アンモニア，水からなる海洋

[天王星／海王星]
珪酸塩化合物と鉄のコア

原始惑星の破片：炭素，窒素，酸素の化合物

液体水素とヘリウムの海洋

高密度の気圏

惑星の内部

惑星の内部構造は多様である．巨大ガス惑星である外惑星は，珪酸塩と鉄をコアに含むが，岩石質の内惑星のコアは主として鉄とニッケルからできている．巨大ガス惑星はサイズも質量もはるかに大きいので，最も軽いガスのヘリウムや水素でさえも，その分厚い気圏の下に液体層として保持できるほどの重力を備えている．天王星と海王星は木星や土星より質量が小さいため，水素やヘリウムの含有量も少なくなる．地球型惑星の特徴である珪酸塩金属のマントルと地殻は，どの外惑星にも見られない．

水星は地球型惑星，つまり岩石質の惑星のなかで最も小さい．質量は地球とほぼ同じだが，大きな鉄のコアが半径の75％，質量の80％を占めている．外側の層は比較的薄く，大きな微惑星の衝突によってはがれている．水星と月は同じくらいの大きさである．どちらも死んだ状態で，内部に熱を含んでいたり火山活動を起こしていたりする兆候はほとんど見られない．

火星はもっと大きいが，質量は地球より小さい．火星のコアは地球のものより軽いか，密度が低い．地球のコアと違って冷たく，液状ではない．大きさや組成，質量において地球に最も近いのは金星である．木星型惑星は質量が極めて大きく，最も軽い元素である水素やヘリウムでさえ保持できるほどの重力を備えている．

水星，金星，火星はすべて小さめで，その結果，地球よりもはるかに早く冷えた．内部の熱と火山活動がないので，生存に適した大気を保てなかった．小さくて重力も弱いせいで，ガスや水蒸気を失ったのである．地球はこれらの惑星より大きいため，地球内部で生じたガスや水蒸気に対して，より大きな重力が作用した．地球外の物体の要素としてもたらされた水も，同様に維持された．こうした物質がやがて地球の海洋と大気を作り出す．

隕石―太陽系の破片

隕石（meteorite）が地球に衝突すると，研究費がかなり浮く．というのは，隕石から太陽系の年齢と特質に関する重要な手がかりを得られるからである．幸いにも，隕石のほとんどは小さいが，アリゾナ州の隕石孔（直径1.2 km，深さ170 m）のように巨大なクレーターは，ときには何トンもある巨大隕石が地球の表面に衝突してきたことを物語っている．隕石には三つの主要な種類があり，含まれる珪酸塩と鉄の割合に基づいて，鉄隕石，石質隕石（コンドライトとエコンドライト），石鉄隕石と呼ばれる．隕石の大半は初期の惑星物質の溶解や再結晶によってできた．しかし，形成されてから溶けておらず，有機化合物や，生命の基礎単位である単純なアミノ酸を含む珍しいコンドライトも見つかっている．

PART 1

地球の起源と特質

コアは地球の質量の 31 ％を占めている．地震のデータから推測すると，コアの主成分は鉄で，希釈物質として硫黄が（10 ％）含まれているらしい．厚さ 2270 km の外核は溶けていて，密度は水の 10 倍以上にもなる．内核はより大きな圧力がかかるので固化している．内核の直径はおよそ 2400 km で，密度は水の 13 倍に達する（液体金属の水銀とほぼ同じ）．中心部の温度は 4000 ℃ を超え，圧力は 400 万気圧に及ぶ．この温度は周囲の岩石中の放射能が発する熱によって維持され，重力の加圧によって増幅される．放射能は長持ちする熱源である．地球のコアはおよそ 45 億年の年齢だが，今でも大量の熱を生み出している．

初期の地球は原始地殻を発達させるには熱すぎた．分化と冷却，そして降水量の増加によって，ある時期，地球の表面は砕いた氷をまいたクリスタルマッシュのような状態であったにちがいない．地球が熱いままなら，こうした物質はまた次々と溶けていったはずだが，寒冷化が始まると，ところどころに地殻の塊ができたであろう．この地殻は珪素やアルミニウムなど，分化の間に高密度のコアから浮き上がってきた，軽くて溶解温度の低い固体元素の化合物から構成されていたと思われる．

> 地殻が形成されるには，地球が冷える必要があった．これによって再溶解の過程が止まり，岩石が作られるようになった．しかしコアは現在と同様，部分的に溶けたままであった．

現在，大陸下の地殻は厚さが 30〜40 km ほどあるが，海洋の下ではもっと薄い．これは月や金星，火星の地殻に比べてかなりの薄さである．地殻の下では岩石が地球のマントルを作っている．マントルは，重元素がコアのほうへ沈み，軽元素が地球表面へ向かって上昇したあとに残った，コアと地殻のあいだの層である．マントルは深さ 3000 km 近くまで広がりながら，コアを包んでいる．ときおり，溶けた物質が火山噴火を通じて表面へ吹き出してくる．

およそ 38 億年前には，原始大陸の中核を作るのに十分な岩石が形成され，地球の表層に保たれていた．地殻は形成されるあいだに大陸層と海洋層に分化した．それぞれを構成する岩石の種類には特徴があり，これらの岩石から地殻の組成が決定される．そのために，地質学者は様々なレベルで特定の種類の岩石を採集して分析し，相対的存在量を推定して平均値を出し，海洋層か大陸層かの判断を下す．計算値に酸素が含まれる可能性があるが，いずれにせよ，鉄中で軽い物質が枯渇したことを示している．

地殻の密度は水の約 3 倍で，大陸下では主に，花崗岩（火成岩）を基盤とする砂岩や石灰岩などの堆積岩から構成されている．海洋下では，火成岩に玄武岩も含まれる．マントルの組成はもっと推定しにくいが，海洋底のマグマとキンバーライトパイプ（キンバーライトは岩石の種類）を分析すると重要な手がかりが得られる．このパイプはダイヤモンド探鉱と関係があり，しばしばマントル物質の断片を含み，かんらん石や輝石，ざくろ石が豊富に見つかる．これらはみなマグネシウムと鉄の珪酸塩を含むのが特徴である．ダイヤモンドは炭素に高圧がかかった形態で，ダイヤモンドを含むキンバーライトに鉱物が集まっていることから，地球表面の 150 km 下でできたものと推

溶けたマントル

地球のマントルの岩石は，パホイホイという名で知られる動きの遅い粘着性溶岩に似ているかもしれない．火山はマントル中の岩石が地球表面に達する近道になる．地殻の弱い場所の下にマグマだまりができる．そして圧力が強まると，マグマは裂け目へと押し進んで，噴出する．こうして流れ出した溶岩は冷えて固化し，火成岩の塊となる．

地球の内部を探る

科学者は地震によって生じた地震波を分析し，地球の内部構造を調べるのに利用する．衝撃波は表面近くの震源から四方に広がる．実体波は地球の内層を突き抜けるが，そのスピードは地震のエネルギーと波が通る物質の密度によって決まる．速度の速い P 波は圧縮波で，固体も液体も通り抜けることができる．速度の遅い S 波は横向きのねじれ波で，固体しか通過できない．

およそ 2900 km の深さで，S 波が消え，P 波は大きく減少する．この深さに下部マントルと外核の境目があり，外核では密度の高い結晶質岩石が溶解し，液体鉄に変わっている．地震学者は波が表面に届くのにかかった時間を計算して，この情報をもとに様々な層の厚さを地図に描き，その密度を推定する．

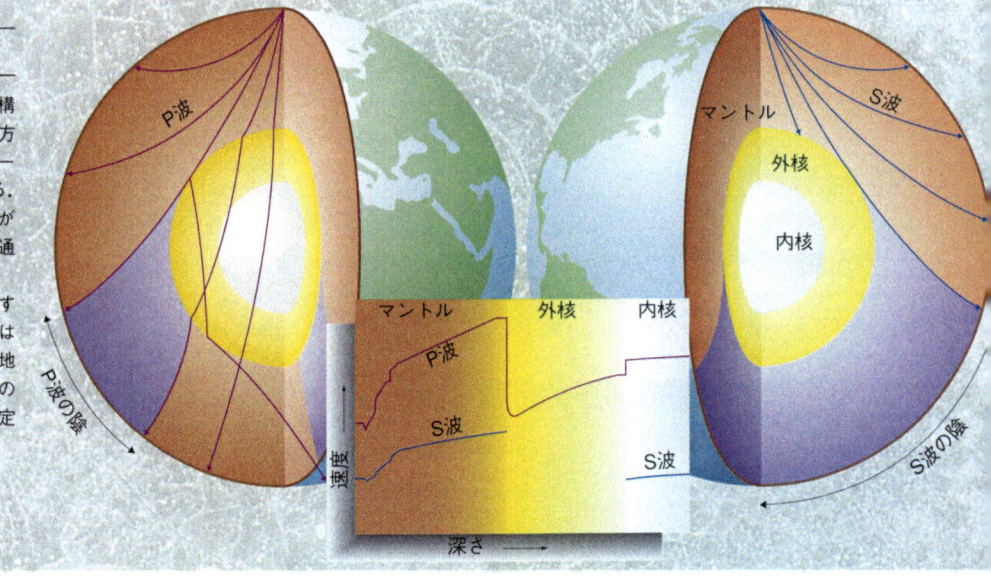

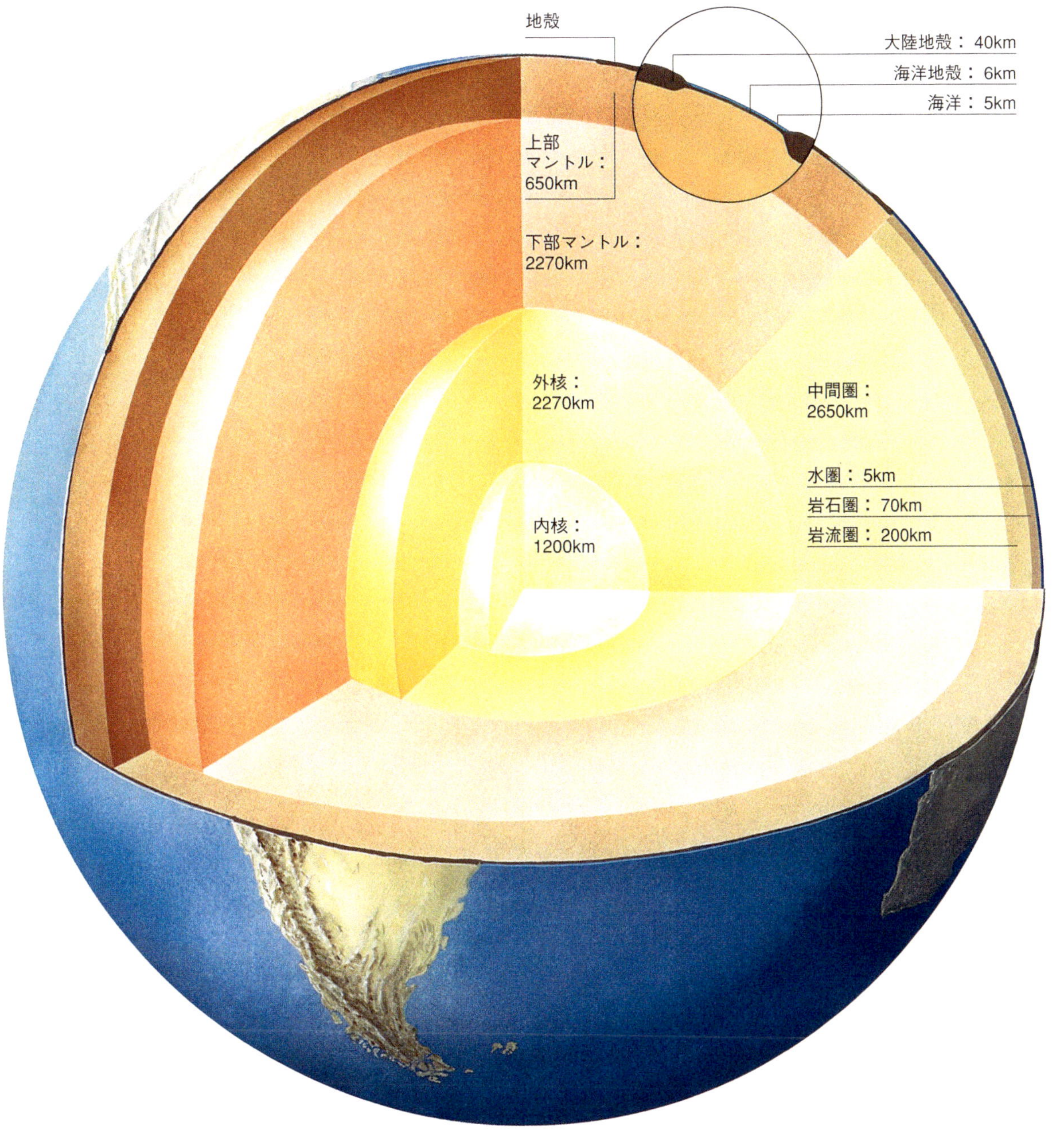

は　じ　め　に

地球の起源と特質

地球の内部

地球の内部は同心円状の層構造をなしている．コアの上に，厚さ2800 kmのマントルがある．上部マントルと固体の地殻は岩石圏を作っている．地殻は大陸下では厚さ30～40 kmで，山脈の下ほど厚みが増すが，海洋下ではわずか6 kmほどの厚さしかない．

地殻
上部マントル：650km
下部マントル：2270km
外核：2270km
内核：1200km
大陸地殻：40km
海洋地殻：6km
海洋：5km
中間圏：2650km
水圏：5km
岩石圏：70km
岩流圏：200km

地球の元素

地殻，マントル，コアは，厚みだけでなく組成も異なる．上部地殻（シアル）はだいたい二酸化珪素とアルミニウムでできている．下部（シマ）は主として二酸化珪素とマグネシウムに富む岩石からなる．マントルの大部分は鉄とマグネシウムに富む岩石で，コアはほとんど鉄からできている．

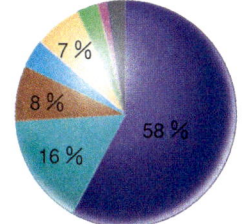

地殻

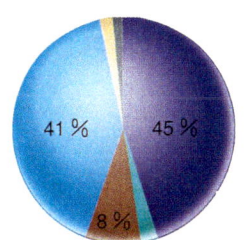

マントル

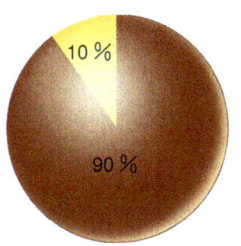

コア

- 珪素
- アルミニウム
- 鉄
- マグネシウム
- カルシウム
- ナトリウム
- カリウム
- 硫黄
- その他

測される．珪素とマグネシウムは上部マントルの主要元素であり，上部マントルの密度は深さによって水の約3.3～3.5倍にまで増加する．

マントルの上部と地殻は厚さ50～70 kmの岩石層，すなわち岩石圏（リソスフェア，lithosphere）を形成する．こうした物質からできた巨大な石板は，半溶け状態の岩流圏（アセノスフェア，asthenosphere）の上を「漂って」いる．石板はプレートに分かれ，岩流圏の動きにあわせて移動もする．

地球ができてから，その大気は数多くの重要な変化を経ている．かつては約80％が二酸化炭素で，遊離酸素は存在しなかった．

初めの頃の地球はとても住める場所ではなかった．熱くて，おまけにどろどろに溶けていて，ビッグバンの残留物である水素とヘリウムが蒸気の雲を作って地球を包んでいた．最初の5000万年ほどのあいだはほとんど変化が見られなかったが，月となる物体が衝突した結果，この初期の層は表面の水とともに宇宙空間へ飛び散った．残ったガスは主に水素と窒素，二酸化炭素だが，これらの出所は様々であった．その一部は原始太陽系星雲に由来するガスやちりがもとになっていた．外から降ってくる隕石も，彗星（comet）と同様，ガスを含んでいた．彗星はほぼ全体が凍ったガスと氷からできている．最初の頃は，こうしたガスに原始惑星のほかの成分がすべて混じっていた．だが，重力がコア，マントル，地殻への分化を引き起こしたように，大気の成分にも影響を及ぼした．

地球が冷え続けるにつれて大気中の水蒸気が凝縮し，雨となって降り始めた．初めは，熱く溶けた地球表面に衝突すると再び蒸発していた．だが，そうこうするうちに地殻の断片がまばらに形成された．隕石や火山活動，降雨によってもたらされた水がたまって，やがて湖や海，海洋ができる．分化が進み，地殻の物質が再形成されるあいだに鉱物が溶け，その際にも，ガスが分離した．

地球の大きさは大気の蓄積と維持を可能にする重要な要因で

19

PART I

地球の起源と特質

あった．もっと小さな地球型惑星は表面の重力が小さく，最も重いガスでさえ宇宙空間に漏れ出てしまう．地球はこのような重いガスをつなぎ止めたので，最初に存在した軽元素の水素やヘリウムが太陽風に吹き飛ばされたあと，地球の大気は二酸化炭素や窒素，水に富んでいたと思われる．酸素はまったくなかった．それは，ガスが抜けたあとの物質は何でも，地球表面の原始地殻に含まれる酸化しやすい金属とすぐに反応を起こしたからである．

火山性の噴出やマグマ活動によって脱ガス過程が進行し，蒸発作用や降水も加わって，いくつかの循環が継続していった．軽いガスは太陽熱によって宇宙空間へ引き出された．最初の数億年のあいだ，地球の大気は火口から吹き出る混合ガスに似た状態であったと思われる．表面が冷えて安定してくると，大気中の水が太陽から届く紫外線の影響を受けるようになり，水は成分元素の水素と酸素に分かれた．これはオゾン層（ozone layer）の形成に先だつ極めて重要な過程だったにちがいない．軽い水素が宇宙空間へ流出し，酸素の蓄積が続いて大気を変化させていったからである．

大気の進化

地球の大気は最初，水素とヘリウムが混じった水蒸気大気であった（1）．大型の小惑星が衝突して，これらの揮発性ガスを吹き飛ばした（2）．その後，火山が内部からガスを噴出し，光化学反応が起きるにつれて，二次性の大気と海洋が形成された（3）．

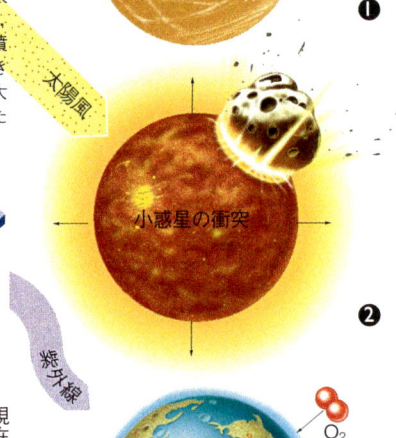

この時期に沈殿した岩石の種類を調べると，大気中の酸素が不足していたことが証明される．そのなかの一つ，チャート（もしくはフリント）は，かつての地球のように低酸素で酸性の環境で形成される硬い堆積岩である．別の種類の岩石を見ると，酸素濃度が徐々に高まったことがわかる．それは縞状鉄鉱石（banded iron stone）と呼ばれる岩石で，交互に現れる灰色と赤さび色の帯に，酸素が低濃度（灰色）から高濃度（赤さび色）まで変動したことが示されている．およそ18億年前には，鉄の沈殿物から灰色の帯がなくなっているので，酸素があったと推測できる．頁岩と砂岩も存在したが，これらの岩石を生み出す風化作用は大気なしには起こりえな

> 太古の岩石は，大気が二酸化炭素を失って酸素を獲得した際の状況を伝える希少な情報源である．

バランスの変化

初期の大気中の水素はすぐに宇宙空間へ散逸した．また，20億年ほど前に緑藻類が進化すると，窒素が増えて，二酸化炭素濃度は下がった．太陽から届く紫外線が気圏上部の化学的性質に影響を及ぼし，オゾン層が作られた．

はじめに

地球の起源と特質

い．同様に，アルカリ性の苦灰岩と石灰岩が現れることから，大気中の二酸化炭素濃度が下がり，もはや酸性ではなくなっていたと思われる．

科学者たちの推測によると，雷雨や氷河作用，マグマ活動の組合せによって，生命に不可欠な化合物が生じたという．酸素に富む大気はこうした化合物の生成を妨げただろうが，ここでもまた地球の運命を左右する重要な変化が起きる．最初の生命体が一度現れると，不可逆的な出来事の連鎖が始まった．様々な種類のバクテリアが現れ，もっと後になると，緑藻類が進化し，自ら食物を作り出す際に酸素を放出して，この世界を変化させていった．大気が現在の状態に似てくるのは，25億年前に始まった原生代（Proterozoic）に入ってからである．窒素は現在，大気の全体積の78％を，酸素は21％を占めている．二酸化炭素は私たちが吸う空気のわずか1％にしかならない．

大気がまだ二酸化炭素を多く含むあいだ，原始海洋に降り注いでたまる雨は現在に比べてはるかに酸性度が高かった．この酸性の水が岩石に作用し，カルシウムとマグネシウムの化合物を溶かした．初期の海水の一部は火山性の噴出と，そしておそらく彗星によってもたらされたもので，そのことは海洋の組成にも現れていたであろう．浸食の産物である塩分が加わるにしたがって，海洋の化学的性質も次第にできあがってきた．海洋の塩分濃度はこの40億年のあいだほとんど変化していないと，科学者たちは考えている．現在の海水に溶け込んでいる塩分は平均3.5％で，そのほとんどすべてが食塩（塩化ナトリウム）だが，カルシウム塩とマグネシウム塩もかなり含まれている．地球の内部では今も熱が発生し続けており，火山活動を伴う熱流は，岩石圏を移動する石板，すなわち地質学でプレートと呼ばれる構造の進化において重要な要因となっている．重い物質が放射能を出して安定化するといった，内部過程で作られた熱

薄いおおい

気圏のガス（上）は薄い層を作り，太陽から送られる熱と光の——あまり多くではなく——一部を侵入させる．気圏は地表の上約700 kmにわたって広がったあと，外の宇宙空間へと溶け込んでいる．高度が上がると気圧は急激に落ちるので，気圏の総質量の3/4が地上8 kmまでに含まれている．

気圏の構造

気圏の層（右）の違いはもっぱらその温度に現れ，中間圏上部の－90℃から，熱圏上部の1300℃程度までの差がある．一番下の層は対流圏で，雲の大半と気象系がここに属している．その上に位置するのが成層圏で，ここにはオゾン層があり，熱圏では宇宙空間へ反射されない太陽からの有害紫外線放射を，大部分，遮断している．このような構造がなければ，地球は生命を維持できないほど急速に熱くなるであろう．

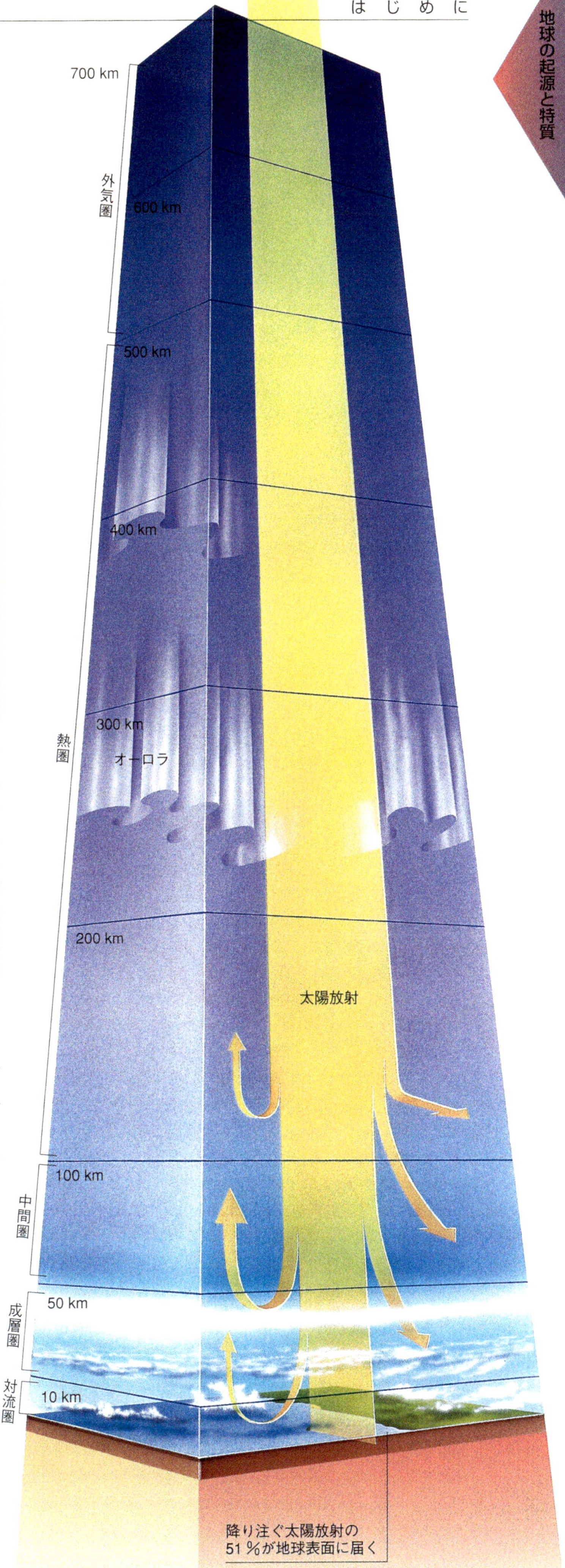

外気圏
700 km
600 km
500 km
400 km
熱圏
300 km オーロラ
200 km
太陽放射
中間圏
100 km
成層圏 50 km
対流圏 10 km

降り注ぐ太陽放射の51％が地球表面に届く

PART I

地球の起源と特質

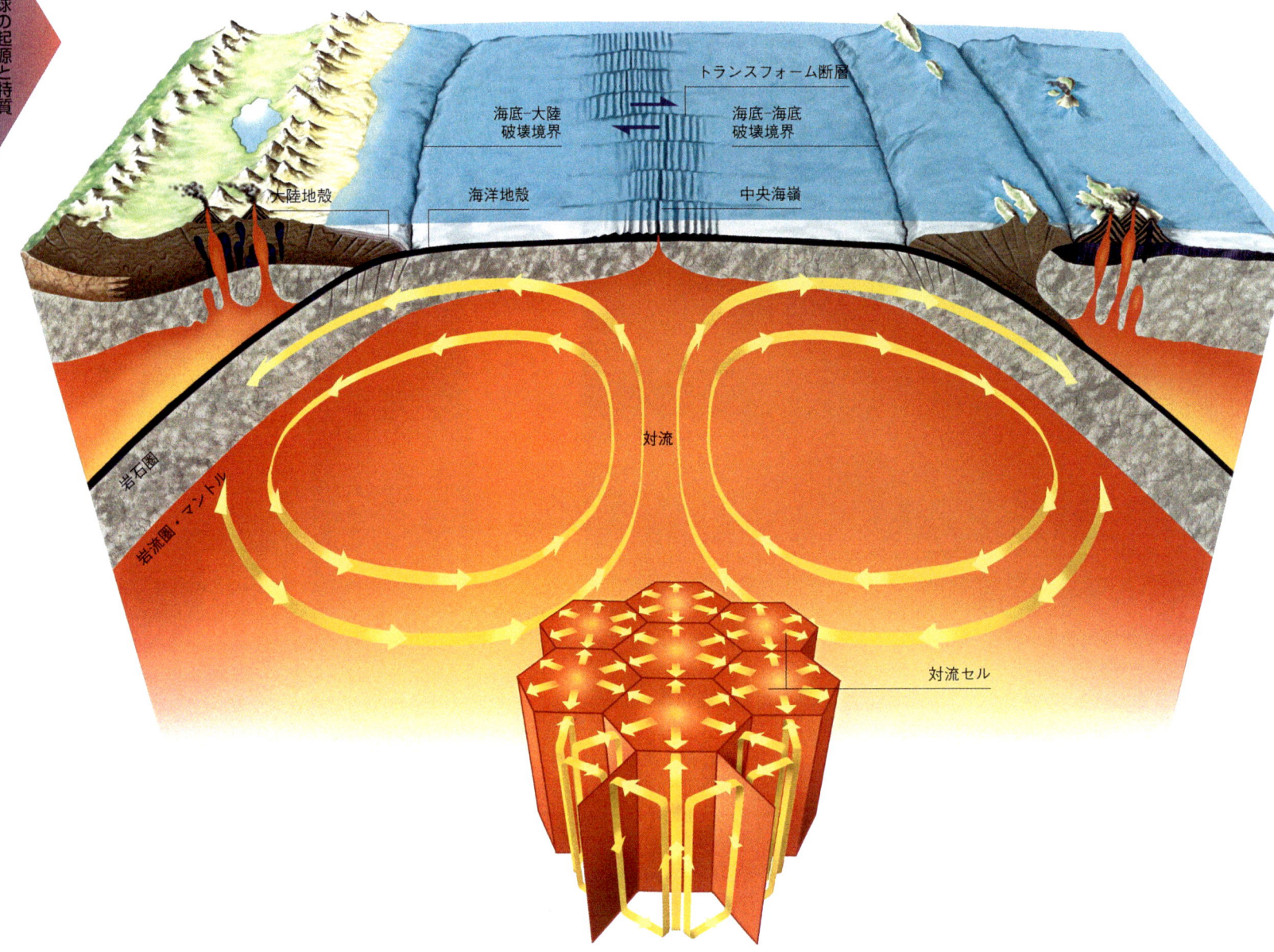

は，まず，単純な伝導を通して上や外へ流れていく．地殻内では，冷たく固い岩石を通過して気圏へと熱が出ていくので，この現象がとりわけ顕著に見られる．

地震データによると，岩石圏（地殻と，もろいマントル上部）の下に，部分的に溶けた岩流圏がある．200 km下のマントルは固体だが，コアとの境界――2900 km下――では，内部温度が1500℃から3900℃以上まで上昇する．深くなるほど圧力も増し，原子がより密に押し固められていることが，地震から得られる情報により確かめられている．地球内部の最も熱い部分が溶けて煮えたぎるのを防いでいるのは，この圧力と密度である．

高温高圧にさらされた固体はじわじわと動き，温度と圧力が増すほど，対流が起こりやすくなる．熱せられた物質は上昇して冷たい表面に達したところで横に広がる．この対流が，循環する岩石の対流セルを作り出す．このようなセル――ときには何層にもなる対流セル（convection cell）――がマントルに影響を及ぼす．沸き上がった熱い物質は，岩石圏を構成するモザイク状の固いプレートの下で広がる．マントル物質の対流は巨大エンジンのような働きを示し，プレートを水平方向に押すが，明らかな回転運動も伴う．この活動が大陸漂移（continental drift）の現象を引き起こし，大陸はプレートに運ばれて地球の表面をゆっくりと，絶えず移動する．そのプレートも溶けたマントルの上に浮いているのである．

プレートにかかる力

地球の地殻にかかるストレスは地球表面の岩石に褶曲や断層をもたらし，地震と火山活動を引き起こす．より大きな力がかかると大陸全体も動く．地殻は構造プレートと呼ばれる巨大な石板に分かれている．マントルから生じる熱が対流を引き起こして溶岩を地殻へと押し上げ，地殻に達した溶岩は冷えて再び下降する．岩石圏の下で，マグマの活動が上に浮かぶプレートを動かしている．プレートが分離すると，マグマが広がって新しい地殻ができる．プレートが出会う場所（破壊境界）では，地殻がプレートの下に押し下げられて再循環する．こうした力が山や深海の海嶺を形成する．

現在の地球には七つの主要な構造プレートと数多くの小型プレートがある．それぞれのプレートはオイラー極（Eular pole）

> 地震や火山，造山運動は，プレートが動いている変動帯で起きる．もしも地球のすべての場所が変動帯にあれば，大陸は存続できないし，大昔の岩石を調べたくても，繰り返し破壊されているので入手できないであろう．

と呼ばれる点のまわりを回転している．地球の中心を通る仮想線を描いたときに，地球表面上の出発点にあたるのがオイラー極である．地殻の断層に沿って互いにすれ違っているプレートは，小さな円を描き，一方，中央海嶺（mid ocean ridge）で互いに遠ざかっているプレートはより大きな円を描いている．すれ違うプレートどうしが接するところが横ずれ境界であり，海洋底でプレートが互いに遠ざかっている箇所は海底拡大の現場になる．北アメリカの太平洋岸にあるサンアンドレアス断層帯はプレート間の横ずれ境界の例である．また，大西洋中央海嶺はアフリカプレートと南アメリカプレートの分け目にあたり，ここで両プレートがゆっくりと離れている．

は　じ　め　に

地球の起源と特質

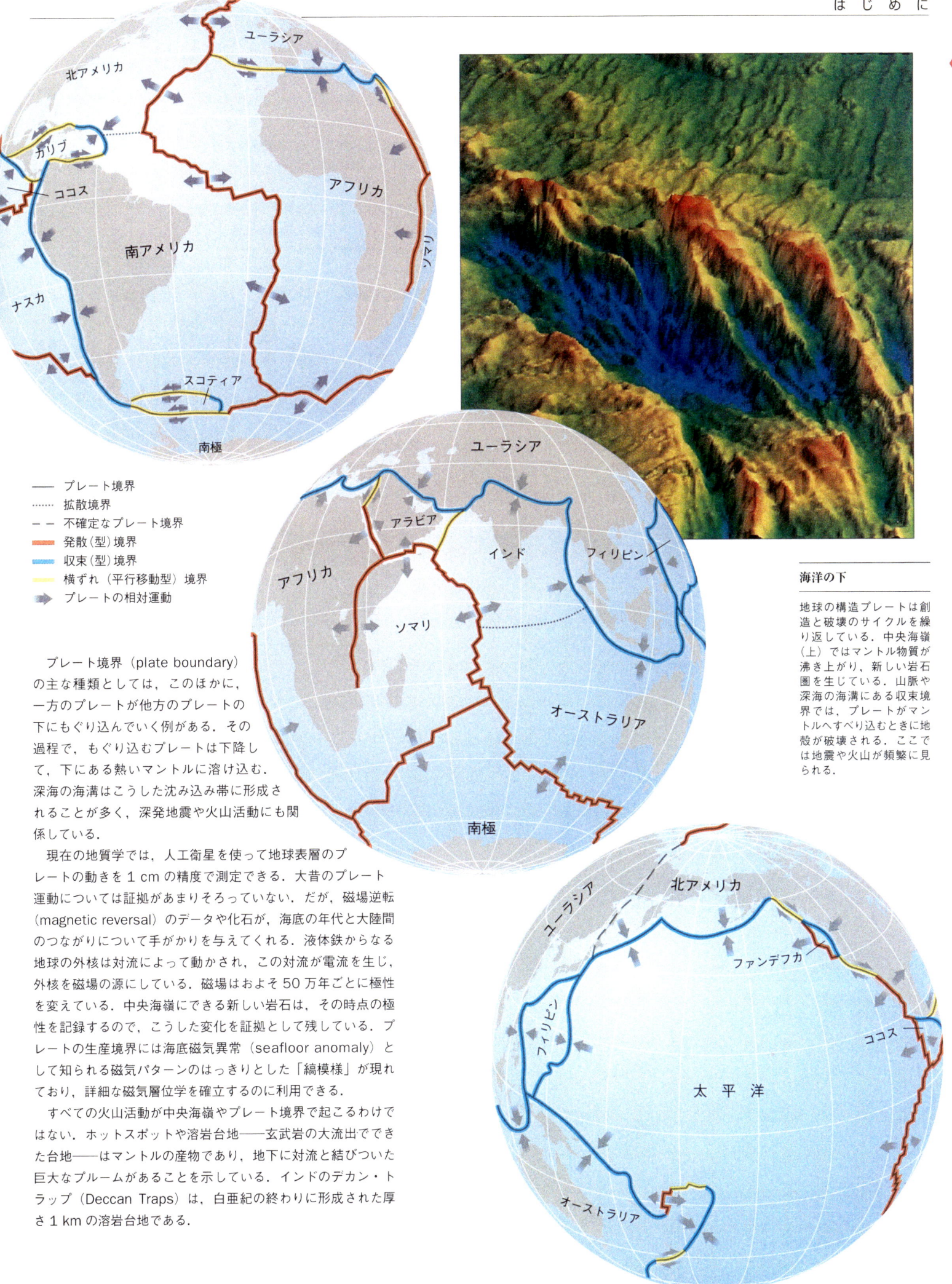

- ── プレート境界
- ⋯⋯ 拡散境界
- ── 不確定なプレート境界
- ── 発散（型）境界
- ── 収束（型）境界
- ── 横ずれ（平行移動型）境界
- ⇨ プレートの相対運動

海洋の下

地球の構造プレートは創造と破壊のサイクルを繰り返している．中央海嶺（上）ではマントル物質が沸き上がり，新しい岩石圏を生じている．山脈や深海の海溝にある収束境界では，プレートがマントルへすべり込むときに地殻が破壊される．ここでは地震や火山が頻繁に見られる．

　プレート境界（plate boundary）の主な種類としては，このほかに，一方のプレートが他方のプレートの下にもぐり込んでいく例がある．その過程で，もぐり込むプレートは下降して，下にある熱いマントルに溶け込む．深海の海溝はこうした沈み込み帯に形成されることが多く，深発地震や火山活動にも関係している．

　現在の地質学では，人工衛星を使って地球表層のプレートの動きを 1 cm の精度で測定できる．大昔のプレート運動については証拠があまりそろっていない．だが，磁場逆転（magnetic reversal）のデータや化石が，海底の年代と大陸間のつながりについて手がかりを与えてくれる．液体鉄からなる地球の外核は対流によって動かされ，この対流が電流を生じ，外核を磁場の源にしている．磁場はおよそ 50 万年ごとに極性を変えている．中央海嶺にできる新しい岩石は，その時点の極性を記録するので，こうした変化を証拠として残している．プレートの生産境界には海底磁気異常（seafloor anomaly）として知られる磁気パターンのはっきりとした「縞模様」が現れており，詳細な磁気層位学を確立するのに利用できる．

　すべての火山活動が中央海嶺やプレート境界で起こるわけではない．ホットスポットや溶岩台地——玄武岩の大流出でできた台地——はマントルの産物であり，地下に対流と結びついた巨大なプルームがあることを示している．インドのデカン・トラップ（Deccan Traps）は，白亜紀の終わりに形成された厚さ 1 km の溶岩台地である．

PART 1

地球の起源と特質

地球の地殻は岩石からできている．岩石は鉱物の集まりである．鉱物は自然にできる化合物（ときには元素）で，どこで見つかろうと，常に同じ化学組成を持つ．岩石は一種類，もしくは数種類の鉱物の集合で，その組成は形成されたときの状況によって変わる．したがって，石英は鉱物であり，花崗岩は岩石と定義される．岩石には三つの主要な種類があり，それぞれできた場所と，形成時の地質学的過程が異なる．地殻の割れ目にそって上昇する溶岩，すなわちマグマは表面に達すると固まる．火山から噴出して固まるマグマもある．こうして固まったマグマは結晶化という過程を経て火成岩（igneous rock）となる．マグマの熱さや固まるのにかかった時間によって，岩石のきめは粗くなったり細かくなったりする．初期の地球で最初に結晶化した火成岩を，地質学では初生岩石と呼ぶ．このなかには玄武岩や，火山活動でできたきめの細かな岩石が含まれる．きめの粗い結晶質岩石は，徐々に冷えて厚くなっていく地殻のなかで作られた．その成分である鉱物はそれぞれの鉱物が結晶化したときの温度を反映している．地球最古の地殻はもっぱら火成岩からできていたと思われる．

地表では，風や雨などを受けてこうした初期の岩石が浸食され，砕屑性の鉱物を生じた．ここから最初の砂岩や礫，海岸の礫岩ができた．浸食と風化作用で地表の岩石は削られて小さな粒子になり，雨や川，海水などの水に押し流された．そして層をなして積もり，押し固められて，頁岩や石灰岩，砂岩のような堆積岩（sedimentary rock）を形成した．

> 地球最古の岩石を形成したプロセスは，今でも3種類の岩石（火成岩，堆積岩，変成岩）が絶え間なく再循環しているところから調べることができる．

地質学的プロセス

岩石は絶えず破壊され作り替えられている．風化作用によって地表の岩石は砕かれる．砕かれた岩屑は洗い流されて埋もれ，圧縮されて堆積岩になる．この岩石は再び押し上げられる場合もあれば，加圧と加熱によって変成岩に変わったり，地球の奥深くに運ばれて溶け，火成岩を形成する場合もある．

堆積岩

水や氷，風に運ばれてきたちりから堆積物が積もって固まると，石灰岩や砂岩のような堆積岩が形成される．この過程は水の底や陸上で進行する．

1　角礫岩
2　礁石灰岩
3　岩塩（塩）
4　砂岩
5　タービダイト

はじめに

火成岩

火成岩はマグマが冷えて結晶化するときに作られる．溶岩の噴出や火山（溶岩）を通して地球表面に達したマグマが「火山」岩を形成するのに対して，深いところでできた岩石は「深成」岩と呼ばれる．

7　軽石
8　玄武岩
9　花崗岩

に多く見られる）長石や，のちには粘土鉱物ができた．こうした岩石が初めて現れたときの地質学的記録は消えてしまっている．原因は火山活動や，岩石の鉱物が常に溶解や再溶解を繰り返しているところにある．地球の表面に見られる岩石の約70％は，あとから作られた堆積岩がもとになっている．この岩石が長年にわたって風化作用や浸食作用を受け，何百万年もかかって空気や水，有機物質と結びついて土を作り出した．

地質学には「現在は過去を解く鍵」という格言がある．つまり，川床の礫や氷河の氷礫土など，堆積物の沈殿に関わる基本プロセスは，長い年月を経てもほとんど変化していない，という意味である．したがって現在のこうしたプロセスを研究すれば，地質学的時間のなかで過去に存在した環境を分析できる．斉一観と呼ばれるこの原理は，地球の歴史を理解するのに役立つ．

堆積岩が地中深くに埋まれば，高温高圧によって変成岩（metamorphic rock）に変わる．熱い火成岩に触れてもこうした変化は起こりうる．その一例が，溶けたマグマが堆積岩の層にしみ込んだときの現象である貫入（intrusion）である．熱せられたり溶けたり，押し曲げられたり砕かれたりした結果，低変成度の粘板岩から高変成度の片岩や片麻岩まで，幅広いグループの変成岩ができた．変成度は変形の強さや，熱せられる度合いを測る尺度である．変成度が高いほど，岩石を作り出した熱や圧力が高い．変成岩が今度は，風化作用や浸食作用を受けて再び堆積岩を形成し，こうして岩石の循環がどこまでも続いていく．

この循環は必ずしも規則正しく起こるのではなく，途切れることもある．たとえば火成岩が表面に露出せず，地殻に埋まったままだと，プレートテクトニクス活動に関係した強度の加圧と加熱を受けるかもしれない．この場合，火成岩は変成岩に変わる．

大陸盾状地，すなわち大陸の中心にあるクラトン（craton）を構成しているのは太古の変成岩である．太古の大陸の縫合線や，大陸の下へ海洋プレートがもぐり込んでいるところでは，地面が押し上げられて高い山脈ができた．山を流れる水の筋が川になり，氷原は氷河へ，湖は内海へと成長した．そしてこれらが，風雨にさらされて山から削り取られた堆積物を運び去った．浸食によってまず最初に作り出されたのは二酸化珪素（SiO_2）に富んだ堆積岩で，（地球の地殻

変成岩

きわめて高い温度と圧力がかかると，その場にある岩石は再結晶化し，片麻岩のような変成岩を形成する．これは地球表面のずっと下で起きる．

6　片麻岩

岩石循環

（右）岩石は，一つの種類から別の種類へと果てしなく変化している．マントルから出たマグマが結晶化すると火成岩になり，その後，浸食を受け，沈殿して固まると堆積岩になる．地下の熱と圧力は堆積岩を変成岩に変える．マントルの下へ運ばれた岩石は溶けて，新たなマグマとなる．

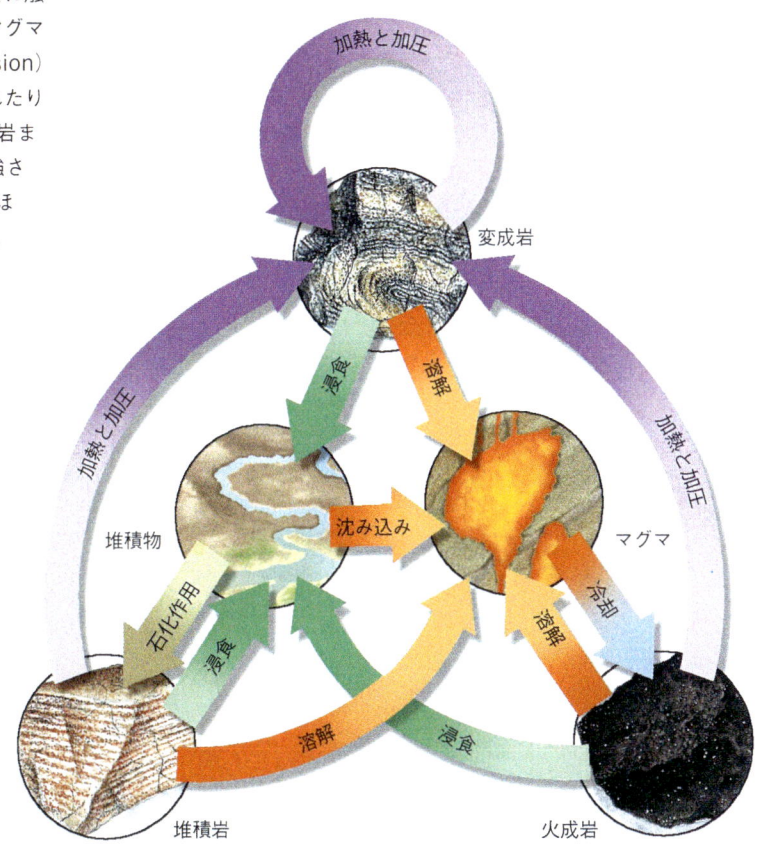

PART I

火成岩と変成岩はたいてい地球の奥深くで作られるので，岩石を生じた出来事を調べるのは難しい．だが，堆積岩は地球表面で形成され，そのときの環境を記録している．もし岩石の累層が順序正しく保存されていれば，この記録を分析するのは比較的たやすいが，そういう例はめったにない．地層は常に最古のものが一番下，最新のものが一番上になるように作られていくが，浸食などで累層が欠けている場合も多い．シーケンスが途切れている箇所に見られる二つの層の境界を不整合（unconformity）と呼ぶ．地球の運動によって地層の位置が変わり，もともと水平に向いていたものが傾くことがある．ときには，構造活動のせいで褶曲した地層ができたあと，平らに浸食されて，そこへ新たな堆積物の層がかぶさることがある．その結果できた平行でない地層の並びは，傾斜不整合として知られている．変形していない地層の上に浸食面ができた場合は，平行不整合（非整合）という用語が使われる．古い火成岩や変成岩の上に堆積層が乗ってできた不整合は，ノンコンフォーミティー（無整合）と呼ばれる．

堆積物の沈殿は大陸縁に近いほど盛んになる傾向がある．ここは地表の岩石が風化や浸食作用で削り取られ，水に運ばれて海に到着する最終地点である．中央海嶺に近づくほど沈殿は少

> 岩石層の一部はほぼまちがいなく欠落しているので，その歴史解釈は難しい．

岩石中の記録

1500 m の深さがあるグランドキャニオンでは，22億年前までさかのぼる岩石の層が垂直断面に現れている．これは，アリゾナ州のコロラド川が広大な卓状地に峡谷を刻み込んだときに形成された．一番古い岩石は浅水中で沈殿した堆積物から作られ，その後，造山過程によって変成され，ヴィシヌ片岩として知られる岩石になった．これに火成岩が貫入し，ゾロアスター花崗岩ができた．山々は浸食によってだんだん平らになり，流れ出した溶岩と堆積岩の（グランドキャニオン超層群と呼ばれる）層におおわれた．これらの岩石層と，その上にある古生代の堆積岩層は「大不整合」によって分離されている．

なくなっていく．海水準が上昇する海進の時期になると陸地は周期的に水をかぶり，その結果，海成堆積物が沈殿する．このような堆積物が大量に沈殿すると，長い年月を表す岩石シーケンスが形成される．堆積より浸食のほうが多く起こると，堆積物のシーケンスが途切れ，不整合によって分断される．

シーケンス内の堆積岩の各層は，それぞれ色や粒子の大きさ，鉱物，構造に特徴がある．岩石ができた場所や時代に特有の化石を含むこともある．不整合はしばしば，きめの粗い礫岩質堆積岩があるところに見つかる．これは海水準が上昇した印にもなる．この場合，氾濫が起きて古い表面が浸食されたことを示している．上にかぶさる新しいシーケンスの基底となる堆積物の種類は，堆積した時期の環境変化に応じて横方向に異なっている．陸上や海岸地域での浸食が，沖の環境での堆積と同じ時間枠内で起こりうるからである．

アリゾナ州のグランドキャニオン（Grand Canyon）は，層序シーケンスが露出した最も顕著な一例である．この地域で20億年以上前に造山活動から生じた火成岩と変成岩が基盤を作っている．この岩石は，約 700 万年前に氷河が溶けて洪水を起こし，コロラド川沿いに大峡谷を刻むまで埋もれていた．

堆積岩のシーケンスは褶曲（folding）や断層（faulting）の活動によって完全に上下逆さまになることがある．褶曲にはいくつかの種類が，そして断層には数多くの種類がある．上向褶曲，すなわち層状の岩石が最古の層を中心にしてアーチを作ったものを，背斜と呼ぶ．下向褶曲，すなわち一番新しい層を中心にした（しばしば背斜といっしょに見られる）谷状構造は，向斜と呼ばれる．横臥褶曲は，軸が水平になるように褶曲がひっくり返ったものである．断層は地殻の割れ目にそって側面の塊がずれたものである．正断層では，一つの塊が断層面を下降

岩石の相対年代測定

相対年代測定の最も基本的な原理は，1669 年にニコラウス・ステノ（Nicolaus Steno）が唱えた層序累重である．堆積層が順番を乱されずに連続しているとき，各単層は下のものより新しく，上のものより古い，という原則である．ステノの第二原理は水平堆積の原理と呼ばれ，単に，地層は（多かれ少なかれ）水平面に堆積する，と述べたにすぎない．地層はもともと平らで連続していたということに気づいたステノは，第三の原則，側方連続の原理を思いついた．これにより，よく似た岩石が谷の両側や別の断面にも現れる理由が説明できる．

地層は年月を経ても変わらずにあるわけではない．長いあいだ，地球の表面は常に浸食や隆起，褶曲，断層の作用を受けてきた．ほかの岩体に貫入されたり，包み込まれたりすることもある．こうした特徴は，影響を受けている岩石よりも新しいと思われる．これが地質学的相互関係の原理である．乱されていない岩石層は整合，岩石記録にできた途切れは不整合と呼ばれる．傾斜不整合は，傾斜したり褶曲したりした堆積岩の上に平らで若い層が積み重なったときにできる．平行不整合（非整合）は，平らな古い層が浸食されたところへ新しい層が積み重なったときにできる．平らな層と，古い変成岩もしくは火成岩を分けるのが無整合である．

1　堆積物の層序累重
2　変成，変形，隆起
3　花崗岩プルトン（深成岩体）の貫入
4　沈降と海成堆積物（頁岩）
5　不整合として残された浸食面
6　傾斜と隆起
7　浸食面に砂岩堆積物が沈殿
8　傾斜不整合

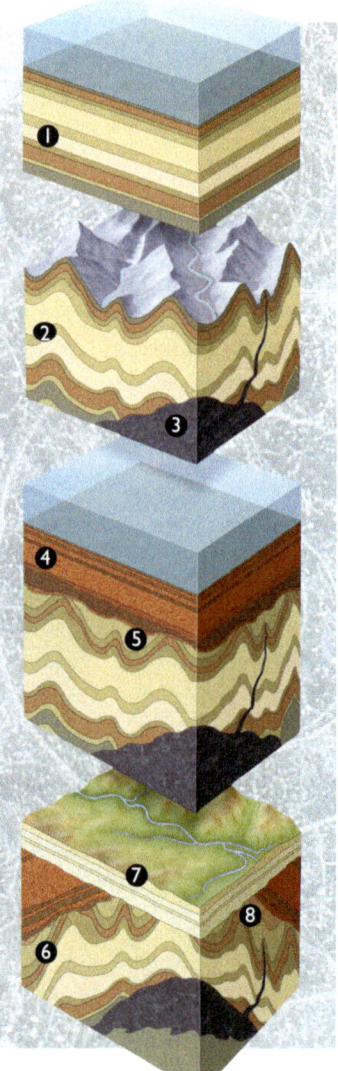

はじめに

地球の起源と特質

- カイバブ石灰岩
- 海生生物の化石
- トロウィープ層
- 海生生物の化石
- ココニノ砂岩
- 脊椎動物の足跡
- ハーミット頁岩
- スーパイ層群
- 植物化石
- レッドウォール石灰岩
- 海生生物の化石
- テンプルビュート石灰岩
- ムアヴ石灰岩
- 三葉虫類
- ブライトエンジェル頁岩
- 三葉虫類
- タピーツ砂岩
- グランドキャニオン超層群
- 単細胞生物
- ヴィシヌ片岩
- 化石はない
- ゾロアスター花崗岩

ペルム紀 / 石炭紀後期 / 石炭紀前期 / デボン紀 / カンブリア紀 / 先カンブリア時代

する．逆断層もしくは衝上断層では，断層面に沿って岩石の塊がもう一つの塊の上にずり上がっていく．走向移動断層（横ずれ断層）は，二つの塊が互いに横方向にずれたものである．褶曲や断層のある地形が浸食を受けると，明らかに変則的な岩石シーケンスが現れる．

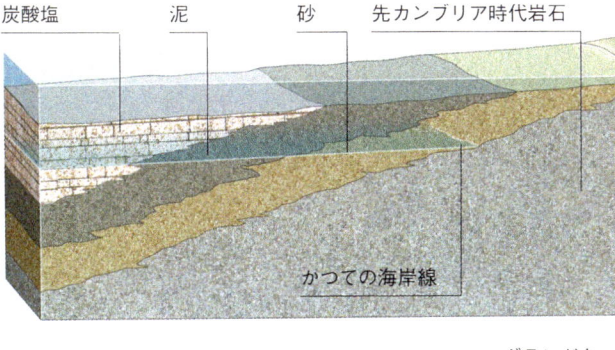

炭酸塩／泥／砂／先カンブリア時代岩石／かつての海岸線

移動する海岸線

岩石単位の上下の境界で，年代が様々に異なることがある．カンブリア紀のあいだ，タピーツ砂岩が北アメリカの西海岸に沿って堆積した．海水準が上昇するにつれて，この海岸線は東へ移動し，海成堆積物が沿岸の砂地に積もって，海進として知られる模様を描いた．

化石証拠

グランドキャニオンでは，同じ頃に近くの環境で作られた岩石が上に重なっている例があり，この事実は，累層境界を横切る化石の発見によって裏づけられている．カンブリア紀前期の三葉虫類が，タピーツ砂岩と，ブライトエンジェル頁岩の下部の両方で見つかるのである．

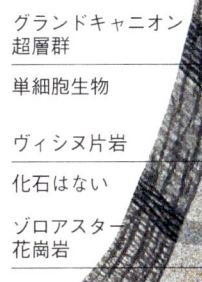

PART 1 地球の起源と特質

過去20年にわたり，堆積学者と層序学者は，しばしば炭化水素の調査で協力し合いながら，高度な方法を開発して岩石シーケンスの研究を行ってきた．彼らの研究においては，不整合と海水準変化の重要性が認められている．この研究方法はシーケンス層序学（sequence stratigraphy）として知られている．古い地層の上に新しい地層が位置するのが基本的な層序シーケンスである．連続するシーケンスは独自の特徴を備え，固有の堆積シーケンスを伴って，しばしば不整合によって分離される．岩石の層やシーケンス，そして不整合も，実質的な時間尺度になっている．

> 19世紀の地質学者たちは層序記録をつなぎ合わせて地球の歴史を表し始めた．その頃はまだ誰も，この歴史が示す時間の幅を推測できなかった．

しかし，岩石シーケンスも不整合も真の意味での尺度ではない．それは明確な限定ができないからで，岩石がどれだけ古いのかも，一つのシーケンス内で別々の地層が堆積するあいだにどれだけの時間差があったのかも示せない．岩石累層を直接比較することでわかるのは，どちらが古いかということだけである．

地質学は単層や累層といった岩石単位を少しずつ同定していくことから始まった．その一例がスコットランド（Scotland）の旧赤色砂岩（1790年代に同定）である．こうした作業は，ある種の岩石の物理的特徴と発見場所，それにほかの岩石との位置関係を記述したにすぎなかった．使われた累層のほとんどは地表付近で簡単に見つかり，周囲の風景のなかで目を引く特徴を備えたものであった．次に，地質学者は地球の深いところにある累層の発掘に着手し，含まれる化石をもとに岩石単位を年代順に並べた．すなわち相対年代測定法である．

壊れない化石生物

化石は大昔の動植物の遺骸が鉱化したもので，岩石に埋まっている．化石は非常に硬いので，何百万年も持ちこたえる．一部の岩石では，鉱化した化石よりまわりの母岩が軟らかいため，風化作用を強く受け，この腕足類（左）のように完全な立体形を保ったまま表に現れることがある．

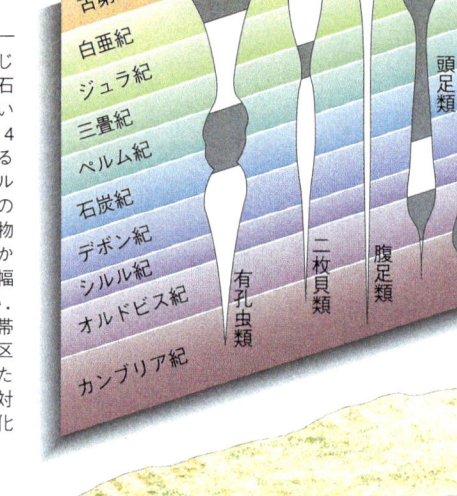

化石の分布範囲

この図表を見ると，なじみのある無脊椎動物化石がどのように出現しているかがわかる．最初の4グループは現存しているが，三葉虫類などはペルム紀に絶滅した．図形の幅はその時期にその生物がどれだけ豊富にいたかを表している．図形の幅が広いほど，数が多い．暗灰色の部分は，分帯（特定の岩石層の時代区分）や，地理的に離れた場所で産出した岩石の対比に用いられる重要な化石を示している．

示準化石

年代のわかっている化石は，それが含まれる岩石の時代を特定するのに用いられる．これは示準化石として知られている．こうした化石の多くは，限られた明確な期間に存在し，広く分布していたもので，簡単に同定できる．原位置に示準化石があれば，いろいろな産出場所の岩石の時代を対比することができる．二つ以上の示準化石がいっしょに見つかれば，もっと正確に時代を決めることができる．たとえば（1），オルドビス紀の三葉虫類シュマルディア・プシラ（*Shumardia pusilla*）の化石分布幅は，腹足類のキクロネマ・ロングスタファエ（*Cyclonema longstaffae*）の分布幅と短期間だけ重なっている．両方の種を含む岩相単位（2）は，4億4200万年前から4億4800万年前のオルドビス紀末期のものと推定できる．

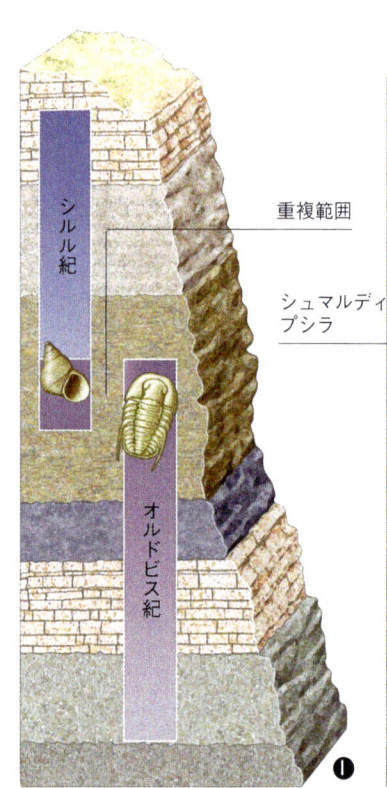

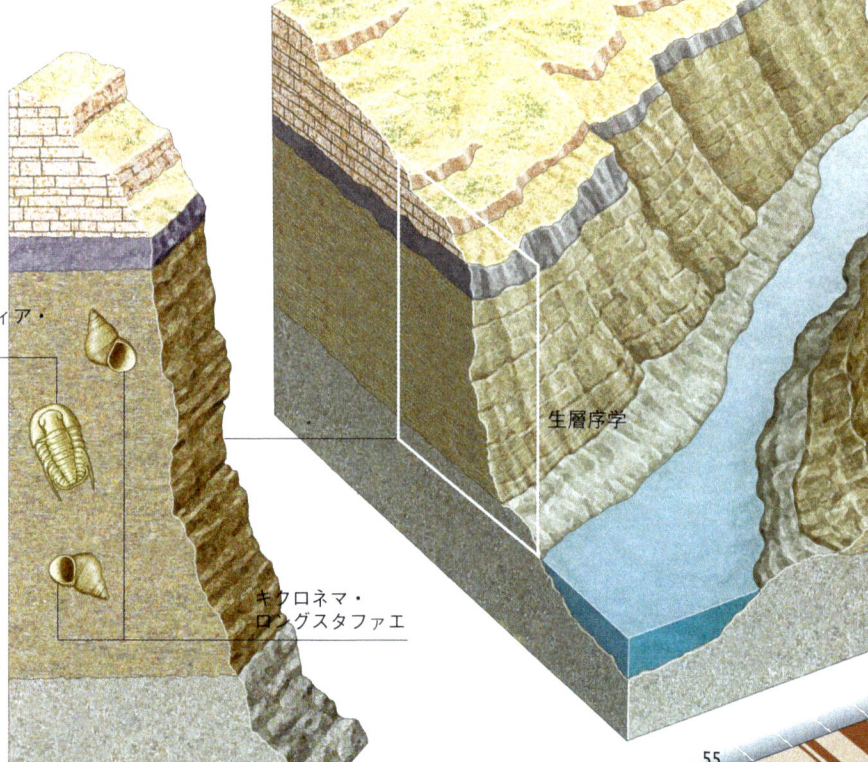

はじめに

相対年代測定の扉を初めて開いたのは，デンマーク人のニコラウス・ステノ（Nicolaus Steno）とイギリス人測量技師ウィリアム「地層」スミス（William "Strata" Smith）であった．ステノは堆積岩のシーケンスが変形していない例に地層累重の法則（law of superposition）をあてはめ，上の地層は下の地層より新しいはずだと述べた．スミスは，同じ化石を含む堆積岩は同じ年代であり，異なる化石を含む場合は，その種類によってどちらが新しくどちらが古いかを決められると断言した．このようにして，相対年代測定法が適用され，世界各地にある同様な年代の地層が互いに対比された．それから今日まで，化石は地質学で最も重要な道具の一つとなっている．

不安定から安定へ

放射性同位元素は不安定で，放射性崩壊によって粒子を放射することで安定性を獲得する．ウラン238はアルファ粒子（質量4のヘリウム原子核）を出してトリウム234を生じる．これもまた不安定であり，安定した鉛206ができるまで崩壊を続ける．したがって鉛206はウラン238の「娘」である．

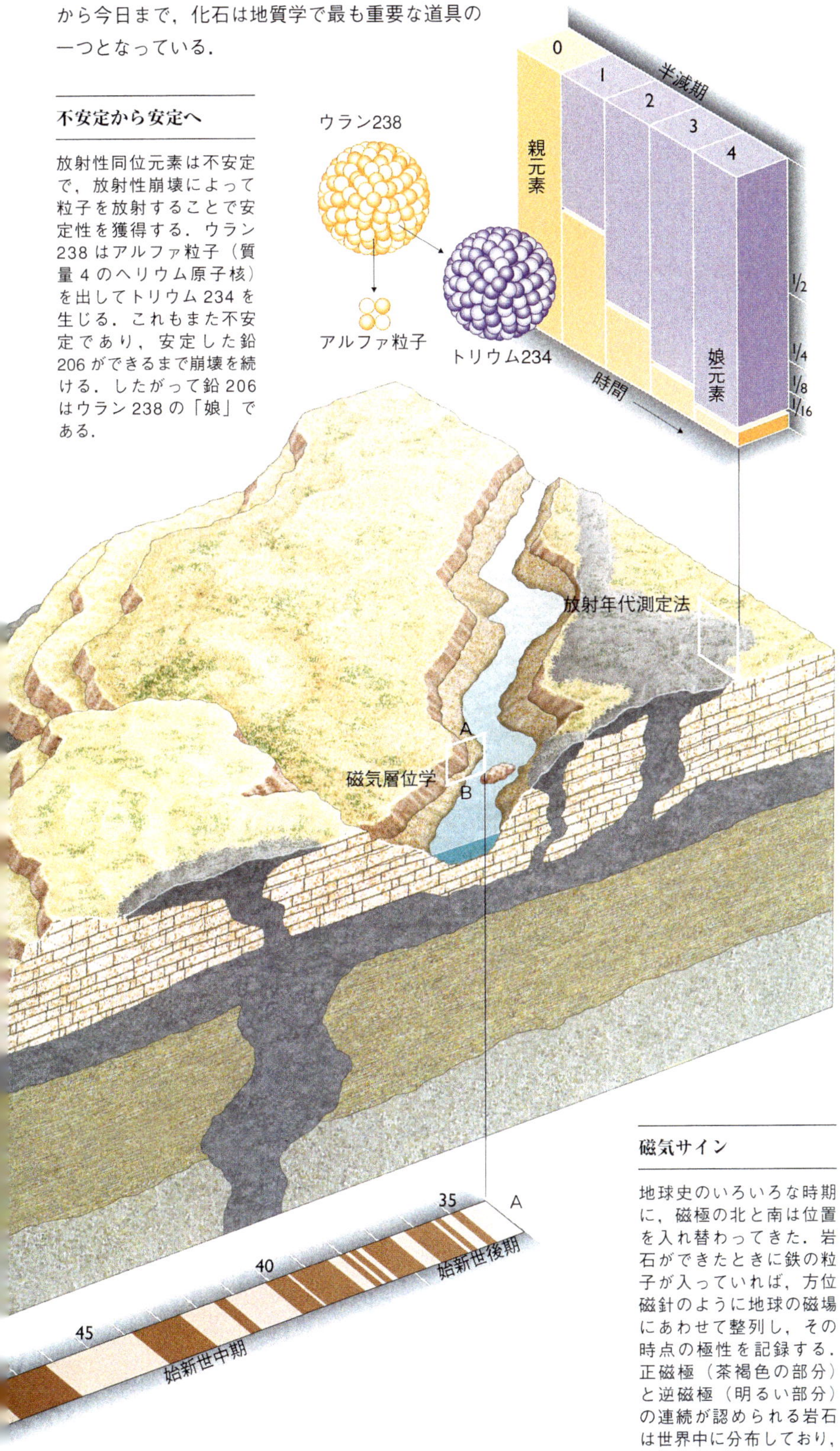

放射性元素時計

放射性同位元素の半分が崩壊し別の元素を作るのにかかる時間は，半減期と呼ばれる．ウラン238が一連の段階を経て崩壊し，娘元素の鉛206になるのにかかる半減期は45億年である．岩石中のウラン238と鉛206の割合を測定すると，岩石の年代を計算できる．

地質学者は，この情報をつなぎ合わせて層序柱状図（stratigraphic column）を作り，地質時代尺度を決定した．地質時代尺度は始生代（Archean），原生代（Proterozoic），顕生代（Phanerozoic）という三つの累代に分けられる．始生代は地球史の最初の20億年にわたっている．始生代の堆積岩はわずかしか保存されていないので，この時代から産出する化石はめったになく，唯一見つかる生物は原始的な単細胞生物であった．原生代は25億年前から5億4500万年前まで続き，この間に地球が安定して，多細胞生物が出現し始めた．5億4500万年前から現在まで続く顕生代は，古生代（5億4500万～2億4800万年前），中生代（2億4800万～6500万年前），新生代（6500万年前から現在まで）の三代に下位区分される．顕生代の化石は豊富で，この累代の生物進化はほかの累代に比べてはるかに詳しくわかっている．

この時間尺度は，放射年代測定（radiometric dating）のような絶対年代測定法を使って初めて確信を持って断言できる．放射年代測定は，アントワーヌ・アンリ・ベクレル（Antoine Henri Becquerel）が放射性崩壊を発見したときに始まった．ウラン235やトリウム232のような放射性同位元素は，崩壊してそれぞれ鉛207と208を生じる．ウラン235と娘元素の鉛207の場合，崩壊までの期間，すなわち半減期（half-life）は7億1300万年である．トリウム232が鉛208になるまでの半減期は141億年である．この半減期のあいだに，もとの原子核の半分が完全に壊変する．この原子時計は一定不変のペースで時を刻んでいる．その精度は7億1300万年に対してプラスマイナス1400万年と見積もられている．ほかにも様々な種類の放射性同位元素を利用して，大昔や比較的最近の岩石を調べることができる．たとえば炭素14（半減期は5730年）を使うと，岩石の年代を7万5000年前のものまで調べることができる．

放射年代測定は地質学的時間尺度で生じるあらゆる問題に答えられるわけではない．これが有効に働くのは，成分の鉱物すべてがほぼ同時期に形成された火成岩に対してである．しかし，地表に現れた岩石の大部分を占め，化石を含む唯一の種類である堆積岩の場合は，放射年代測定には深刻な限界がある．堆積岩は，その性質上，異なる時代にできた別の岩石に由来する鉱物を含むので，ここから産出された年代が誤解を招くことがある．したがって層序学者は，地層に入り込んでいる火山性岩石（火成岩）との関連で，堆積岩を地域や時間の枠組みにあてはめ，試料の堆積シーケンスの絶対年代を計算しなくてはならない．

> 岩石の絶対年代を測定するには，放射性同位元素の発見と科学技術の発展を待たねばならなかった．

磁気サイン

地球史のいろいろな時期に，磁極の北と南は位置を入れ替わってきた．岩石ができたときに鉄の粒子が入っていれば，方位磁針のように地球の磁場にあわせて整列し，その時点の極性を記録する．正磁極（茶褐色の部分）と逆磁極（明るい部分）の連続が認められる岩石は世界中に分布しており，岩石の年代推定に役立っている．

PART I

化石のでき方

　生物が死んで埋まって保存されると化石（fossil）になる．ただし保存のされ方にはかなり違いがある．最古の化石はたまたま保存された繊細な生物で，二酸化珪素のゲルに取り込まれた微化石，あるいは泥や沈泥にすぐさま埋まったクラゲなどであった．埋もれることで腐食動物や風化作用から守られ，無酸素の環境が腐敗を止め，バクテリアの活動を妨げた．生物が硬い部分を発達させると，化石はもっと残りやすくなった．軟体の生物は跡形もなく消えることが多いので，化石記録にはあまり現れない．

　ほとんどの岩石で目に付くのは，無脊椎動物や脊椎動物の鉱物化した遺骸である．これらの骨格はキチンや炭酸カルシウム，リン酸カルシウム，二酸化珪素などでできていたと思われる．すでに存在する構造のなかで新しい鉱物が結晶化すると，重量は増えるがもとの形の細部が保存される．黄鉄鉱などの鉱物によって置換されると，非常に美しい化石ができることがある．こうした変化に関与する鉱物は，周囲の堆積物を通してしみ込んだ水に含まれていたものである．生物が長く埋まっているあいだ，様々な時期に変化が起きる．

　植物と筆石類——有機繊維の骨格を持つ，古生代のコロニー動物——は，化石母岩についた黒色もしくは銀色がかった黒色の膜として発見される．黒い物質は炭素の膜であり，もとの組織が蒸留還元に耐えて残ったものである．まわりを包む堆積物を通して酸性の水が浸透し，原型の殻を溶かして「雌型」（mold）を残し，そこを二次鉱物が満たすこともある．生物が死ぬ前に殻を堆積物が満たすと，この詰め物によって内部構造の跡が残る．これが雄型（steinkern）である．

　生物が堆積物に穴を掘り，足跡や通った跡，痕跡を残す場合がある．これらは生痕化石（trace fossil）と呼ばれる．泥炭湿地や，氷河地帯の凍った荒野で生物が死に，マンモスや人間ほどの大きな動物が丸ごとミイラ化した例もある．

岩石中のレプリカ

多くの化石は，かつて生きていた生物の形を忠実に記録している．たとえば，はるか昔，硬い殻を持つ海生の軟体動物が死ねば，海の底に沈んだであろう．その軟らかい部分，すなわち体はすぐに腐るか別の動物に食べられたにちがいない．だが硬い殻は残り，堆積物で徐々に覆われ，やがて石化した．その後，酸性の水が堆積物に浸透すると，もとの殻が溶けて，この軟体動物の立体「雌型」ができる．さらに鉱物溶液が雌型に入って結晶化すれば，内部の雄型ができる．この岩石が壊れると，なかの化石が現れる．

冷凍魚

この魚の群は，約4500万年前に化石化したときに，石のなかに「氷づけ」になったものである．たぶん，異常な高潮にのまれて潮だまりに取り残され，これがすぐに干上がったのが原因であろう．

[骨格の硬い部分]
1　サンゴ；石灰質の骨格を持ち，礁を作る海生の動物
2　放散虫類；二酸化珪素の骨格を持つ微小な動物性プランクトン
3　二枚貝類；炭酸カルシウムの殻．このような硬い部分は変形せずに保存され，化学変化を受けたり雌型を残したりすることがある．
4　筆石類；有機物の骨格を持つ海生の群体生物が残した，枝状化石．黒色頁岩中によく見られる．
5　サメ類の歯；骨や歯はリン酸塩を含んでいる．たいていの化石より，崩れにくい．

[生痕化石]
6　生痕化石；堆積物中に保存された足跡や痕跡，潜穴

はじめに

地球の起源と特質

[鉱化]
7 アンモナイト；殻は黄鉄鉱によって置換されている．
8 石化化石材；植物の組織が徐々に二酸化珪素に置き換わった．
9 琥珀；小さな生物がなかに取り込まれ，その構造を残している．
10 炭化した葉；植物性物質からできた炭素の膜

化石の生成

脊椎動物化石はたいてい化石化した骨からなっている．死んだ動物の肉はすぐに腐った（あるいは食べられた）が，骨は腐敗しないうちに堆積物に包まれた．こうして埋まった骨がさらなる堆積物におおわれるときに，二次鉱物がしみ込んだ．その後かなり経ってから，広域構造運動により堆積層が地表に押し戻された．やがて浸食作用を受けて，化石が細部をすべて保ったまま姿を現す．動物の歩行跡やはい跡，蠕虫類や軟体動物の潜穴も化石化することがある．これらは生痕化石として知られている．

PART I

地球の起源と特質

化学循環

　誕生して数百万年のあいだ地球は激しい変化を経験したが，それはもうはるか昔の話である．とはいえ，現在の地球も静的な世界とはほど遠い．プレートテクトニクスや浸食，進化によるゆるやかな変化は今も続いている．人類の活動はさらに急速な変化をもたらしている．そのほかにも循環して起こる変化がある．平衡状態が認められるものには必ず動的な性質があり，それが循環という形で現れるのである．この点を最も顕著に示しているのが地球上の生命の基本元素，炭素である．

　地球上の炭素の大半は二酸化炭素ガスの状態で存在する．産業革命が起こるまで，二酸化炭素ガスの生産は，呼吸や腐敗といった生物学的プロセスや，火山の噴火，変成作用，そして石灰岩など炭酸塩岩の累層と結びついていた．そのどれもが二酸化炭素を大気中に放出してきた．長い期間にわたって，この放出量は，光合成や風化作用，有機物の埋没の結果，大気から失われた二酸化炭素の量と釣り合っていた．

　顕生代（5億4500万年前から現在まで）のあいだ，二酸化炭素と酸素の濃度が変動して気候の変化をもたらした．このことは，すぐには崩壊しない非放射性同位元素を使って証明できる．地球科学者は石灰岩の同位体組成を分析して，軽い二酸化炭素や重い二酸化炭素が時間と共に変化する様子をグラフに表す．炭素含有量の変動は，海水の組成の変化を反映している．有機物がすぐさま埋没すると，大気や海洋から軽い炭素12（^{12}C）同位体を含んだ二酸化炭素が減少する．その結果，大気と，浅海に沈殿した石灰岩の両方で，重い炭素13（^{13}C）の相対的割合が増加する．対象となる同位体の量が時間とともに変化する様子をグラフに表すと，大気中に含まれる二酸化炭素の変化を反映した曲線が描かれる．酸素に関しても同じことが言える．

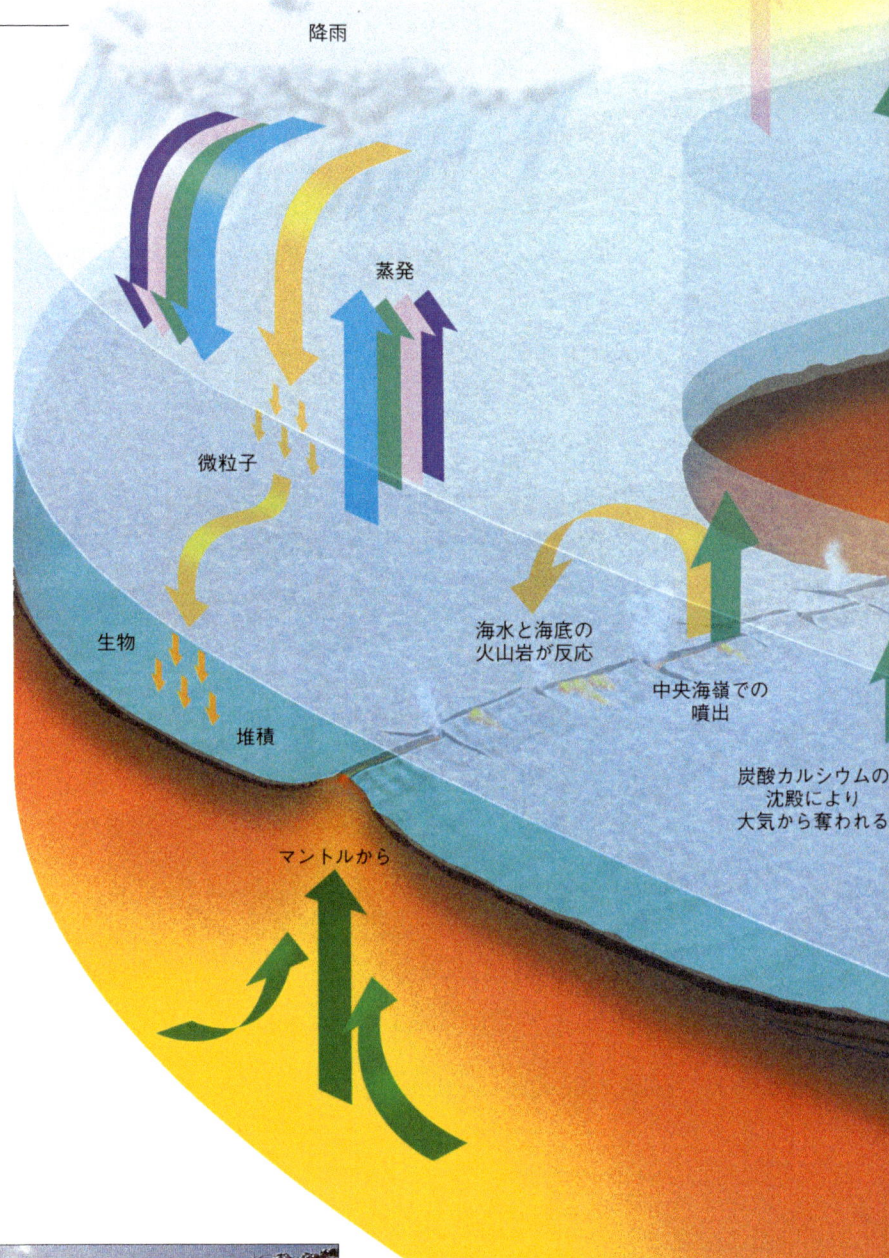

石灰岩が作る景観

でこぼこした石灰岩の露出に，化学的風化作用の破壊効果を見ることができる．主な浸食要因は二酸化炭素の溶け込んだ雨である．この雨には，石灰岩中の炭酸カルシウムを部分的に溶かすに足る酸性度がある．溶けた炭酸カルシウムは川に流されてやがて海に達し，こうしてカルシウムが再循環する．

石灰岩の成分

炭酸塩岩の大半は，海生無脊椎動物（右）の骨格片に含まれる炭酸カルシウムが沈殿してできる．有孔虫類のような微小な原生動物は，海水からカルシウムを取り込んで殻を作る．これが海底に積もるチョーク軟泥の中心をなし，最終的に石灰岩の主要成分となる．

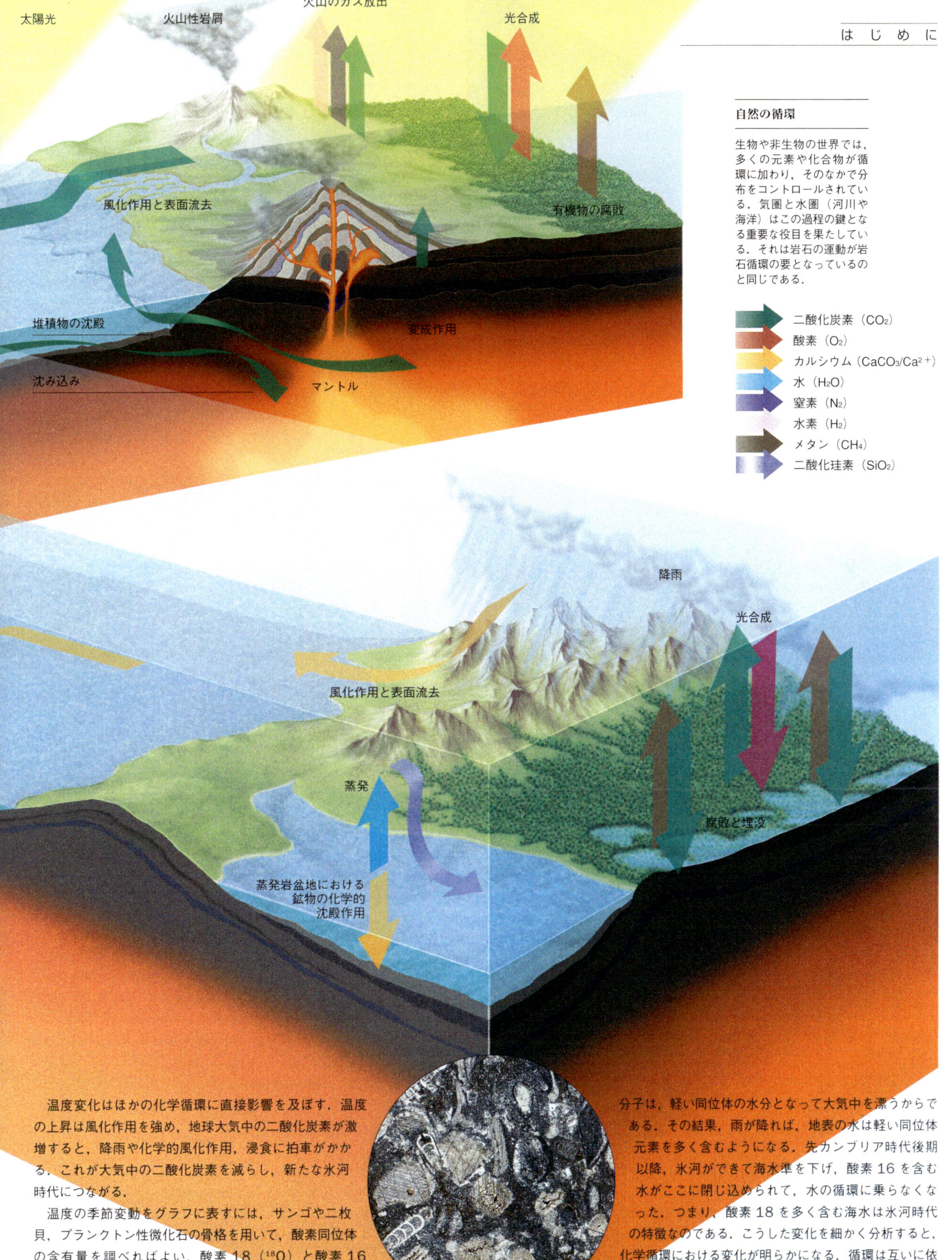

はじめに

自然の循環

生物や非生物の世界では、多くの元素や化合物が循環に加わり、そのなかで分布をコントロールされている。気圏と水圏（河川や海洋）はこの過程の鍵となる重要な役目を果たしている。それは岩石の運動が岩石循環の要となっているのと同じである。

- 二酸化炭素（CO_2）
- 酸素（O_2）
- カルシウム（$CaCO_3/Ca^{2+}$）
- 水（H_2O）
- 窒素（N_2）
- 水素（H_2）
- メタン（CH_4）
- 二酸化珪素（SiO_2）

温度変化はほかの化学循環に直接影響を及ぼす。温度の上昇は風化作用を強め、地球大気中の二酸化炭素が激増すると、降雨や化学的風化作用、浸食に拍車がかかる。これが大気中の二酸化炭素を減らし、新たな氷河時代につながる。

温度の季節変動をグラフに表すには、サンゴや二枚貝、プランクトン性微化石の骨格を用いて、酸素同位体の含有量を調べればよい。酸素18（^{18}O）と酸素16（^{16}O）の割合は、温度と海水の塩分濃度の移り変わりを示している。後者は蒸発と関連がある。なぜなら酸素16を含む分子は、軽い同位体の水分となって大気中を漂うからである。その結果、雨が降れば、地表の水は軽い同位体元素を多く含むようになる。先カンブリア時代後期以降、氷河ができて海水準を下げ、酸素16を含む水がここに閉じ込められて、水の循環に乗らなくなった。つまり、酸素18を多く含む海水は氷河時代の特徴なのである。こうした変化を細かく分析すると、化学循環における変化が明らかになる。循環は互いに依存しており、変化の期間のあとには、自然のバランスが回復する時期が訪れるのである。

生命の起源と特質

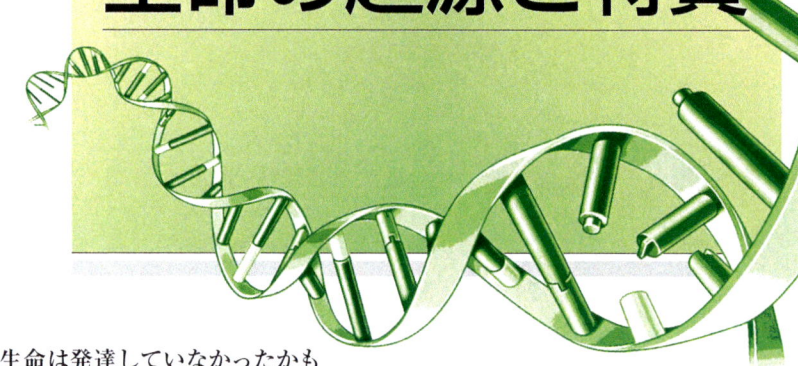

もしこれが別の惑星なら，生命は発達していなかったかもしれない．地球がもっと大きければ，引力が増して気圏の濃度が高まり，太陽光が通過できず，光合成（植物が自ら食物を作り出すプロセス）も行えない．だが，地球が非常に小さければ，気圏のガスが宇宙空間へもれ出すので，酸素は存在しないであろう．（地球上の生物はたいてい酸素を利用しているが，生命そのものは酸素があるところでは進化できなかったであろう．酸素は酸化によって繊細な物質を破壊するからである．）また，水が蒸発して宇宙空間へ出ていくので，地球表面には海洋もなかったと思われる．生命に不可欠な液状の水が存在するためにも，（金星のように）暑すぎたり寒すぎたりすることのない気候が必要である．

生命はすべて同じ基礎単位からできている．まず最初に現れたのはアミノ酸であった．アミノ酸は，炭素，酸素，水素，窒素を主成分とする水溶性有機化合物である．アミノ酸は，すべての生活物質を形作る構成材料であるタンパク質のもとになる．

1953年，シカゴ大学の化学者スタンレー・ミラー（Stanley Miller）とハロルド・ユーリー（Harold Urey）が，メタン，水素，アンモニアと水蒸気を使って，始生代初期の大気の状態を模擬実験する方法を編み出した．放電によって作られた人工稲妻は，弧を描いてこのガス混合体を通り抜け，タンパク質の基礎単位である四つのアミノ酸を作り出した．こうした手段でさらに実験を続けると，炭水化物と核酸の構成要素が生じた．それは遺伝形質の化学的伝達子，RNA（ribonucleic acid，リボ核酸）とDNA（deoxyribonucleic acid，デオキシリボ核酸）である．

生命は遊離酸素がなかった初期の地球上で，気圏の嵐のなかから偶然に生じたのかもしれない．

生命の起源は，間欠泉や火山性の泥沼，あるいは深海のように，紫外線と酸化（酸素にさらされることによって起こる腐食）から防護する条件でタンパク質ができる環境に着目して推測することもできる．現在の中央海嶺は「ブラックスモーカー」を特徴としている．ブラックスモーカーとは，鉱物を豊富に含む高熱の水柱が，海底の孔から吹き出す現象を示している．ブラックスモーカーの近くには蠕虫類など熱に強い生物が生息しているが，こうした生物のDNAは，生命がここで生じた可能性を示唆している．

はるかな宇宙のどこかで，初期の太陽系星雲の凍った岩屑が，生命を構成する最古の化学成分の名残をとどめているかもしれない．もしこうした物質が遠い宇宙に存在するなら，地球上の生命の起源は地球外にあったとも考えられる．炭素を含む隕石にはアミノ酸に似た化合物が見られるが，生物が隕石に運ばれてきたとしても，初期の大気中の酸素によって死滅していたであろう．

化石を調べると，生命の起源が何であれ，少なくとも35億年前には地球上に生命が生じていたことがわかる．かつては藍藻類として知られていたシアノバクテリア（cyanobacteria）は，オーストラリア西部とアフリカ南部の二酸化珪素に富んだ岩石（チャート）で見つかっている．また，南アフリカのバーバートングリーンストーン帯（Baberton Greenstone Belt）の岩石には，現生シアノバクテリアに似た微化石が含まれている．これらは最初の単細胞生物の例である．多細胞生物もシアノバクテリアと同じ頃に存在していたらしく，生命の進化がすでに進行中だったことがわかる．

シアノバクテリアは光合成を行える．すなわち太陽のエネルギーを利用して食物を作り，副産物としての酸素を放出することができる．グリーンランド（Greenland）で発見された有機（炭素を基盤とする）化合物は，この光合成が38億年前に行われていたことを示している．もしこれが本当なら，最古の生命構成要素が現れたのはそれより前であったはずだ．アルキバクテリア（archaebacteria）と呼ばれる最も古い形のバクテリアは，酸素があるところでは生き延びられず，光合成以外の手段で食物を作る．

最も古い形のバクテリアは酸素があるところでは生存できなかった．新しい形のバクテリアは光合成によって酸素を生じ，この惑星を変えた．

キーワード

アミノ酸
ビッグバン
炭素
チャート
染色体
シアノバクテリア
DNA
真核生物
進化
遺伝子
自然選択
光合成
原核生物
タンパク質

参照

地球の起源と特質：ビッグバン，初期の大気
始生代：ブラックスモーカー，最初の生活形，グリーンストーン帯，光合成
第Ⅱ巻，ペルム紀：大量絶滅

| 4000（百万年前） | 3500 | 始生代 | 3000 | 2500 | 2000 |

生命の起源（単細胞微生物）　　　　　　　最初の真核生物（核を持った生物）

はじめに

生命はここで生まれたのか？

間欠泉は生命が生じるのに理想的な環境を提供する。それは鉱物に富む「原始スープ」で、有機物は、珪酸や金属を含む地殻に守られ、紫外線や酸化の影響を受けずにすむ。古い形のバクテリアは今も、温泉や泥沼、動物の腸など、低酸素の環境に存在する。

ゆっくりとした展開

最初、生命はきわめてゆっくりと進化した。ビッグバンのなかで化学元素が出現し、その少しあとにアミノ酸、RNA、DNAができたと思われる。最古のバクテリアは35億～38億年前に現れた。動物が初めて出現したのはほんの10億年前である。初期の生物は海生で、陸上植物が登場したのはおよそ4億5000万年前、陸生動物が姿を現したのはもっとあとのことである。およそ5億4500万年前、「カンブリア紀の爆発的進化」で生物は急増する。それから数え切れないほどの種が絶滅したが、すぐさま新しい種がそれに取って代わった。

光合成を行うバクテリアは気圏に酸素を蓄積させ、この地球環境を変えた。ほかのバクテリアはこの酸素を利用して、好気性呼吸によって食物からエネルギーを取り出すことができる。こうすればはるかに効率よくエネルギーを獲得できるので、その後増加と多様化を進めていったのはこうしたバクテリアであった。彼らは若い地球上に定着し、一方、アルキバクテリアは海や湖、湿地の底へと退却して泥のなかで静かに暮らすようになった。

PART I

アルキバクテリアもユーバクテリア（eubacteria，光合成を行う）も，モネラ界（kingdom of Monera）という分類群に属している．モネラとは，核を持たず，DNAが染色体にまとめられていない単細胞生物である．原核生物（prokaryote）と呼ばれるこの種の細胞には，もっと複雑な生物に見られる特殊化した内部構造がない．現在の地球に生息するほかの種類の生物は，核と染色体があり，組織化の進んだ細胞を持っている．これらは真核生物（eukaryote）と呼ばれ，より複雑な形の生物はすべてここから生じた．

このような新しい形の生物は，古い形の生物とは栄養や生殖の手段を異にしていた．光合成やミトコンドリア（酸素を燃やす細胞内の「ターボチャージャー」）の発達によって，能率的にエネルギーを使うのが新しく登場した生物の特徴であった．初期の生活形は無性生殖を行い，単純に分裂して自己の複製を作るだけであった．特殊化した性細胞の出現も技術的な飛躍につながった．一組の配偶者が関わり，両方の遺伝物質を組み合わせて子へ渡す有性生殖は，はるかに効果的な生殖技術である．有性生殖では両親の特徴を入れ替えて新しい組み合わせを作るので，拡大し続ける繁殖グループのなかで生じる変異の可能性は，ほとんど無限と言える．この概念は遺伝子プール（gene pool）という名で知られ，人間でも，そのほかの集団でも，一つの種のなかで様々に異なる特徴が現れることを説明している．さらに重要なのは，遺伝物質がたえず入れ替わっていることから，何世代にもわたって長期的な変化が生じ，生存の可能性が高まることである．

> バクテリアには進化する可能性は大いにあった．DNAを持ち，寿命が短く，紫外線をあびて突然変異を起こす機会がたくさんあったからである．

生命の起源と特質

突然変異

この写真の右側のショウジョウバエ（fruit fly）は普通のショウジョウバエに比べて眼が小さく不規則な形をしている．原因は突然変異である．すべての遺伝的変異の根元である突然変異は，偶然の間違いや汚染によるDNA分子の複製ミスに基づいている．突然変異の大半は中立の，あるいは有害な結果をもたらす．ただし有害な変化はたいてい自然選択によって排除される．中立突然変異は，DNAの非暗号部分に起きるか，タンパク質の非機能的部分に影響を及ぼす．

生命の暗号

DNAは染色体（右）の形を取っている．染色体は，特殊なタンパク質を芯にして巻きついた，長いらせん構造の鎖である．DNAの特定部分，すなわち遺伝子には，タンパク質や核酸を作るための命令が含まれている．有性生殖では両親からそれぞれ一セット分の染色体が渡される．これらが二本ずつ（ここに示したように鎖が並んで）組を作る．もしそのまま単純に分裂したなら，染色体の数は世代が変わるごとに倍増していくであろう．だが実際はそうではなく，減数分裂（数が減る分裂）によって，娘染色体が新しい細胞にきちんと振り分けられ，それぞれの親から半分ずつ染色体がくる仕組みになっている．その結果，遺伝的多様性が拡大する．

1　できるだけ多く詰め込めるように，渦巻き状になった鎖
2　対をなす塩基
3　アデニンとチミン，シトシンとグアニンからなる（通常の）塩基対
4　糖とリン酸塩の分子の鎖
5　はしごの「横木」は塩基の対からできている．
6　鎖が分離して，別の一本鎖と結びつき，自己を複製する．
7　鎖は必要な回数だけ分裂合体を繰り返す．

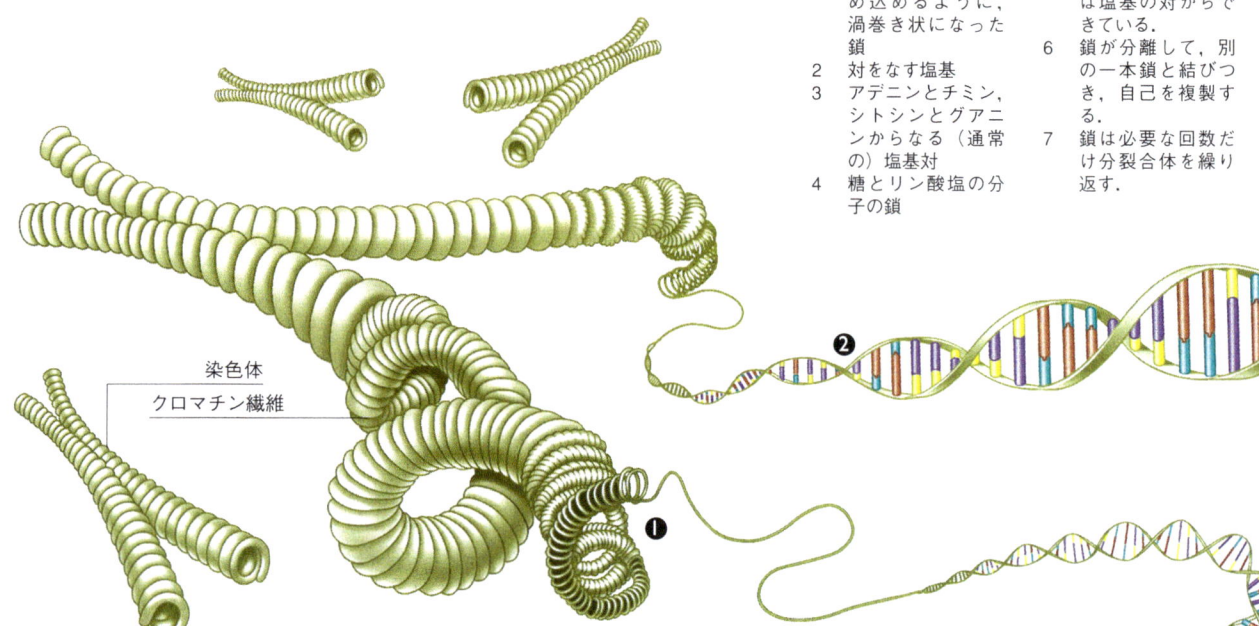

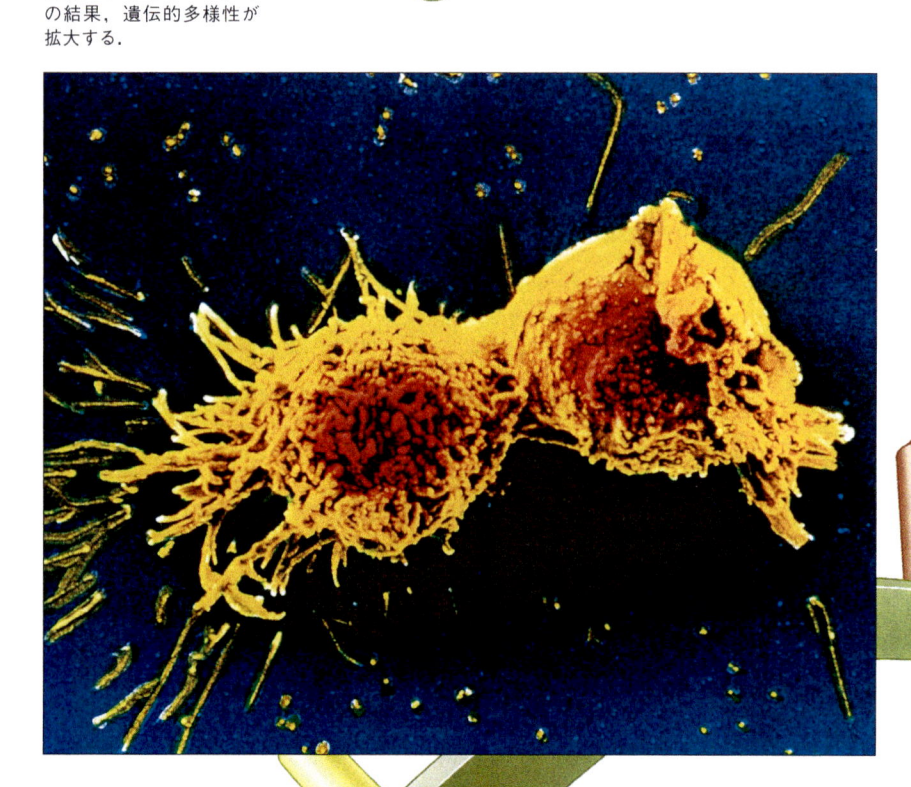

染色体
クロマチン繊維

優れた分裂

すべての生殖は細胞分裂（左）によるが，減数分裂（数を減らす分裂）に基づく有性生殖には大きな利点がある．有性生殖では両方の親から一セットずつ染色体を受け継ぐ．それぞれが違った環境で有益に働く可能性があり，生き残るチャンスを最大限に増やせる．

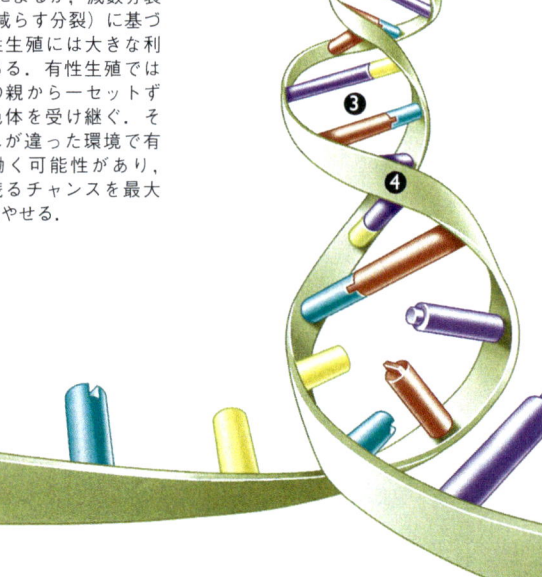

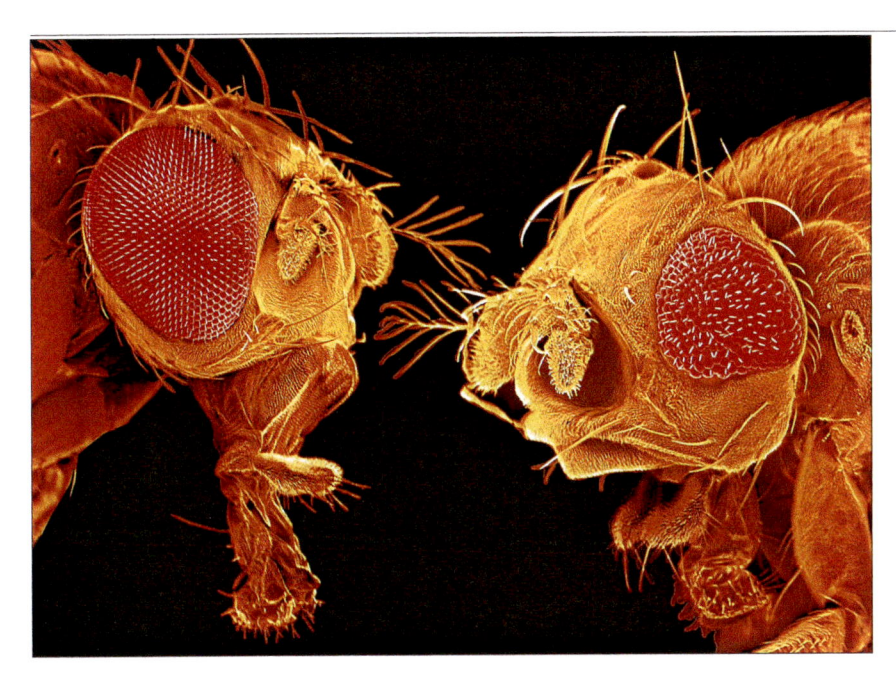

はじめに

生活形に驚くべき多様性が見られることはかなり前からわかっていたが，その原因を科学的に調べられるようになったのは19世紀に入ってからである．オーストリア人の生物学者で修道士のグレゴール・メンデル（Gregor Mendel）は，エンドウを育てて実験しているうちに遺伝の法則（laws of inheritance）を発見した．1865年にブルノ（Brno）の博物学雑誌に発表された著作のなかで，メンデルは識別できる特徴に関する情報の断片——現在は遺伝子（gene）と呼ばれる——が親から子へとそっくりそのまま受け継がれ，また，どの世代でも現れる形質と，ほとんどの期間を隠れて過ごす形質があることを示した．たびたび現れる形質は優性，隠れた形質は劣性と呼ばれる．メンデルの発見は，1900年に生物遺伝の研究者たちに見出されるまで世に知られないままであった．

> メンデルはエンドウを研究して遺伝の法則を発見した．この発見はすべての生物にあてはまる．

20世紀の前半，細胞生物学者たちは，遺伝子が細胞核のなかで染色体（chromosome）と呼ばれる鎖を作っていることを発見した．遺伝子が対をなすように，この鎖は一組のセットになっている．それぞれのセットには基本的な数の染色体が含まれている．染色体の本質はDNA分子の長い糸で，一本一本がらせん階段状の形を取り，踏み板に相当する部分は真ん中で分かれている．半枚分の「踏み板」には選択肢があり，この構造内での組み合わせは無限と言ってよい．これらの糸が，世代間で遺伝情報を伝えるための仕組みなのである．

DNAは正式にはデオキシリボ核酸と言い，リン酸塩，糖，窒素からなる化合物である．DNAは，一本鎖の核酸RNA（リボ核酸）の突然変異として始生代前期に進化したものと思われる．RNAはDNAのメッセージを伝達し，アミノ酸を運ぶ．RNAははるか昔の生活形から存在し，かなり早い段階でDNAに変化したと考えられる．

RNAからDNAへの突然変異をきっかけに，数え切れないほどの劇的変化が生物の構造に現れ始めたのではないだろうか．生物が紫外線やガンマ線，ある種の化学物質にさらされると突然変異が起こる．自然に起こることもある．突然変異によって，遺伝暗号から個々の情報の断片が抜け落ちたり，間違って繰り返されたり，正常な連鎖からはずれたところに出現したりする．性細胞が影響を受けると，遺伝子プールにさらなる変異が加わり，種々様々な変化が試されることになる．新しい生活形が生き残れるかどうかは環境によるところがかなり大きい．もし生き残れるなら，その遺伝子の「間違い」は子へと受け継がれる．そして，これらの子がまた生き延びて生殖を繰り返せば，やがてはその個体群のなかの多数派となる．こうして，わずかな個体の遺伝子暗号における小さな形質転換が莫大で長期的な影響力を持つようになる．

> 遺伝子暗号が突然回り道をして，新しい物質になることがある．これが次の世代へ受け継がれていくと，新しい種に進化する．

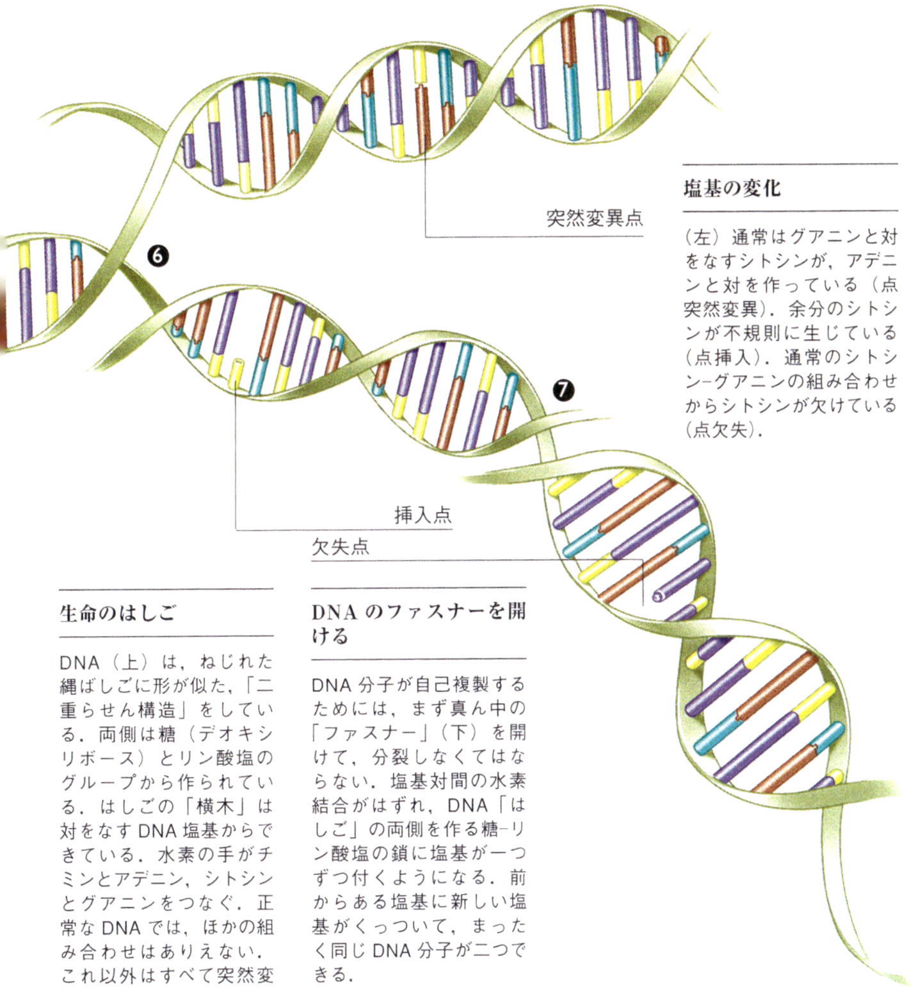

塩基の変化

（左）通常はグアニンと対をなすシトシンが，アデニンと対を作っている（点突然変異）．余分のシトシンが不規則に生じている（点挿入）．通常のシトシン-グアニンの組み合わせからシトシンが欠けている（点欠失）．

生命のはしご

DNA（上）は，ねじれた縄ばしごに形が似た，「二重らせん構造」をしている．両側は糖（デオキシリボース）とリン酸塩のグループから作られている．はしごの「横木」は対をなすDNA塩基からできている．水素の手がチミンとアデニン，シトシンとグアニンをつなぐ．正常なDNAでは，ほかの組み合わせはありえない．これ以外はすべて突然変異体である．

DNAのファスナーを開ける

DNA分子が自己複製するためには，まず真ん中の「ファスナー」（下）を開けて，分裂しなくてはならない．塩基対間の水素結合がはずれ，DNA「はしご」の両側を作る糖-リン酸塩の鎖に塩基が一つずつ付くようになる．前からある塩基に新しい塩基がくっついて，まったく同じDNA分子が二つできる．

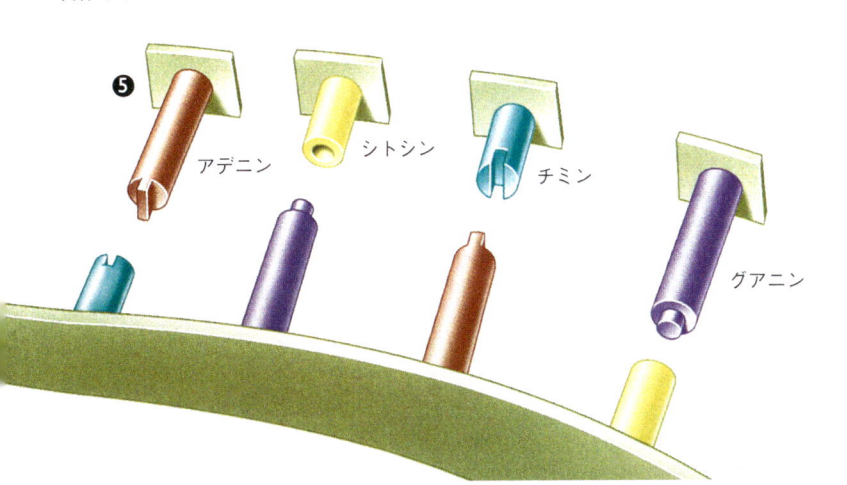

PART I

生命の起源と特質

チャールズ・ダーウィンは遺伝（その仕組みはわかっていなかったが）と環境の相互作用として進化を説明した．これは初めての進化論ではなかったが，実験によって確かめられる最初のものであった．

よくできた青写真

サメ類は遊泳性捕食者として栄華を誇っている．流線形の体を持つおかげで獲物より速く泳ぐことができ，デボン紀から現在まで生き延びている．

分岐進化

コウモリとヒトはどちらも哺乳類だが，分岐によって，大きく異なる体形と生活様式を発達させている．両者が共通の祖先を持つことの手がかりは，五指性の（五本指の）四肢にある．ヒトは物をつかむための手を進化させ，コウモリは飛ぶための翼を進化させたが，基本型は残っている．このような構造は相同と呼ばれる．相同とは，形は同じだが異なる目的に使われる，という意味である．鳥とコウモリは遠いところでしか関係していない．しかし，鳥の翼の構造はコウモリの翼に類似しており，同じ機能を果たす．このような解剖学的証拠をもとに，チャールズ・ダーウィンは，完全に異なる種が共通の祖先から進化したこと，そして環境要因が重要な役割を演ずることを確信した．

ヒトの腕

コウモリの翼

鳥の翼

哺乳類　鳥類　祖先の爬虫類

イギリスの偉大な博物学者で著作家のチャールズ・ダーウィンは，種の起源と，新しい生活様式や生態的地位への適応を明らかにした初めての学者である．ダーウィンの説は当時の最新科学を熟知したうえで出されたものであり，5年間（1831～1836年）の世界周航中に行った研究がもとになっていた．旅行した範囲の広さに加えて，地質学，植物学，動物学の素養があるダーウィンは，きわめて独創的な考え方ができる立場にいた．また彼が集めた数々の珍しい化石も，その説を支える論拠となっていた．証拠集めに5年，それを分析して結果をまとめるのに，さらに四半世紀が費やされた．

1859年に出版されたダーウィンの『種の起源』（On the Origin of Species by Natural Selection）は，ビクトリア朝の社会を動揺させた．当時の人々は，生命はほんの数千年前に神の言葉によって生じたのだと固く信じていたからである．（ヨーロッパのある大司教が行った計算によると，天地創造の正確な日時は紀元前4004年10月23日の日曜午前9時ということになっていた．）フランスの著名な博物学者，ジョルジュ・ルイ・ルクレール（Georges Louis Leclerc），コント・ド・ビュフォン（Comte de Buffon）は，この時間尺度に疑問を投げかけたが，確固とした進化論のためには，ダーウィンやフランス人博物学者ジャン・バティスト・ラマルク（Jean Baptist Lamarck），そしてもう一人のイギリス人学者アルフレッド・ラッセル・ワラス（Alfred Russel Wallace）の研究を待たねばならなかった．

ラマルクは優れた古生物学者であったが，獲得形質は遺伝すると信じたために，彼の考えは当時の人々からあざけられた．これはたとえば，高いところの食べ物を食べているうちに首が伸びた場合や，四肢の一つを失った場合，その特徴は次の世代にも現れるという考え方である．だが，ずっとあとになって，ラマルクの説に再び目が向けられるようになった．きっかけは，動物の多くが生後すぐから厳しい環境でも親の助けなしに生きていけるよう，本能的な行動を身に付けていることがわかったからである．この現象は重大な疑問を生む．つまり，動物の新生児に中身がいっぱい詰まった記憶装置があるのは進化的特徴なのか，という問題である．

アルフレッド・ラッセル・ワラスは熟練の収集家で卓越した博物学者でもあった．その彼もまた，ダーウィンとほぼ同時期に，自然選択による進化という同じ結論に達した．二人は発見したことの一部をいっしょに発表したが，彼らが発表していなくても，すぐにほかの誰かが同じ証拠から同じ結論を導き出していたであろう．とはいえ，現代の進化学の礎となったのは，ダーウィンの『種の起源』であった．彼の説への反論はもっぱら，人間と猿が共通の起源を持つという主張に向けられたが，人間の物語は，生命の壮大なパノラマにおけるほんの細部にすぎなかった．

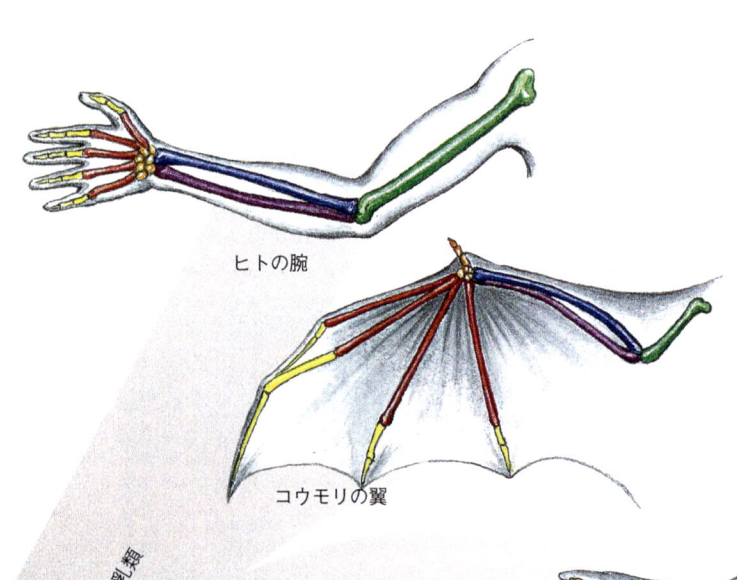

❸

新しい種は次に挙げる四つの進化機構によって現れる。それは、形質転換、種形成（種分化）、適応放散、絶滅である。形質転換（transformation）では、比較的小さな個体群が環境のゆるやかな変化に適応し、やがて新しい種とみなせるほど祖先と異なるグループが生じる。ときには、環境の変化から物理的な障壁ができ、地理的に隔絶されて交配のための接触ができなくなる場合がある。すると各グループは長いあいだ、その地域の環境変化に適応し続ける。このとき、変化が十分に大きかったり、ある程度長期にわたっていたりすると、それぞれが別の種になる。これを種形成（speciation）と呼ぶ。このプロセスは、集団の一部が遠い場所へ完全に移住してしまったときにも起こる。

> 進化の証拠は
> そこらじゅうにある。
> 化石記録も
> その一つであるし、
> また現生種どうしを
> 比較して、
> 共通の祖先を持つことを
> 示す特徴を探すことも
> できる。

新しい生態的地位が開けると、その空きを埋めようとする者が殺到する。うまく入り込めた種はすぐに数を増やして多様化し、この好機を利用する。500～1000万年も経つと、最初は同種の小さな集団だったものが新しい大きな動物群に成長している。これが適応放散（adaptive radiation）のメカニズムであり、同じ生態的地位を取り合った別の集団が絶滅したあとによく見られる。絶滅とは一つの生物集団が突然消える現象で、たいていは環境が激変したあとに起きる。前述したような形で、この絶滅（extinction）も種の進化をもたらす力になる。

環境の変化に対して適応するうちに共通の祖先から新しい種が生じた例は、分岐進化（divergent evolution）である。その逆も起こりうる。現在、遺伝的類縁関係がなく、地理的に大きく離れた場所で進化した生物どうしが、環境に対応してよく似た体型を発達させることがしばしばある。たとえば、有袋哺乳類は地理的に隔離されたオーストラリア大陸で進化したの

反復進化

アンモナイト類は渦巻き状の隔壁と外殻を持つ頭足類で、デボン紀に出現した。祖先は一様な渦巻き状の殻を持つ軟体動物である。アンモナイト類の歴史をたどると、ところどころで不規則巻きの殻を持つ別の種類が現れている。これは反復進化の例であり、類似の形と構造が時間を隔て異なる種に先祖帰りとして繰り返されている。アンモナイト類の親系統は最も長く生存し、白亜紀後期まで4億年近く存続していた。

で、今までほかの場所では見つかっていない。ところが、有袋類のモグラ（mole）やアリクイ（anteater）、ウォンバット（wombat）は、ほかの大陸で見られる有胎盤類のアリクイやモグラ、ウッドチャック（groundhog）に驚くほど似ている。ここから、それぞれの動物がよく似た環境条件への反応として特殊な形と生活様式を進化させたと推測できる。これは収斂進化（covergent evolution）として知られる。

類縁関係のある種は並行して進化することが多い。つまり、同じような生息場所で生活すれば、同じような特徴を発達させて適応するのである。これは、中新世後期に北アメリカと南アメリカに現れた、一趾性のウマを見るとわかる。どちらも暁新世初期の小さな祖先にさかのぼることができる。この祖先のウマは五趾性で、その構造上、あまり長くは走れなかった。アルゼンチン産のウマ、トーテリウム（*Thoatherium*）は絶滅し、北米種のエクウス（*Equus*）が現在のウマになった。

新しい種の系統が祖先とそっくりになることもままある。反復進化（iterative evolution）として知られるこの現象は、種が多様化する機会は制限されるが、環境が安全であり続けるときに起こるようである。

進化の「法則」つまりパターンは化石記録から導き出すことができ、ある特定の種が進化してきた経過を観察してその理由を説明するのに役立つ。たとえばヘッケル（Haeckel）の法則によると、一つの種における個々の胚の発生は、祖先の発達の各段階を反映しているという。実際、魚、ブタ、ウサギ、ヒトの初期胚は互いによく似ており、鰓と尾が付いている。またダーウィンと同時代の生物学者、ルイ・アガシー（Louis Agassiz）は哺乳類の胚と鳥類や爬虫類の胚を見分けられないと書いている。しかし、単純な生物のなかには、中間段階を飛ばして早く成熟するので、成体が祖先の幼生に似ている例もある。これはヘッケルの法則に反する。

収斂進化

オオカミとモリネズミは有胎盤哺乳類で、オーストラリア以外の世界中でよく見られる。フクロオオカミ（Tasmanian tiger）とマルガラ（mulgara）は、それぞれに似たオーストラリアの有袋類である。両者は別々に進化したが、よく似た生活様式がそっくりの外見に現れている。

1 オオカミ（イヌ属）
2 フクロオオカミ
3 モリネズミ
4 マルガラ

PART I

生命の起源と特質

木のてっぺん

「百獣の王」ライオン（*Panthera leo*）は食物ピラミッドの頂上にある生態的地位を占めているが，この力強く特殊化した殺し屋も初めは小さかった．およそ5500万年前，ヴィヴェラウス類（viverravines）として知られる目立たない樹上生活のハンターが，ネコ類（Feloidea）とイヌ類（Canoidea）という二つの系統に進化した．ネコ類の系統はその後多様化し，マングース（mongooses），ジャコウネコ（civets），ネコ（cats），ハイエナ（hyenas）の4科に分かれた．本物のネコが初めて現れたのは約2000万年前である．この系統樹がさらに枝分かれして，剣歯虎（sabre-tooths），ヤマネコ（wildcats），オセロット（ocelots）が生じた．剣歯虎は中新世の世界で優位を占め，サイに似た大型草食動物をつかまえていた．草地が拡大し，アンテロープ（antelopes）など小型ですばやい獲物が増えると，ネコ類のなかの軽量で俊足の新しい科，つまりチーター（cheetah）のようなパンテラ類（pantherines）に好機が訪れた．だが，シマウマ（zebra）のように機敏でがっしりした獲物は，剣歯虎がつかまえるには足が速すぎ，パンテラ類の相手としては強すぎた．ここに開拓すべき新しい生態的地位が生まれ，60万年前，大型ネコ類，ヒョウ属（*Panthera*）が登場したのである．

種　*Panthera leo*　ライオン

属　ヒョウ属　*Panthera*　ライオン，トラ，ジャガー，ユキヒョウ

科　ネコ科　Felidae　ライオン，チーター，ウンピョウ，ヤマネコ

目　食肉目　Carnivora　ライオン，オオカミ，クマ，アライグマ，イタチ，マングース

綱　哺乳綱　Mammalia　ライオン，ゾウ，クジラ，サル，ネズミ，カンガルー

門　脊索動物門　Chordata　ライオン，オウム，ワニ，カエル，マグロ，サメ，ホヤ

界　動物界　Animalia　ライオン，タコ，カニ，アリ，ミミズ，クラゲ，アメーバ

分類ピラミッド

ライオンは脊索動物門（背骨もしくはその前駆構造を持つ），哺乳綱（温血で，子を乳で育てる），食肉目（肉食），ネコ科（前肢に五趾，後肢に四趾を持つネコ類），ヒョウ属に属している．

もう一つの「法則」であるウィリストン（Williston）の法則によると，歯や脚のように，連続配列の構造を持つ動物は，新しい種が進化するときにこうした構造の数を減らし，そこに新しく特殊化した機能を持たせるという．ある構造がひとたび失われたり変化したりすれば，それが新しい世代で再び現れることはなく，いったん種が変化してしまうと，あるいは消滅すると，二度ともとには戻らない．これがドロー（Dollo）の法則である．

コープ（Cope）の法則は，子孫は祖先より体は大きいが，個体数は少なくなる傾向がある，というものである．大型生物は，大多数の捕食者より大きく育つという利点を持ち，また食物をより有効に利用できる（一個体の大型生物が消費する食物は，小型生物を同じ体重だけ集めた場合より少ない）が，環境の変化に耐える能力がいくらか減るので，突然絶滅する危険が高まる．コープの法則の働きは，恐竜の劇的な消滅に見ることができる．これと対照的なのがバクテリアの成功例で，ここ40億年のあいだほとんど変化せず，絶滅知らずと言ってもいいほどである．

絶滅は，隕石が地球に衝突するといった突然の大災害の結果であることも，あるいはゆっくりと進む場合もある．病気や捕

はじめに

食，ほかの種と同じ生態的地位を激しく争った結果，または一次食物源の消滅など環境の制約で絶滅することもある．カンブリア紀の初めに生命が爆発的に進化して以来，新しい種の始まりと絶滅は密接に関係してきた．ときには種が絶滅寸前から回復して多様化，繁栄に至ることもある．でなければ，別の種がすぐに現れて，空いた地位を乗っ取るであろう．

ダーウィンが種の起源を明らかにする以前から，絶滅という事実は認められていた．化石の発見によって，こんなふうに保存されている動物たちがなぜもう地球上に見られないのかという，なかなか解けない疑問が生じた．理由の一つとして，こうした動物たちは今でも生きているが，前人未踏の遠い場所にいるといった説明がなされた．だが，1786年までに地球の大部分が調べあげられ，マンモス化石ほどの大きさの生き物が見つからずに生息しているとは思えなくなった．これはフランス人博物学者ジョルジュ・キュヴィエ（Georges Cuvier）の主張であり，マンモスは絶滅したはずだと彼は断言した．種の消滅はその起源の問題ほど異論を呼ばず，キュヴィエの主張はあっさり受け入れられた．

現在，生息している生物種の数は200万〜500万である．これらの命名分類は人間の言葉の力で始められた．先史時代の人々は，食用にできるか有毒か，おとなしいか攻撃的か，といった観点から，動植物を同定する必要を感じていたであろう．生物を主要なグループに分けることを試みたのは，古代ギリシアの博識家アリストテレスが最初であった．彼は鳥と昆虫の違いを認識し，類似の特徴をもとにグループ分けするところまでできていた．生物の命名は18世紀にスイス人植物学者カール・フォン・リンネ（Carl von Linné）が現れるまでかなりいいかげんであった．カロルス・リニーアス（Carolus Linnaeus）とも呼ばれるリンネは，二つの名前を使って動物のグループを表す原則を作った．名前はラテン語を用い，イタリック体で表記される．リンネは個々の種を属名のもとに集めた分類体系を導入した．たとえば，フェリス（*Felis*）はヤマネコ（wild cat）の属名で，種に固有の名前すなわち種名はシルヴェストリス（*silvestris*）である．ヤマネコはほかのネコ類とともにネコ科（Felidae）に入れられる．フェリス・シルヴェストリスは別のフェリス・シルヴェストリスとのあいだでだけ繁殖でき，フェリス・ルフス（*Felis rufus*，ボブキャット）やフェリス・コンコロル（*Felis concolor*，ピューマ），あるいはライオンやトラ（*Panthera*）のような大型ネコ類が相手では繁殖できない．

> ダーウィンは新しい特徴を持った生活形が生じる仕組みを研究した．こうした特徴を同定分類するのは，分類学という別の科学の分野である．

リンネが編み出した命名システムは今でも現代分類法の要であり，すべての動植物は五つの（分類体系の違いによっては六つの）界にグループ分けされている．これらは論理的体系に基づいて次のような下位グループへさらに分けられる．門，綱，目，科，そしてリンネが定めた属と種である．現生生物を大きな尺度で（界，門，綱などに）分けるのは簡単だが，種や亜種の特徴をとらえるのはもっと難しい．

リンネは生物に自然の階層を発見し，チャールズ・ダーウィンがその意味を次のように説明した．すなわち，すべての生命は共通の源から発し，自然選択を通した進化によって，多種多様に変化したのであると．どの種でも，分類「樹」を源までたどって五界の一つに行き着くと，その種の進化史の概要が見えてくる．樹の根元には，きわめて原始的な生活形がある．そこからほかのすべてが進化したのである．このような主張を聞いてダーウィンと同時代の批評家たちは動揺し，150年近く経った今でもまだ混乱は続いている．この樹の枝は，異なるグループ間の関係がだんだん遠くなっていくことを示している．

自然界の階層は分岐論（cladistics）という方法によって解明できるかもしれない．分岐論では，原始的な共有形質状態と派生的な共有形質状態を探し出し，これを使って親群と娘（姉妹）群のあいだのつながりを明らかにする．体毛や羽毛などの派生的形質状態は，進化の過程で一度しか生じないので，その形質状態を最初に獲得した生物の子孫すべてを，単系統（一元的）群すなわちクレードと定義できる．大きな可能性を秘めたもう一つの技術として，分子配列決定（molecular sequencing）がある．DNAとRNAの塩基対の配列はそれぞれの種に固有である．この配列を比較すると，類縁関係の遠近がわかる．進化史において二つの種が分かれたあとの時間が長いほど，両者のDNAおよびRNA配列の違いは大きくなるであろう．

ガラパゴスフィンチ

ガラパゴスフィンチは一つの種が複数の種に進化する様を示してくれる．くちばしの形の違いは食餌の違いによる．原種は南アメリカ本土から渡ってきたと思われる．彼らは多様化するにしたがって，種子，果実，昆虫，サボテンなど，異なる食物源を見つけた．こうして違う種どうしが争わずに共存できたのである．

大量絶滅

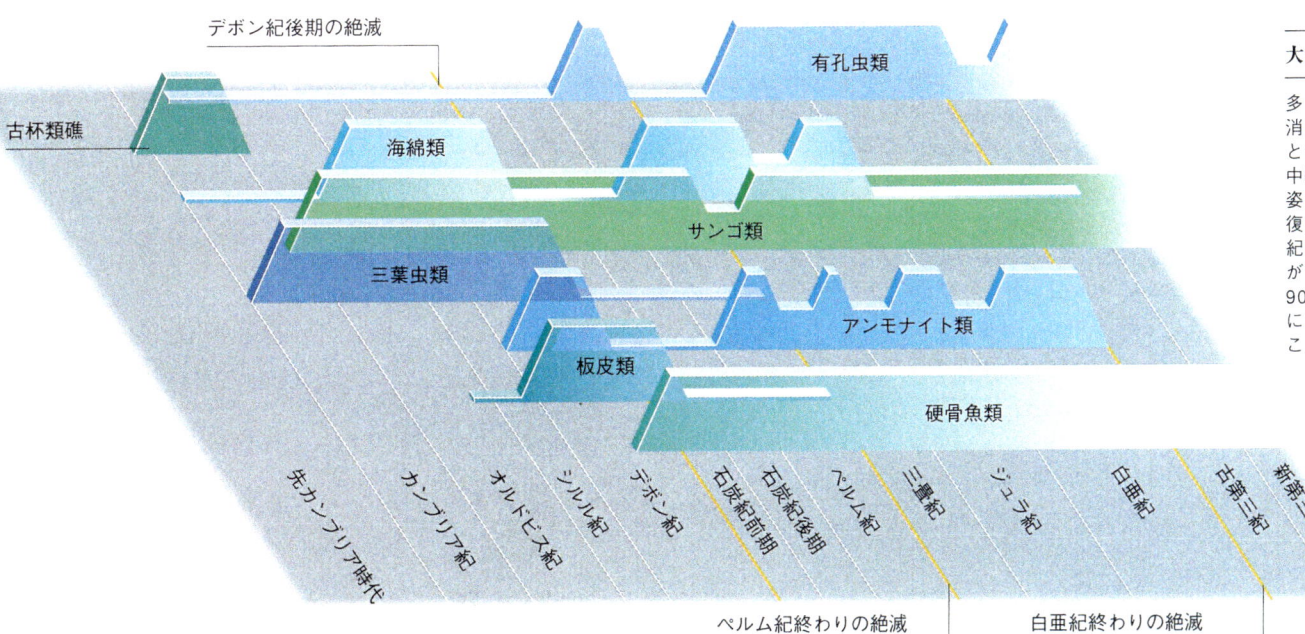

多数の種がほぼ同時期に消滅する現象を大量絶滅と呼ぶ．デボン紀後期の中頃，海生の科の33％が姿を消した．その後，回復も見られたが，ペルム紀の終わりにさらに54％がいなくなり（種の90％），白亜紀の終わりに，またもや大絶滅が起こった．

PART I

五つの界

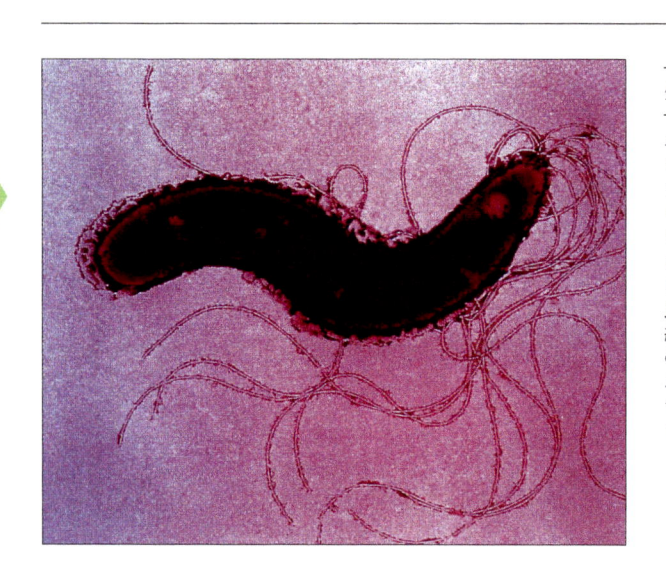

生命の起源と特質

生き残り

バクテリアは35億年以上も地球上で繁栄し続けている生活形であり，数多くの種を絶滅させた事件も乗り越えている．このスピリルム（*Spirillum*）はユーバクテリアで，比較的新しい「真正」細菌である．現代の分類体系では，バクテリアに二つの界を設けている．

　分類は，生物が互いにどの程度異なるかを区別して進化史を表す手っ取り早い方法である．まず第一の最も重要な区分レベルは界（kingdom）である．初めはすべての生物が植物界か動物界に属すものとして分類されていたが，19世紀の後半には，植物でも動物でもない生活形を表すのにもう一つカテゴリーが必要であることが明らかになった．著名な生物学者リン・マルグリス（Lynn Margulis）は，いまだに動植物以外はすべて「ばい菌」（germ）として片づけている人が多いと述べている．

　さらに科学が進むと，変わった生活様式を持つ小さな生物が次々と発見され，急速に膨らむリストを分類するにはもはや第三のカテゴリーだけでは不十分になった．やがて1963年に，解剖学，生化学的特徴と栄養の方法に基づく五界体系が提唱された．そのなかで最も古く原始的な界はモネラ界で，ここからほかの界が進化したと考えられている．モネラに含まれる原核動物は，核などの特殊化した細胞構造を持たない．モネラ界のメンバーは常に地球上で最も数の多い生物であり，現在でも勢いは衰えていない．モネラをアルキバクテリア（「古細菌」）とユーバクテリア（「真正細菌」）という二つの界に分け，六界にする研究者も多い．

　ほかの界はすべて真核生物で，核をはじめ特殊化した細胞構造を持つ．原生生物類の単細胞生物は，最初に進化した真核生物であった．このあとに出現したのが，動物，植物，菌類で，これらは栄養などの生物学的プロセスにおいてはっきりと異なる手段を取るので，それをもとに分類される．

　植物は独立栄養生物すなわち食物生産者であり，光合成によって自ら食物を作り出す．その多くは動物に食べられる．動物は従属栄養生物（食物消費者）で，外部の物質を食べて消化し，エネルギーを得るという選択をしている．最後に，菌類は腐生者で，死んだ，あるいは朽ちている物質を餌にする分解者である．

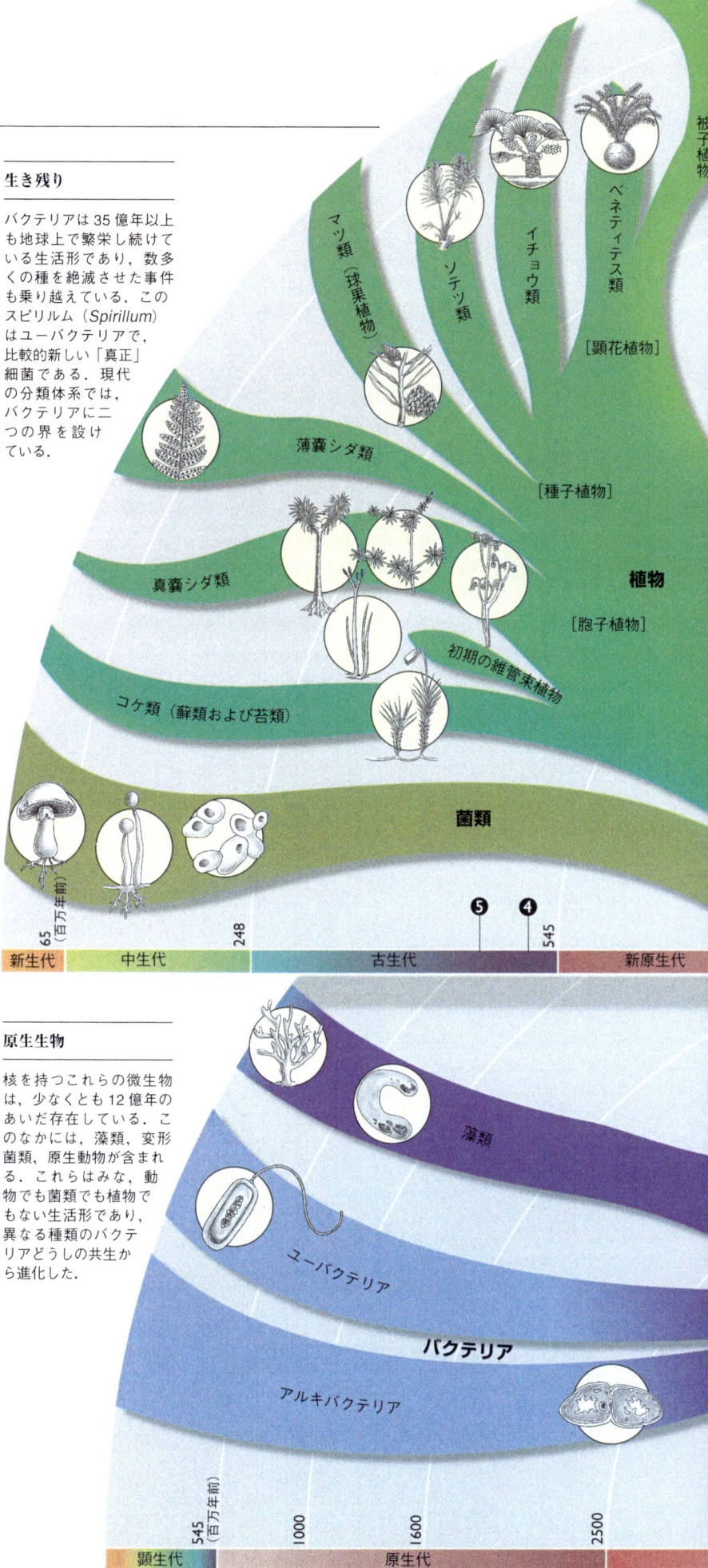

原生生物

核を持つこれらの微生物は，少なくとも12億年のあいだ存在している．このなかには，藻類，変形菌類，原生動物が含まれる．これらはみな，動物でも菌類でも植物でもない生活形であり，異なる種類のバクテリアどうしの共生から進化した．

はじめに

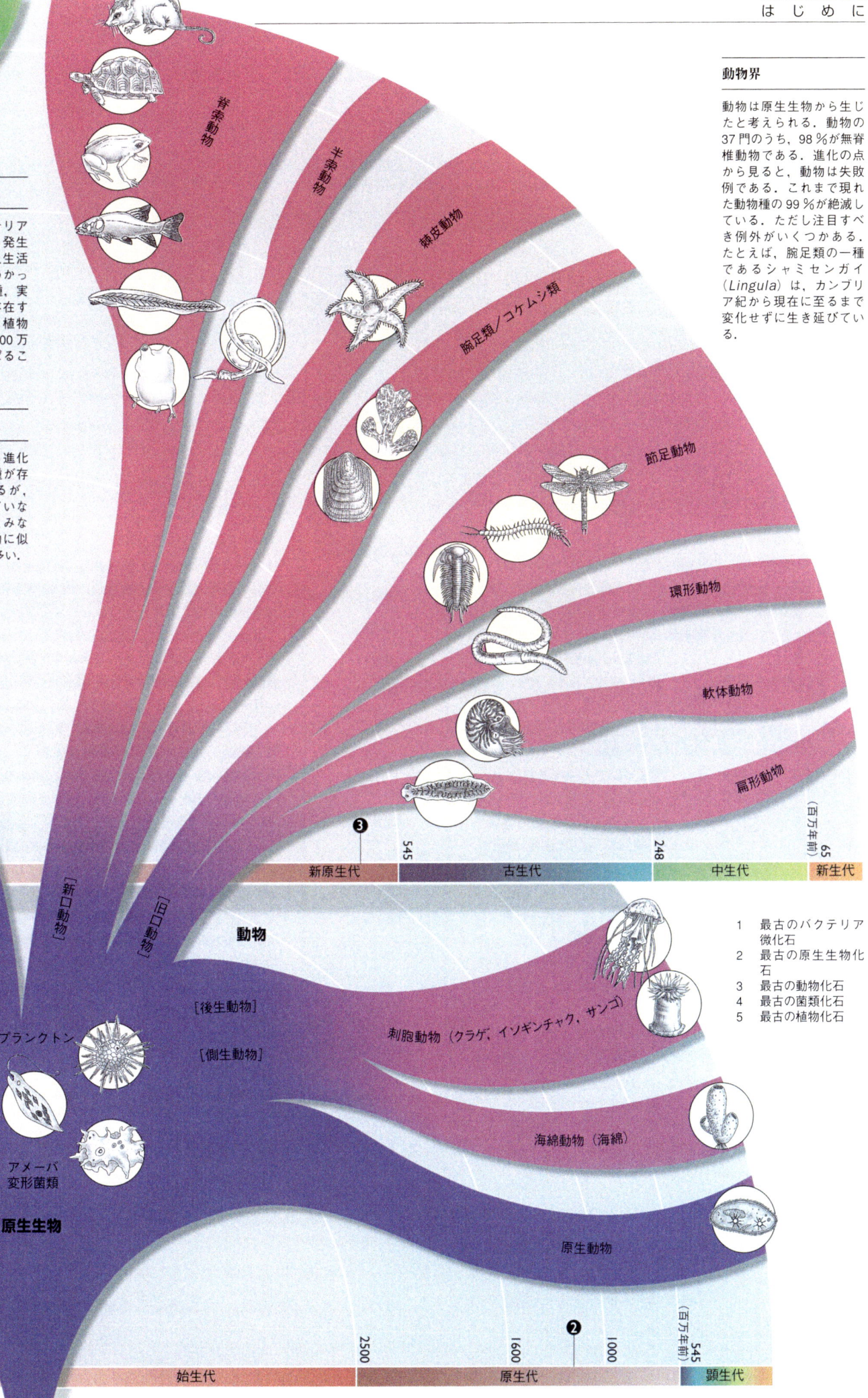

動物界

動物は原生生物から生じたと考えられる。動物の37門のうち、98％が無脊椎動物である。進化の点から見ると、動物は失敗例である。これまで現れた動物種の99％が絶滅している。ただし注目すべき例外がいくつかある。たとえば、腕足類の一種であるシャミセンガイ（*Lingula*）は、カンブリア紀から現在に至るまで変化せずに生き延びている。

生命の起源と特質

植物とは何か？

植物は光合成バクテリアとは異なり、胚から発生する。大部分が陸上生活に適応している。わかっているだけで50万種、実際はその倍の種が存在するものと思われる。植物の化石記録は4億5000万年前にまでさかのぼることができる。

菌類

菌類は原生生物から進化し、現在、150万種が存在すると推定されるが、大半はまだ知られていない。かつては植物とみなされていたが、動物に似ている部分のほうが多い。

脊索動物
半索動物
棘皮動物
腕足類／コケムシ類
節足動物
環形動物
軟体動物
扁形動物

545　248　65（百万年前）
新原生代　古生代　中生代　新生代

緑藻類
[新口動物]　[旧口動物]
動物
プランクトン
[後生動物]
[側生動物]
刺胞動物（クラゲ，イソギンチャク，サンゴ）
アメーバ
変形菌類
海綿動物（海綿）
原生生物
原生動物

1　最古のバクテリア微化石
2　最古の原生生物化石
3　最古の動物化石
4　最古の菌類化石
5　最古の植物化石

2500　1600　1000　545（百万年前）
始生代　始生代　原生代　顕生代

43

始生代

45億5000万年前から25億年前

　地球史の最初の20億年は，始生代（Archean）に含まれる．始生代は地球の年齢全体の半分近くを占める．始生代（「太古の時代」）とそれに続く原生代（「初期の生命」）をあわせたものが，先カンブリア時代として知られる期間であり，地球史の90％に相当する．地質学的な時間尺度には，必ずしも先カンブリア時代（Precambrian）という用語は現れないが，多種多様な生活形が地球に根付いたカンブリア紀よりも前の時代を表す言葉として，広く用いられている．始生代のあいだに，地球は加熱したちりやガス，宇宙物質の破片でできた球から，成熟した惑星に変容した．コア，マントル，地殻がすべて形をなし，気圏と海洋が発達する．そして無数の微小大陸ができ，浸食されて最初の堆積岩層を生じた．地上に生命がいた最初の証拠である原始的な単細胞生物（one-celled organism）の化石は，現在まで残る始生代岩石のなかから見つかっている．

　多くの科学者が描く想像図によると，初期の地球は，溶けたマグマに覆われた時代が過ぎたあと，水蒸気を多く含む大気に包まれ，盛んな火山活動の結果，つぎはぎ状態の表面に裂け目ができていた．こうした特徴は，ハデアン期（Hadean）として知られる始生代前半のあいだ継続して見られる．だが，劇的な変化も起きていた．地球が冷えるにしたがって，水がたまり，地殻が形成される．およそ40億年前には，地殻の厚みは30km足らずで現在より薄かったが，構造と化学組成は現在の状態に近くなっていた．やがて，地殻のかけらが集まって最初の原始大陸ができ，岩石圏の上を漂いだした．最古の大気には希ガス（アルゴン，ネオンなど）が多く含まれていたようだが，これらは太陽風で吹き飛ばされた．そのかわりに，二酸化炭素や窒素，水蒸気に富んだ初期の大気が生じた．

　38億5000万～37億5000万年前のおよそ1億年にあたるイスアン期（Isuan）には，地球表面に花崗岩の台地ができ，火山性や堆積性の層状岩石の基盤となった．これらはその後，かなりの深さまで埋没し，加熱と変形の結果，粗粒状の火成片麻岩が作られた．グリーンランドのイスア地域（Isua）から産出する岩石には，地球上で知られるかぎり最古とされる約38億年前の堆積岩が含まれている．イスア・シーケンス内の鉄鉱石は，当時の大気にまだ目立った量の酸素がなかったことを示している．

　大陸は40億年近く前に発達し始めた．初期の大陸塊，すなわち原始大陸は短命だったと思われる．なぜなら，大陸を構成する岩石が対流と初期の構造運動によって破壊されたからである．また，原始大陸は現在の大陸に比べるとかなり小さく，直径500kmしかない断片からできていたものと思われる．スワジアン期（Swazian，37億5000万～28億年前）の始まりには，マントルの対流が穏やかになり，多角形の構造プレートが発達していたと科学者たちは推測している．地殻は中央プルームから放射状に拡大し，プレート縁で表層の岩石がマントルのなかへと落下した．35億～25億年前のあいだに，大陸地殻の厚みがかなり増した．現在，大陸地殻の厚さは25～95kmである．科学者たちの見積もりによると，35億年前の地殻はそのわずか5％の厚さしかなかったが，10億年後には60％以上になっていたと思われる．

火山に焼かれ，隕石や小惑星に次々と打たれた地球上の最初の5億年は，地獄を思わせるところから，「地獄」という意味のギリシア語をもとに，ハデアン（冥王代）と呼ばれている．

キーワード

- 縞状鉄鉱石
- 生物発生
- 炭酸塩
- チャート
- クラトン
- 地殻
- 真核生物
- 珪長質地殻
- グリーンストーン
- 苦鉄質地殻
- マントル
- 原核生物
- 盾状地
- ストロマトライト
- 超苦鉄質地殻

4550（百万年前）	4500	4400	4300	4200	4100	4000	3900	3800	始生代
ヨーロッパの階			ハデアン				イスアン		
南アフリカの階								スワジアン	
地質学的事件	地球の形成；層への分化					地球表面は火山活動が盛んで不安定；原始大陸ができる			
	月の形成						グリーンストーンの形成；知られているかぎり最古の岩石		
大気／気候	大気はない	地球表面が冷える		火山から噴出した軽元素が初期の大気を形成					
		表層水			水蒸気が凝縮して雨が降る；原始海洋の形成				
生命			●最初の生命分子（原始RNA）					●最初の生物	

新しい月，新しい空

科学者たちの見方によると，およそ44億年前，コアとマントルを持つ火星大の物体が斜め方向から地球にぶつかった．その衝撃で，両者のマントルが激しくかき乱され，衝突からほんの数時間でコアが溶解した．マントル物質が四方八方へ飛び散り，大きな要素が地球の軌道に乗った．これが合体して赤く燃えさかる球を作り，月となった．

この球が現在慣れ親しんでいる月にようやく近づいてきたのは，10億年以上経ってからである．最初に訪れたのは付加と分化の段階であった．溶解した月が徐々に不毛の土からできた物体になった．地殻の形成後，隕石のクレーターが月の風景にあばたを作り始める．大きめの衝突が火山活動の引き金となり，38億～31億年前のあいだに，玄武岩の溶岩が月の海に噴出した．地球から眺めると，月の海はどれも暗い．明るく浮き上がって見えるのは，もっと古い時代（44億年前）にできた斜長岩の高地である．

月面に見られるクレーター模様は，月の歴史の早い時期に作られたと思われる．その多くは30億年以上前のものである．クレーターのなかにもクレーターがあるが，大部分は太陽系の隕石活動が最も盛んになったときに現れたようである．月面を広く覆うちりは，初期の衝突の産物である．

ランディアン期（Randian，28億～25億年前）の終わりには，大陸塊が十分にできあがっていた．その縁は沈み込みプレートによって常に破壊されていたが，盾状地（shield）もしくはクラトン（craton）と呼ばれる安定した中央部分は，現在の大陸の中心に今も残っている．

最古の大陸は浸食作用を受けて最初の堆積岩を生じた．沈殿した主な堆積物は，砂岩，礫，礫岩といった様々な種類の砕屑岩で，珪酸塩鉱物に富み，花崗岩や玄武岩，変成岩が浸食されたものであった．また，これらの岩石の浸食によってカルシウムが放出され，河川の流れに乗って海に運ばれ，海洋のなかで徐々に積もって，石灰岩や塩として沈殿した．最初の石灰岩が沈殿したのはおよそ28億年前である．大気中の酸素が増え，海洋の炭素濃度が高まると，縞状鉄鉱石の沈殿は前ほど幅広く見られなくなった．原生代には，炭酸塩が主要な岩石の種類になった．その浸食や堆積が，始生代以後の海洋で化学的バランスを保つのに役立っている．

始生代の世界は地獄の様相から，落ち着いた大陸を海洋が縁取っている状態へとだんだん変わっていった．風景のなかにはまだ火山が多く見られ，大陸の奥地は不毛の地であった．しかし，海岸は緑色の光合成生物が覆い，着実に変化をもたらしていた．

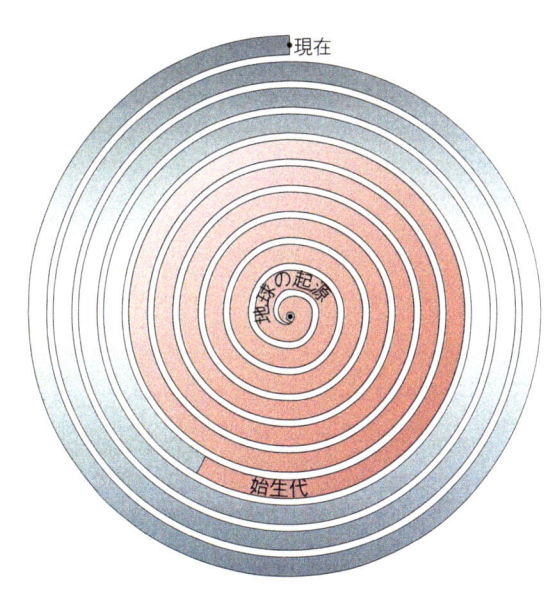

参照

地球の起源と特質：大陸，地殻，岩石圏，マントル，プレートテクトニクス
生命の起源と特質：シアノバクテリア，真核生物，原核生物
原生代：藻類，ストロマトライト
シルル紀：熱水噴出孔

| 3400 | 3300 | 3200 | 3100 | 3000 | 2900 | 2800 | 2700 | 2600 | **2500** | 原生代 |

ランディアン

火山と溶岩平原に覆われた表面　　初期の大陸が形成されて安定する

● 最初の遊離酸素　　　　　　　　　　　　　　　　　　　　　　　　光合成の増加によって酸素濃度が上昇
局所的な浅水，熱帯性の海　　　　　　　　　　　　　　　　　　　海洋の量は現在の90％

● 光合成しないバクテリア，最初の「ストロマトライト」　　　　　　　● 最初の真核生物

PART I

始生代

始生代の世界

始生代の初期，地球の大部分は巨大な海ですっぽり包まれていた．初めに現れた硬い地殻領域は，マントルからホットスポットを通して吹き上げられた火山岩が固まったものであった．マントル中の対流パターンが変わったため，このような島は短いあいだしか存在しなかったと思われる．ホットスポットは別の場所へ移動し，そこでまた島を作ったであろう．

最初の大陸

ごく初期の大陸は小さかった．大陸を構成する火山岩が風化作用と変成作用を受けて，粘土や泥を生じ，さらに頁岩が形成された．そして，小さな原始大陸が集まって合体し，もっと大きな大陸を生じた．このような岩石の名残は，現在の大陸の盾状地地域にまだ残っている．

現在と同様，始生代の大陸もたえず移動し，岩石圏プレートに乗って押されるまま，地球の表面を漂っていたが，その動いた跡を知る方法はない．今日まで唯一残っている始生代の陸塊は，現在の大陸すべての中心にある盾状地地域である．カナダやグリーンランド，スカンジナビア，ロシア，中央アジア，中国，インド，アフリカ，南アメリカ，オーストラリアには，広大な大陸盾状地（クラトン）がある．南極大陸の氷冠の下にも存在すると思われる．そのなかでもカナダ盾状地が最大で，もっとあとの時代の更新世に，氷河の作用で広範囲にわたって露出した．大陸盾状地は大陸進化に関する貴重な資料であり，後の世の古地理学者はこれを利用して古地理図を作る．

先カンブリア時代に関する情報のほとんどは，大陸盾状地の研究から得られる．大陸盾状地とは，長いあいだ変形せずに残り，現在，地球表面に露出している安定したクラトンである．

盾状地地域が保存されているのは，活動があまり活発ではない大陸縁に位置しているからである．時が経つあいだに，大陸がゆっくりとではあるが着実に押し広げられ，伸張が進んだ結果，こうした大陸縁にそって海盆が形成された．初期の弧状列島と海溝の証拠もまた，盾状地複合体のなかから見つかる．大陸縁に付加した古代の海底の断片が残っているからである．

現在の盾状地は昔もそれぞれ独立した陸塊であった，と単純に推測するのはたぶん正しくない．いくつかの大陸がゆっくりと集まり，15億〜18億年かけて融合し，原生代に最初の超大陸を形成したと考えたほうがよさそうである．

35億年ほど前，始生代のスワジアン累代に，巨大な海洋に点在する小さな島として原始大陸は出現したらしい．およそ30億年前，火成岩や変成岩，堆積岩が徐々に蓄積して，それなりの大きさの安定した大陸が発達する．結晶質岩石である火成岩と変成岩は，新しい大陸の核をなし，この核が浸食されるにしたがって，大陸縁の浅水に堆積物が沈殿した．激しい雨と，大量に生じた火山性のちりや岩屑のせいで，初期の大陸の縁には火山堆積物が分厚く積もったであろう．また，かなりの量が風や水の流れに運ばれて海へ入り込んだらしく，深海堆積物というのが始生代の岩石シーケンスの特徴となっている．巨大な火山の斜面の高いところには雪や氷もあったと思われるが，真の氷河期が初めて訪れるのは原生代になってからであった．

- ■ アフリカと中東
- ■ 南極大陸
- ■ オーストラリアとニューギ
- ■ 中央アジア
- ■ ヨーロッパ
- ■ インド
- ■ 北アメリカ
- ■ 南アメリカ
- ■ 東南アジア

はじめに

最初の大陸が形成されたのは，40億年ほど前に上部マントルの温度が下がったからである．したがって，大陸地殻の年齢は40億年と考えられる．大陸が集積した結果，この上部マントルが薄くなり，盾状地すなわちクラトンが太古の大陸岩石圏の上に浮かぶようになったにちがいない．つまり，盾状地の下の岩石圏は少なくとも30億年のあいだ同じ場所にとどまっているということである．マントル内のほかの場所では破壊力が働いているが，ここではマントルのプルームと対流がないせいで破壊力が及ばず，岩石圏がほとんど，あるいはまったく動かなかったのである．

> 「ホットスポット」（構造活動が起こる場所）は，岩石圏の安定部分上に形成された大陸より，海洋のほうによく見られる．

繰り返しになるが，コアと地球の外側の層が形成されるあいだ，4億〜5億年にわたって，強い対流が安定した大陸の形成を妨げていた．今より多くのマントルプルームやホットスポットがあり，一つ一つの対流セルに対応してたくさんのマイクロプレートがあったであろう．たぶんこれが理由で，貫入岩を含む微小大陸がたくさん存在し，海底に開いた玄武岩の噴出口が初期の地殻を増大させていたのである．

プルームはまた，初期の弧状列島──すなわち海溝の大陸側で噴出する一連の火山──の背後にあった海盆と関係していたと思われる．もしそうだとしたら，蓄積した火山-堆積岩シーケンスが巨大な構造運動の力を受け，岩石が増大して新生大陸に付け加わっていたであろう．こうした褶曲岩石は，花崗岩からなる盾状地，すなわちクラトンの核の縁でしばしば見つかる．

始生代

始生代テレーン

オーストラリア西部のピルバラ地域には，始生代初期にできた花崗岩の大きな貫入がある．この貫入によって，その上にかぶさる鉄分に富んだ堆積物と，グリーンストーン帯が押し上げられて大きなドーム構造を作っている．古い岩石の層理面はほとんど垂直で，貫入岩のまわりに巻きついている．

褶曲盾状地

カナダ北部の盾状地地域は主に始生代の花崗岩でできていて，ラブラドール褶曲帯を撮影したこの衛星写真の右上と左下の地域に見られる．こうした太古の盾状地岩石は大陸地殻に組成がきわめて近く，普通の花崗岩より長石の割合が高い．これらの岩石は地球の奥深くで形成されたのちに，長い期間をかけて押し上げられ，ついに大陸盾状地の上に露出したのであろう．褶曲と褶曲のあいだで岩石層が圧縮され押し曲げられ，複雑に入り組んだ帯を作っている．加熱と加圧によって堆積層はしばしば変成しているので，こうした北部の盾状地は片麻岩をよく産出する．この片麻岩がさらに褶曲作用を受けることも多い．

PART I

始生代

最古の岩石

知られているかぎり地球最古の岩石は，始生代の盾状地地域から見つかる．グリーンランドにあるイスア地域（下）の複雑に褶曲した片麻岩は，約38億年前に火山活動で形成され，高度の変成作用を受けた．この片麻岩の内部に，グリーンストーン帯と呼ばれる緑がかった岩石帯がくぼ地状に広がっている．その多くは金属鉱物を豊富に含み，地元の採鉱業の基盤となっている．また，もっと古い火山岩でできた丸みのある大礫など，礫岩から水の沈殿作用を示す証拠も得られる．マントル起源の塩基性岩がところどころで片麻岩の割れ目に貫入し，新しい火成岩の岩脈を作っている．

大陸盾状地地域の火成岩と変成岩を形作る鉱物は，それだけでも，初期の大陸の形成や発達を示す指標となる．グリーンランドの縞状鉄鉱石や，南アフリカのバーバートンから産出する

> 火山活動，堆積，そして原始的生活形の活動はすべて，大陸盾状地を構成する岩石の要因となっている．

チャートは世界最古の岩石であり，盾状地堆積物の例である．チャートは珪質岩石で，火山もしくは生物起源（生物によって生じたという意味）であるか，続成作用（diagenesis）の産物と解釈される．続成作用とは，堆積物が沈殿後に受ける構造的あるいは化学的変化のことである．

バーバートン・チャートは火山活動の結果生じたもので，そこに埋もれているバクテリアは，泥だらけで熱い間欠泉の淵にいたのである．縞状鉄鉱石は，新生の大陸卓状地の浅い盆地にだんだん積み重なってできた．珪質で赤鉄鉱に富む縞状鉄鉱石は，化学的生物学的過程の産物である．縞状鉄鉱石の大きな鉱床は，北アメリカ，オーストラリア西部，ロシア，ウクライナ地方でも見つかる．これらは地元の鉄鉱石採掘場となっている．

チャートと縞状鉄鉱石の世界分布を見ると，初期の地球の自然を知る重要な手がかりが得られる．約250mにもなるこうした堆積物の厚い層は，直径1000kmほどに及ぶ盆地に蓄積された．ここから，大陸がどれも似たような方法で集積していたこと，そして気圏には十分な量の酸素がなかったことがわかる．

イスア地域とバーバートン地域の岩石も，始生代の生物進化を知る手がかりを与えてくれる．イスア鉄鉱石には化石が含まれていないが，炭素の痕跡があるので，38億年以上前に生物が現れたと推測できる．バーバートンのチャートは35億年前のもので，単細胞生物が完全な形で保存されており，ここに進化の経過を見ることができる．バクテリアとシアノバクテリア（藍藻類）は原核生物と呼ばれるこの生物カテゴリーに属している．これらは光合成を発達させ，地球を変えていった．

ほかにも初期の大陸の形成と組成を示す指標となる鉱物がある．盾状地地域にある変成岩や火成岩の鉱物的特徴は，埋没した深さや変成の程度，マントルの組成などに関する資料となる．

> 始生代の作用は太古の岩石に跡を──そして鉱物資源という価値ある遺産を残した．

盾状地内での岩石の変成は，褶曲や衝上といった構造運動，あるいは溶けたマグマが下から貫入して熱を加えた結果，引き起こされたものであろう．

構造運動の初期段階では，地球の地殻に裂け目や断層ができ，マントルから上昇する物質の通り道になった．現在，地球にある鉱物資源の大半は，こうした起源を持つ．たとえば地球の金の50％は始生代の岩石の割れ目と結びついている可能性がある．目立った量の金鉱石はしばしば熱水作用によって作られる．熱水作用でマグマだまりに金属に富んだ液体がたまるからである．この加熱された液体は地殻の岩石を通ってかなりの距離を移動し，割れ目に沿って上昇したあと冷却され，沈殿して鉱脈を形成する．始生代の盾状地地域では，鉛と亜鉛も同じくらい高い割合で見つかる．これらの鉱物はたぶん，海水の循環によって深い断裂系を通り抜け，上部マントルから海底へ流れ出たのであろう．

グリーンストーン帯の起源

グリーンストーン帯は火山岩が繰返し沈殿してできた．小さな地殻プレートが，対流で運ばれ（1），伸張や衝突を起こし，マントルから地表へ火山性物質が噴出する（2）．その後，プレートテクトニクスの大きめの流れが大陸物質をマントルのなかへ運び（3），新たな噴出を引き起こす．大陸が成長するにしたがって，グリーンストーンシーケンスが変成と圧縮を受ける（4）．

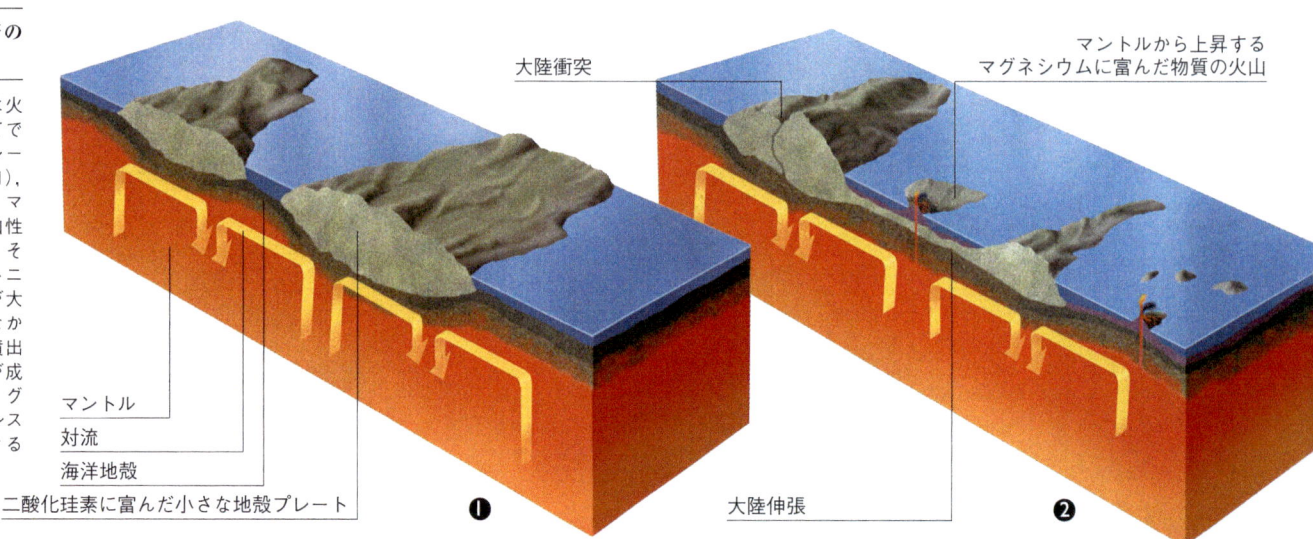

始生代

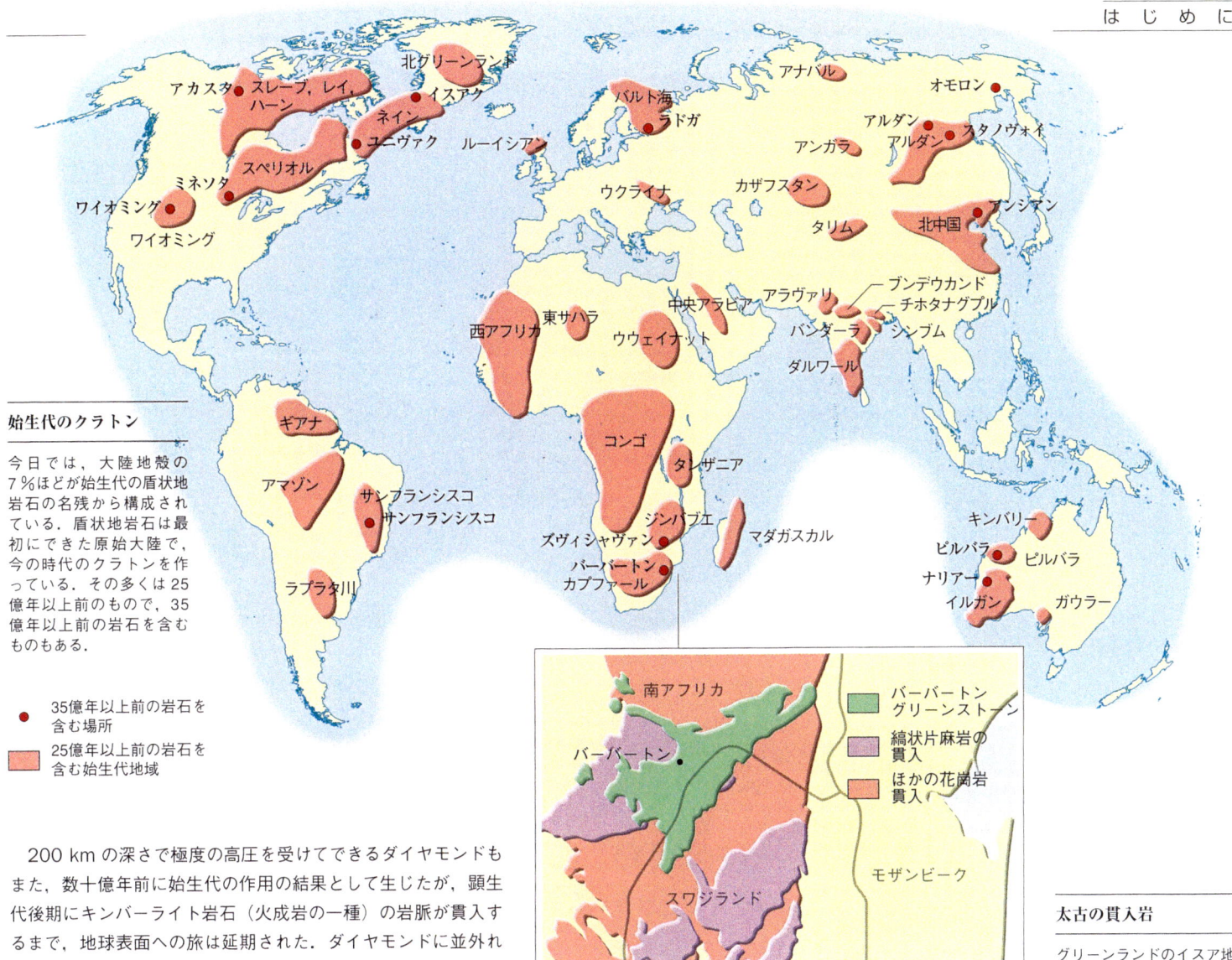

始生代のクラトン

今日では，大陸地殻の7％ほどが始生代の盾状地岩石の名残から構成されている．盾状地岩石は最初にできた原始大陸で，今の時代のクラトンを作っている．その多くは25億年以上前のもので，35億年以上前の岩石を含むものもある．

- ● 35億年以上前の岩石を含む場所
- ■ 25億年以上前の岩石を含む始生代地域

200 kmの深さで極度の高圧を受けてできるダイヤモンドもまた，数十億年前に始生代の作用の結果として生じたが，顕生代後期にキンバーライト岩石（火成岩の一種）の岩脈が貫入するまで，地球表面への旅は延期された．ダイヤモンドに並外れた硬さを与えるのは，マントルという高圧の環境である．この圧力がキンバーライトを急速に地球表面へ押し上げる．圧力のかかった水と二酸化炭素を推進力にした「噴出」と言ってもよい．ダイヤモンドの多くはキンバーライト岩石に閉じ込められたままで，地球の地殻の奥深く，掘り出すには深すぎる場所に埋まっている．だからこそ，ダイヤモンド原石には希少価値があり，高値が付けられるのである．

太古の貫入岩

グリーンランドのイスア地域にある線状のグリーンストーン帯とは違って，アフリカ南部のバーバートンのグリーンストーンは不規則な形をしている．形成されてから35億年近く経つあいだに，地球の運動や火成花崗岩の貫入に圧迫されてきたからである．バーバートングリーンストーンにはマグネシウム濃度が高く，当時の地球の温度が今より高かったことがわかる．表面のもう少し若い堆積物には，太古の火成岩が風化作用を受けてできた古い砂金鉱床がある．最も有名なものはヴィトヴァーテルスラントにあり，1886年の発見以来，世界の金全体の半分以上を産出している．

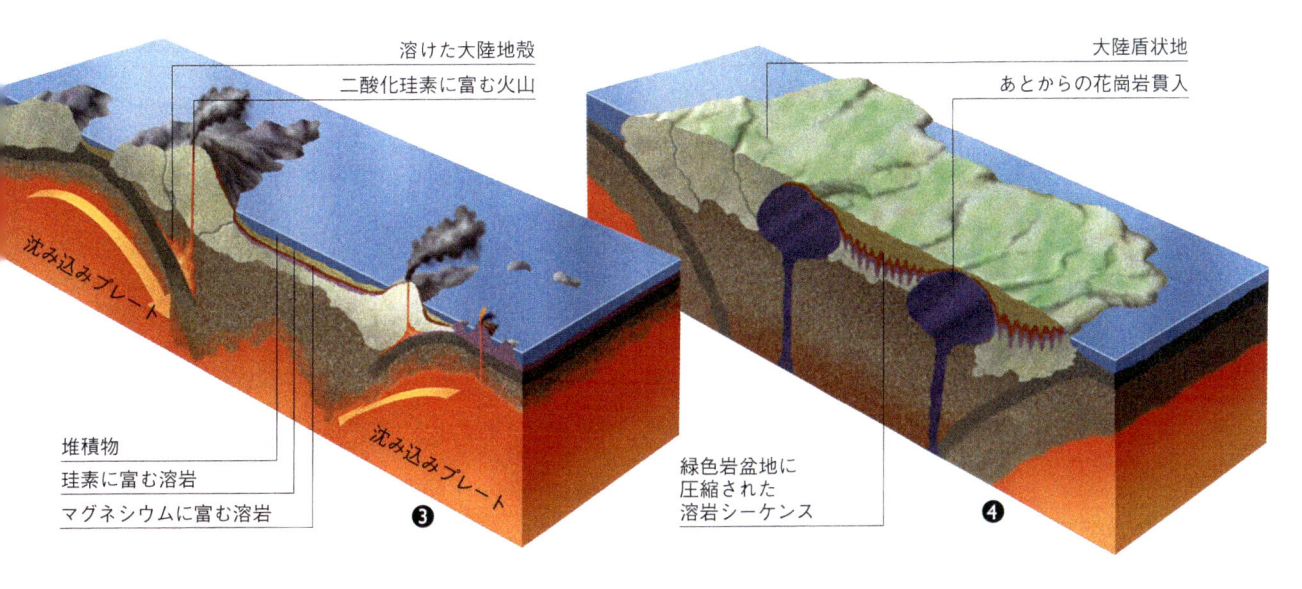

PART I

始生代

深い海溝と海底峡谷，海山，そして山脈が，現在の海盆底の顕著な特徴である．大西洋の地形で目を引くのは中央海嶺（mid-ocean ridge）である．これは大西洋から北極まで延びる海中山脈で，その脇に接する古い山脈は両側の大陸の縁へ向かって横方向に延びている．海嶺と大陸斜面のあいだには，深海平原（abyssal plain）と呼ばれる広く平らな地形がある．ここが平らになっているのは，海洋底に堆積物が分厚く積もっているからである．突出部もところどころにあるが，これは埋もれた火山が頭をのぞかせているだけと思われる．

> *海中の長い山脈である中央海嶺は，地球のマントルから溶けた物質が表層へ上昇し，水中へ噴出して，新しい海洋地殻を次々と作っている場所である．*

大陸斜面と台地が見えたら，海洋底から大陸棚へ，そして海洋地殻（oceanic crust）から大陸地殻（continental crust）へ移行した兆候と考えてよい．海洋地殻は古い地球の特徴であり，約45億年前，地球を覆う溶けたマグマの「海」が冷え始めたときに形成されたと見られている．（これまで確認された最古の大陸性岩石は40億年よりほんの少し短い年齢と計算されている．）最初にできた海洋地殻はコマチアイトを主成分としていたようである．コマチアイトは超苦鉄質岩で，極度の高温下で形成され，鉄とマグネシウムを豊富に含んでいる．現在の海洋地殻の岩石はもっぱら玄武岩だが，これはマグネシウムに富む苦鉄質岩で，1100℃という比較的低めの温度で形成される．

新しい地殻は中央海嶺にそって次々と作られ，毎年およそ3.5 km²の新しい地殻が地球に付け加えられている．大西洋では，この物質がゆっくりと広がることで両側に段状の谷ができているが，太平洋では海嶺が急速に広がっているため，谷は見られない．

海底温泉

鉱物を含む温泉，すなわち熱水噴出孔は，始生代の海洋底の中央海嶺沿いに初めて現れた．今でも，海嶺沿いの割れ目を通して，冷たい海水が下のマグマだまりへ向かってしみ込むときに，熱水噴出孔ができる．水は過熱されて再び上昇し，岩石から鉱物を溶かし込んで海嶺に現れる．冷却された水から，鉱物が微粒子の「煙」となって沈殿する．

ブラックスモーカー
中央海嶺
玄武岩
岩石の割れ目
浸透する海水
マグマだまり
過熱された海水

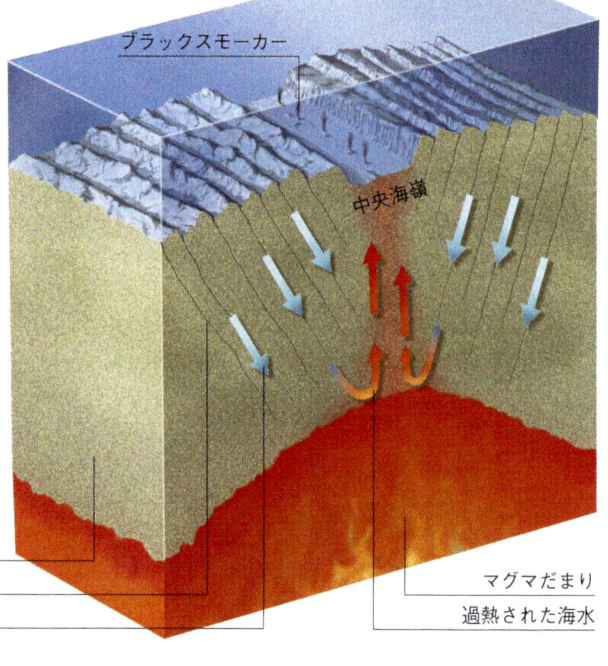

新しい地殻が中央海嶺にそって生じるとき，遠く離れた大陸縁付近では，海洋プレート（oceanic plate）が大陸の下にもぐり込み，古い地殻が沈み込み帯に姿を消している．安定した大陸盾状地には30億年以上前の始生代岩石が含まれているのに，始生代の海底が何も残っていないわけはここにある．今の海洋にある最古の海底は1億8000万年前のもので，海嶺から最も遠く離れた大陸縁の近くに存在する．

> *海洋地殻は大陸地殻より前に現れたが，現在見られる最古の標本はたった1億8000万年前の古さでしかない．あとは何度も繰り返し再循環されている．*

始生代のなかだけを見ても，海底の地形はあまり長持ちしなかったであろう．マントルの対流が激しく，地殻が絶えず冷えたり溶けたりしていたからである．初期のマイクロプレー

はじめに

始生代

海底の火山岩が噴出する割れ目は，再循環する海水の噴出孔でもあり，ここから硫化物に富んだ高温（350℃）の海水が流れ出ていた．水中に渦巻く鉱物粒子は濃い「煙」の雲を作った．1970年代の後半，「ブラックスモーカー」と呼ばれる孔が太平洋で初めて見つかったが，始生代にもこれに相当するものがあったようである．硫化物に富む始生代の堆積物は層状のシーケンスとして今の地球にも残っていて，初期の海底の噴出孔に関する証拠を提供している．現在のブラックスモーカーには，蠕虫類や軟体動物，魚類の群集が住みついている．ここを始生代初期に生命が生まれた源と考える科学者もいる．

> 海洋底の割れ目から，過熱された水のプルームと，ブラックスモーカーの先駆けとなる鉱物沈殿物の雲が生じた．このような化学物質に富む環境の一つから，生命を作る最初の有機物質が現れた．

およそ35億年前，最初のストロマトライト（stromatolites）が現れた（右の訳注参照）．ストロマトライトはシアノバクテリアがからみ合った「群体」に成長するとき，その活動の結果として残された遺物である．ストロマトライト化石は，始生代より原生代の岩石中に多く見られるが，始生代の終わりにまでに世界中に分布していたことは明らかである．最古のストロマトライト化石は，オーストラリアのピルバラクラトン盾状地で見つかっているが，同じオーストラリアのシャーク湾（Shark Bay）では今でも，温かく浅い潮間帯で現代のストロマトライトが育っている．

ブラックスモーカー

（左）熱水噴出孔の働きで沈殿した黒っぽい鉱物粒子のプルームから，「ブラックスモーカー」というニックネームが付いた．こうした粒子によく見られるのが，銅や鉛，亜鉛など様々な金属の硫化物である．350℃まで過熱された水が，海洋底の冷たい水に触れたとき，そこから鉱物が沈殿し，孔のまわりに煙を作ることがある．現在の微生物が酸素を利用するのと同じように，始生代には，原始的バクテリアが硫黄を代謝していたと思われる．硫黄を利用するバクテリアは地球上に最初に現れた生活形の一つだったと推測する科学者もいる．

［訳注］近年の説では，35億年前のストロマトライトとされたものは，光合成しない細菌によるもので，中央海嶺付近の熱水性堆積物であり，シアノバクテリア（藍藻）によるものは27億年前が最古との指摘もある．

トの運動と衝突も，プレート境界に生じた地形の大半を破壊した．たとえ残ったとしても，岩石中の磁場逆転データが破壊されているので，現在の海底の年代を正確に測定することはできない．

それでも，激しい活動がおさまってもっと安定した状態が訪れると，始生代の海底には今と同じ特徴が数多く見られたと思われる．海底火山山脈（submarine volcanic range）や海山（seamount）がそびえ立っていたことは間違いないが，深海平原も存在した．こうした場所に，初期の大陸から流れ出た堆積物が分厚く積もったため，深海の堆積物には始生代のものがかなり高い割合で含まれている．マントル内から地殻がどんどん作られると，海洋底が占める地域が拡大し，徐々に広がって地球表層を覆う割合もいっそう大きくなった．

建築バクテリア

ストロマトライト化石（右）の断面図を見ると，石灰を付加するシアノバクテリアがこれを築くときに，おそらく何年もかけて，少しずつ層を重ねていった様子がわかる．この構造のなかでは，最初にあった炭酸塩が二酸化珪素に変わっている．これは，浅い海底にすむこれらの生物が32億年前に光合成を行っていたことを示す直接の証拠となる．もっとも，グリーンランドのイスアグリーンストーン堆積物からは，光合成の起源をそれより5億年以上前とする証拠が得られている．ストロマトライトは現在まで生き延び，今でもオーストラリアのシャーク湾内で，クッションの形をした石のような構造として発見される．

PART 1

始生代

❶　❷　❸

はじめに

1	休火山
2	寄生火山からの火砕岩噴出
3	できたての月
4	激しい雷雨
5	間欠泉
6	熱い泥の淵
7	ストロマトライト

始生代

始生代の地球の風景は，現代人の目には過酷に映ったであろう．泥の淵が湯気をたてて煮えたぎり，間欠泉が高温の湯を空高く吹き上げ，活火山がどろどろの溶岩と熱い灰を酸素の乏しい大気中へ噴出していた．聞こえる音といえば地球のうなり声くらいで，ときおり火山の噴火音が鳴り響き，地平線に稲妻が走り雷鳴がとどろく．暗雲たれ込む空から激しい雨が降り注ぐ．たまには，雲の切れ間から月が顔をのぞかせる夜もあったであろう．生まれたての月はまだ岩だらけででこぼこであったが，地球の盟友としてそばに付き添っていた．

始生代の風景は高温多湿で不毛で荒々しく，魅力のないものであった．それでも，ここから生命は始まったのである．

この地獄を思わせる混沌にありながら，太古の海洋の周縁では，初期の生物が進化し始めていた．ストロマトライトは温かい浅海で特徴あるクッションを作った．その化石は始生代や原生代の岩石から見つかっており，32億年も前にこれを作ったシアノバクテリア（藍藻類）がすでに光合成を生命維持過程として利用していた証拠とされている．

地球表面の下では様々な種類の進化が起きていた．硬い地殻のある地域では，初めて小さな原始大陸が生じたが，その一部は，現在の大陸に埋没したクラトンという岩石の塊として今日まで残っている．だが，最初のうちは，大陸になろうとした塊の多くが溶けたマグマのなかへ引き戻され，強い対流によって地表へ再循環していた．このプロセスがおさまったときに初めて，もっと大きくて恒久性のある大陸が形成されるようになった．

藻類の進化

藻類は原生生物のなかで最も植物に似ている．その形は小さな単細胞生物から大きな多細胞生物まで多岐にわたっている．ほとんどの藻類は水中もしくは陸上の湿った環境を生息場所としており，どの種類も光合成を行える．シアノバクテリアという名称でも知られる藍藻類は，最も早い段階で現れた生活形の一つであり，原始的な単細胞構造を持っている．最初の多細胞藻類グリパニア（Grypania）は約22億年前の原生代前期に現れた．藻類，とりわけ初期の藻類は軟らかく，骨格という支持構造を持たなかった．したがって，このような生物の化石記録はきわめて乏しく，その初期の進化を詳細に再現するのは不可能である．

グリパニアに続いて19億年ほど前に，最初のアクリターク（acritarch）と，さらにプラシノ藻類（prasinophyte algae）が出現した．注目すべきは，アクリタークが先カンブリア時代後期と古生代のプランクトンの重要な構成要素となったことである．これに対し，現在まで生き延びているプラシノ藻類は，固定性の生活様式も運動性の（自由遊泳性の）生活様式も取った．固定性，すなわち定着性の種類は独特の群体を作った．アクリタークとプラシノ藻類の種は有核細胞を持っていたので，真核生物であった．

緑藻類（green algae）と紅藻類（red algae）の進化も原生代までさかのぼることができる．これらのグループ内には，体の支持と保護のために硬いチョーク質の骨格を進化させた上科がいくつかある．顕生代には，石灰藻類が礁の発達において重要な役割を果たすようになった．浅水にすむ種の骨格は，破壊されて炭酸塩の砂を生じた．シアノバクテリアとともに，この藻類は炭素循環に欠かせない存在であった．先カンブリア時代の終わりに，おそらく腹足類に食べられて，シアノバクテリアの数が減ると，藻類が繁栄するようになった．コッコリス（coccoliths）や珪藻類（diatoms），渦鞭毛藻類（dinoflagellates）といったプランクトン性の藻類や放散虫類（radiolarians）は，堆積岩シーケンスの下位区分を決めるときに年代測定の手がかりとして利用される．現在，藻類は栄養豊富な水や汚染された環境に大量発生するが，顕生代に入ってからは，過去にも断続的に大量発生していたようである．このように化石記録には地球温暖化や汚染，絶滅の複雑なからみ合いが見られる．

藻類の系統

藻類は関係のないたくさんのグループから構成されているので，これを整理するために数多くの分類体系が考え出されている．有効な化石記録を残しているのはアクリターク，渦鞭毛藻類，プラシノ藻類，コッコリス，珪藻類，そして石灰藻類だけだが，様々な系統が個別に進化していたのは明らかである．藻類グループはどれも初めは単細胞生物であったと思われる．渦鞭毛藻類のように，単細胞のままだったグループもあるが，藻類は大きな群体を作ることが多い．もう一つのプランクトン性グループであるアクリタークは，球形もしくはたくさんの突起が付いた形を取り，化石藻類のなかでは最も古く，最も広く分布していた種類の一つである．

1. 最古のシアノバクテリア（藍藻類）：ほかのバクテリアと異なり，太陽光を代謝する（光合成を行う）．
2. 最古の多細胞藻類．初期の多細胞形では，個々の細胞が独立しており，特殊化していなかった．
3. 最古のアクリターク：捕食者の数が増えるにしたがって，棘のある形が進化した．
4. 最古のウシケノリ類
5. 最古のシャジクモ類
6. 最古の渦鞭毛藻類
7. 最古のサンゴモ類
8. 紅藻類と緑藻類は硬い骨格を進化させた．
9. 最古のカエトフォラ類
10. 多細胞藻類が細胞結合と特殊化を進めた．

藻類の祖先

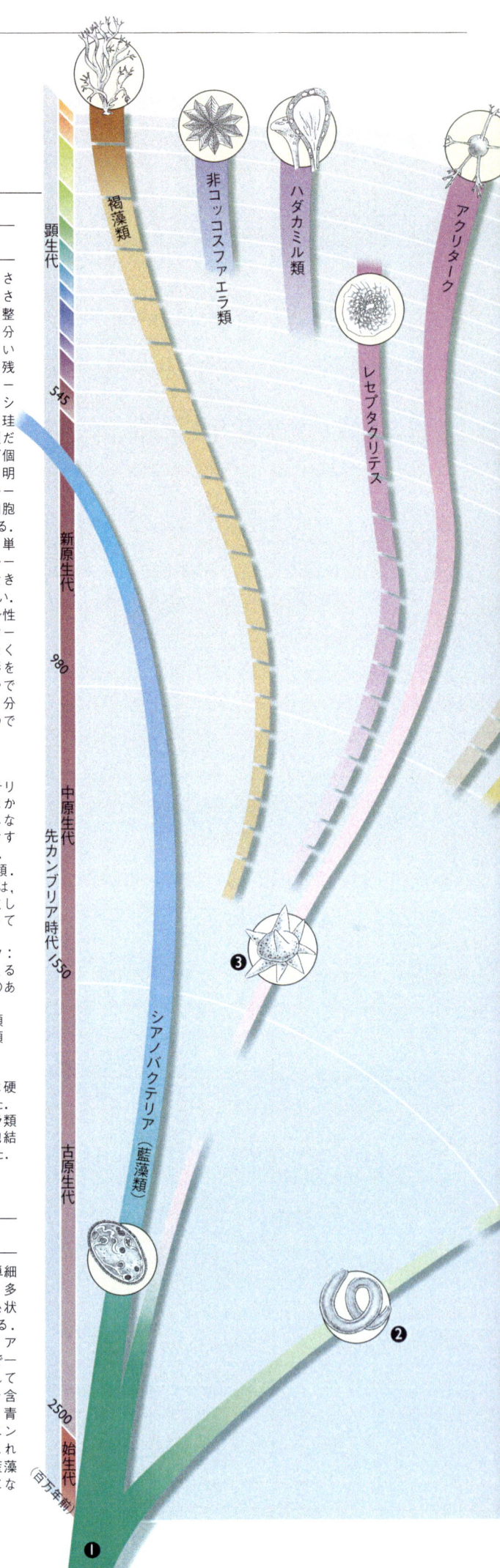

シアノバクテリアには単細胞生物も見られるが，多くは長い糸すなわち糸状体から構成されている．現在，シアノバクテリアはバクテリア界のなかで一つの門を割り当てられている．どれも葉緑素を含み，光合成を行える．青い色素のフィコシアニンを含む種類もあり，これが最初に付けられた藍藻類という名前のもとになっている．

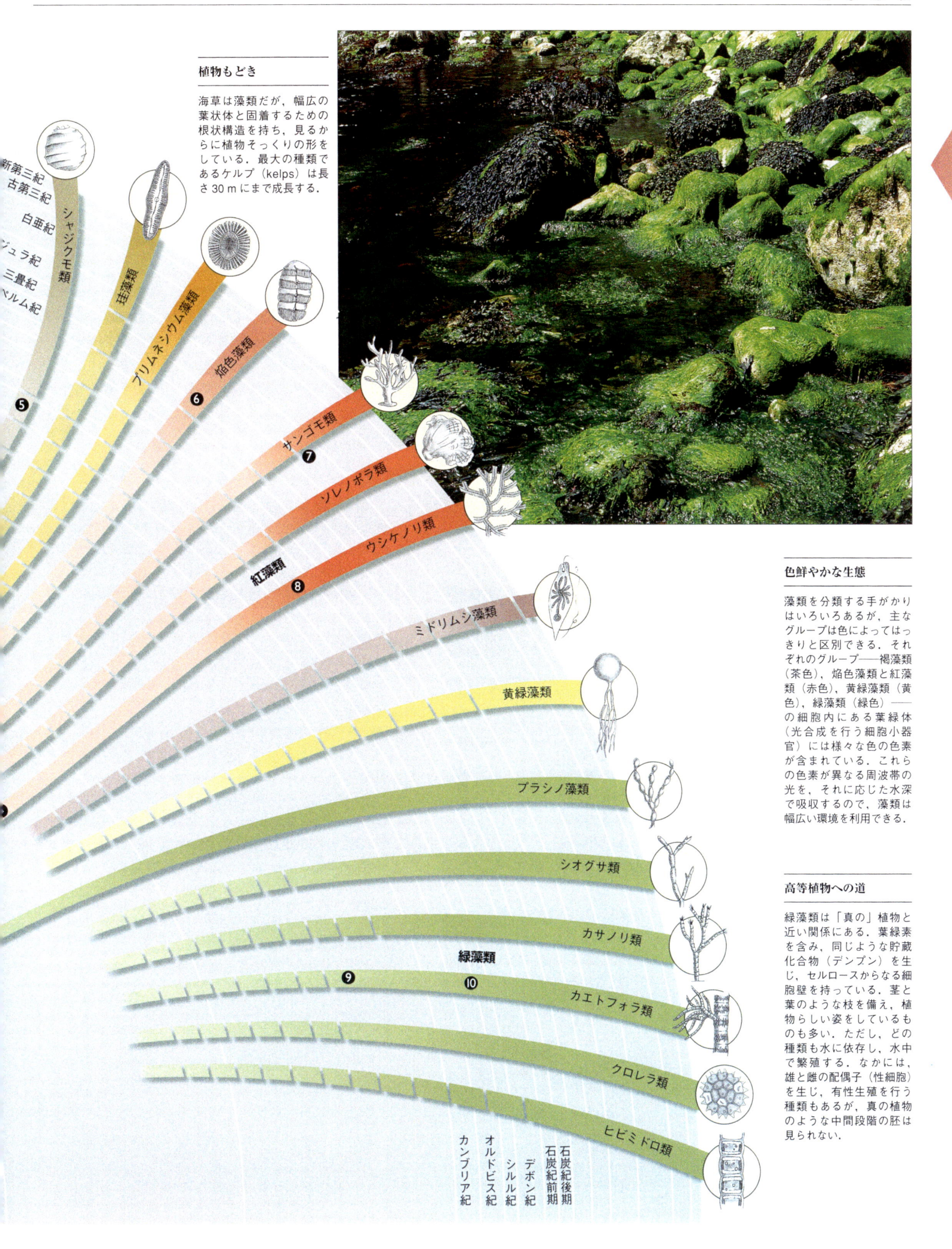

はじめに

始生代

植物もどき

海草は藻類だが，幅広の葉状体と固着するための根状構造を持ち，見るからに植物そっくりの形をしている．最大の種類であるケルプ（kelps）は長さ30 mにまで成長する．

新第三紀
古第三紀
白亜紀
ジュラ紀
三畳紀
ペルム紀

シャジクモ類
珪藻類
プリムネシウム藻類
焔色藻類
サンゴモ類
ソレノポラ類
ウシケノリ類
紅藻類
ミドリムシ藻類
黄緑藻類
プラシノ藻類
シオグサ類
カサノリ類
緑藻類
カエトフォラ類
クロレラ類
ヒビミドロ類

石炭紀後期
石炭紀前期
デボン紀
シルル紀
オルドビス紀
カンブリア紀

色鮮やかな生態

藻類を分類する手がかりはいろいろあるが，主なグループは色によってはっきりと区別できる．それぞれのグループ——褐藻類（茶色），焔色藻類と紅藻類（赤色），黄緑藻類（黄色），緑藻類（緑色）——の細胞内にある葉緑体（光合成を行う細胞小器官）には様々な色の色素が含まれている．これらの色素が異なる周波帯の光を，それに応じた水深で吸収するので，藻類は幅広い環境を利用できる．

高等植物への道

緑藻類は「真の」植物と近い関係にある．葉緑素を含み，同じような貯蔵化合物（デンプン）を生じ，セルロースからなる細胞壁を持っている．茎と葉のような枝を備え，植物らしい姿をしているものも多い．ただし，どの種類も水に依存し，水中で繁殖する．なかには，雄と雌の配偶子（性細胞）を生じ，有性生殖を行う種類もあるが，真の植物のような中間段階の胚は見られない．

55

原生代

25億年前から5億4500万年前

原生代（Proterozoic）は先カンブリア時代の二累代のうちの二番目にあたる．世界の全史の40％以上に及ぶこの20億年のあいだに，地球上では劇的な変化がたくさん起きた．それが積み重なってついに最初の超大陸が分裂し，氷河時代（ice age）が訪れ，最初の生物群集が現れた．原生代という名前は，「最初の生命」を意味する．この重要な発達によって，原生代は，それ以前の始生代やこのあとに続く顕生代（「目に見える生命」）から区別される．

一つ前の始生代（Archean）に世界を覆っていた深い海洋は，広い浅海となり，堆積物の層がそこに固まって堆積岩をつくった．これらの岩石は変成作用をあまり受けなかったが，それでも大陸形成や造山といった大きな出来事のせいで変化した．こうした岩石に含まれる化石には，より進んだ単細胞生物と，さらに多細胞の動植物の進化が記録されている．その一部は現生生物に近縁種を持つ．

構造パターンや花崗岩の組成，石灰岩や砂岩といった堆積岩の分厚い沈殿に変化が見られる点が，始生代と原生代を分ける境界の特徴である．変化するマントルからできた花崗岩，それも20億年より新しい時代のものは，同位体法によって年代測定できる．同位体法という地質学的道具は，世界全域で原生代の地層を異なる階や統に区分するのに，大いに役立つ．

> 原生代の始まりは，岩石の構造，組成，堆積における変化によって示される．

大陸性の赤色岩層は，18億年前あたりの地質記録に現れた．赤色岩層の存在は，大気中の酸素が目立って増加し，鉄分に富んだ鉱物の酸化が地表環境で起きたことを示している．この時期の気候変化は大陸の運動と結びついていたらしく，およそ21億〜16億5000万年前の北アメリカの原生代シーケンスでは，ヒューロニアン階（Huronian）のなかから，大陸の氷河作用の詳細な記録が初めて得られた．ここには，原生代に広域構造活動があったことの有力な証拠がある．カレリアン，ウォップメイ，グレンビル，ゴチアンなどの造山運動（orogeny）は，山脈が断続的に形成されていたことを示している．カレリアン造山運動はスウェーデン北部で，ゴチアン造山運動はスカンジナビア全体で，そしてグレンビルとウォップメイ造山運動はそれぞれカナダの東部と北西部で起こった．

原生代前期にも，始生代のものより大きめの大陸塊が存在し，大陸の付加が進むと同時に，より明確な対流系が発達していた．大陸縁にそって堆積岩帯が長く延びているところから，背弧海盆が存在し，その盆地が閉じつつあったことがわかる．造山帯もしくは変動帯という用語はこうした特徴を表すのに用いられる．

小さめのプレートの衝突は避けがたく，シベリアやオーストラリア，南極大陸，南北アメリカ大陸に相当する陸塊がゆっくりと漂いながら近づいていたと思われる．広大なカナダ盾状地は原生代前期のローレンシア大陸の構成要素であった．およそ

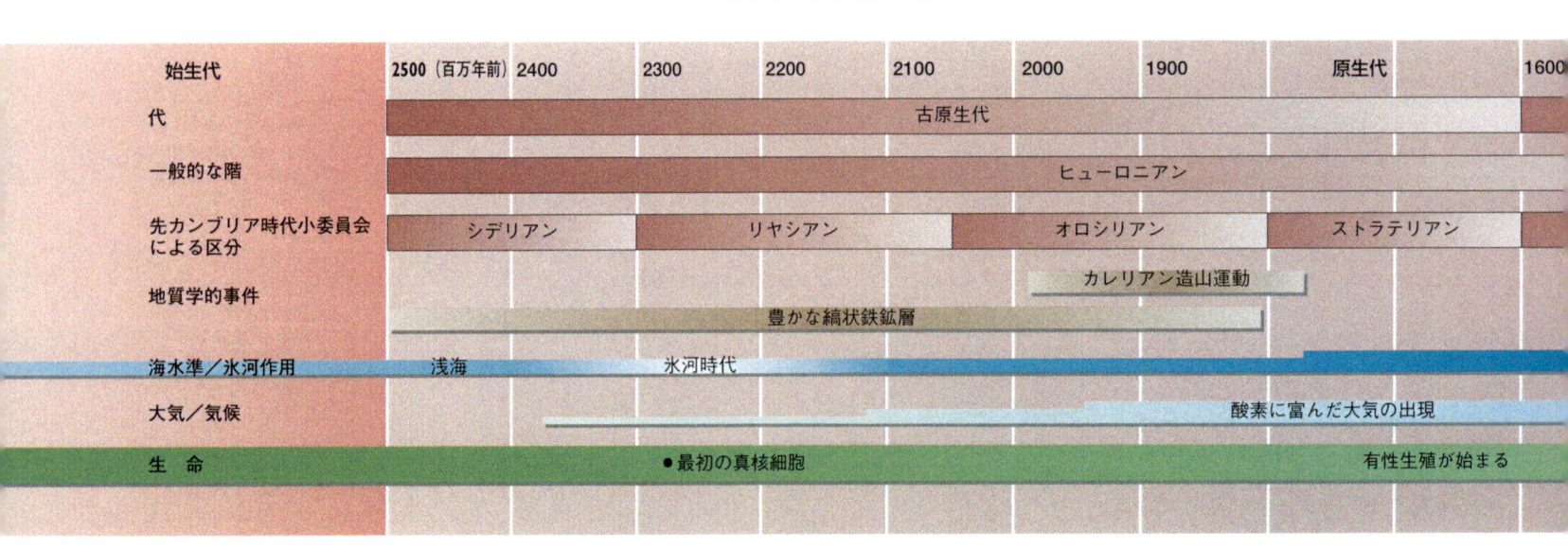

キーワード
背弧海盆
大　陸
続成作用
真核生物
氷河時代
無脊椎動物
ローレンシア
変動帯
造山運動
原核生物
赤色岩層
ロディニア

	始生代	2500（百万年前）	2400	2300	2200	2100	2000	1900	原生代	1600
代		古原生代								
一般的な階			ヒューロニアン							
先カンブリア時代小委員会による区分		シデリアン		リヤシアン			オロシリアン		ストラテリアン	
地質学的事件							カレリアン造山運動			
					豊かな縞状鉄鉱層					
海水準／氷河作用		浅海		氷河時代						
大気／気候								酸素に富んだ大気の出現		
生　命			●最初の真核細胞						有性生殖が始まる	

はじめに

真核生物の起源

知られているかぎり最古の化石は約35億年前の原核生物である．それはバクテリアとシアノバクテリア（藍藻類），すなわち遺伝物質として膜に囲まれた核を持たない単細胞生物である．進化のはしごの次のステップには真核生物がくる．これも最初は単細胞であったが，膜に囲まれた核を発達させ，またそのなかに染色体としてDNAを蓄えるようになった．真核生物はほかにも細胞小器官と呼ばれる膜に囲まれた構造を持つ．これは内部共生と呼ばれる過程により，原核細胞に好気性（酸素を利用する）バクテリアを組み込むことで進化したものと思われる．発端はバクテリアが原核生物に侵入したことである．だが，この侵入者は消化されずに，寄主と共生関係を築き，食物と隠れ家の提供を受けた．やがて，このバクテリアは寄主細胞に頼って生きるようになり，見返りとして寄主にエネルギーを供給した．このバクテリアがミトコンドリアになり，細胞内で繁殖して次の世代の寄主に対しても同じ機能を果たした．これが現在の真核動物細胞の起源である．同様に，光合成バクテリアも真核生物内の共生者となり，葉緑素を使って太陽光を食物に変える能力を保ち続けた．これが真核植物細胞内の葉緑体に進化した．このようにして，植物界と動物界が構築され，有性生殖の好機が初めて訪れた．

14億年前，小さな大陸塊が集まって，超大陸ロディニアの形成がかなり進んでいた［訳注：最初の超大陸ヌーナは，約19億年前に出現した］．12億年前には，大陸どうしが衝突し，超大陸の縁にそって，グレンビルなどの造山運動が起きていた．大陸が形成されたことで，気候や海洋における水の運動に劇的変化が生じたはずである．世界中から集められたデータによると，20億～6億年前のあいだに4回の氷河時代が地球に訪れた［訳注：最初の全地球凍結は，約24～22億年前に起きたと考えられている］．

ロディニアの発達と，繰り返される造山運動の結果，山脈が新原生代の風景として定着する．ついに氷河が融解し，氷河作用と浸食が盛んになると，そのせいで堆積物の厚いシーケンスが沈殿した．化学的風化作用が加速すれば，きっと気圏から二酸化炭素が抜き取られていたであろう．また，浸食された地層から出たカルシウムと結びついて，石灰岩などの炭酸塩岩が沈殿していたと思われる．炭素循環（carbon cycle）の一部として，これらの堆積物中の二酸化炭素はかなりの期間貯蔵されていた．

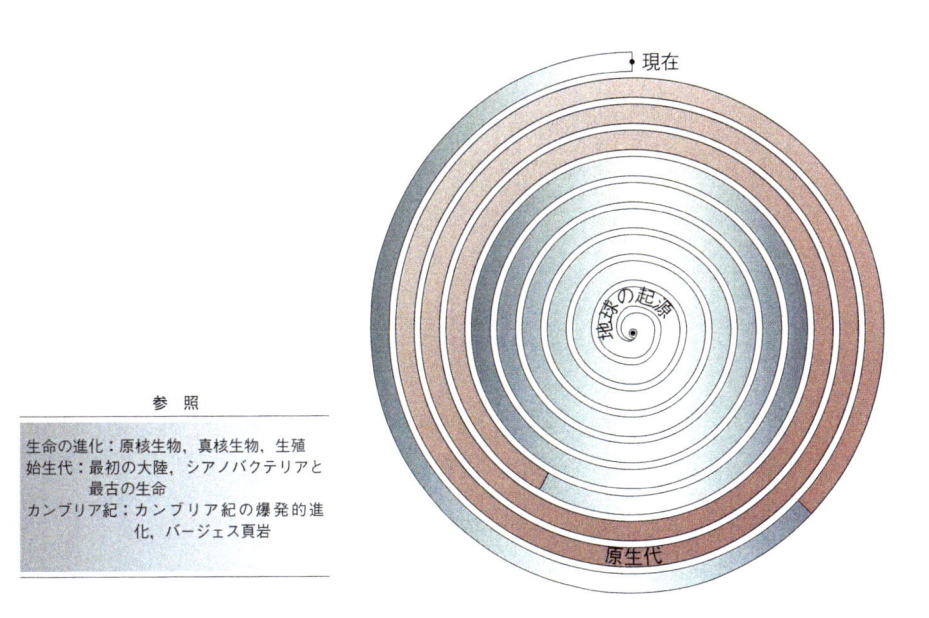

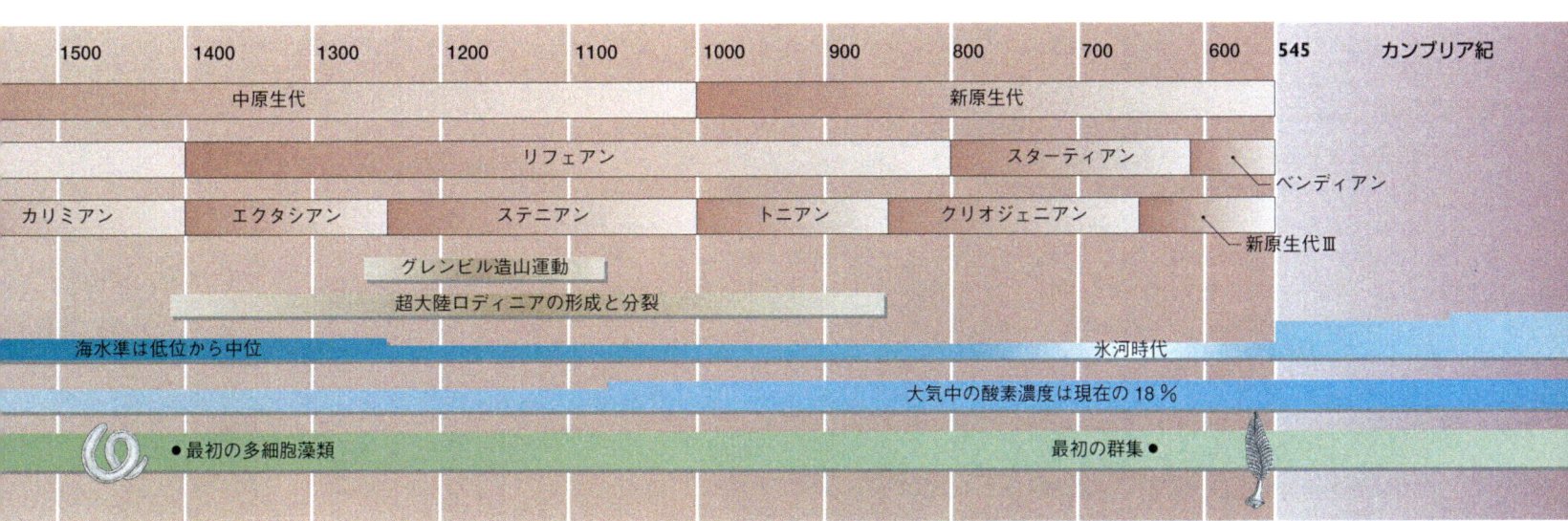

参照

生命の進化：原核生物，真核生物，生殖
始生代：最初の大陸，シアノバクテリアと最古の生命
カンブリア紀：カンブリア紀の爆発的進化，バージェス頁岩

PART 1

原生代

最初の超大陸

始生代の終わりに小さな微小大陸が集まり，原生代にロディニアという超大陸を生じた．10億年ほど前には，集まった大陸のあいだに新しい地殻が形成され，四つの突出部を持つ大きな地殻の塊ができて，ローラシアはその中心に組み込まれた．ほかの小さな大陸は南方にとどまっていた．そして8億年ほど前に，ロディニアを形作る硬い地殻が分離し始め，北西から南東へ大きな裂け目が走って，のちの太平洋になった．大陸塊の集合全体は南へ漂い，およそ5億5000万年前に，南極を中心とした別の超大陸を作った．

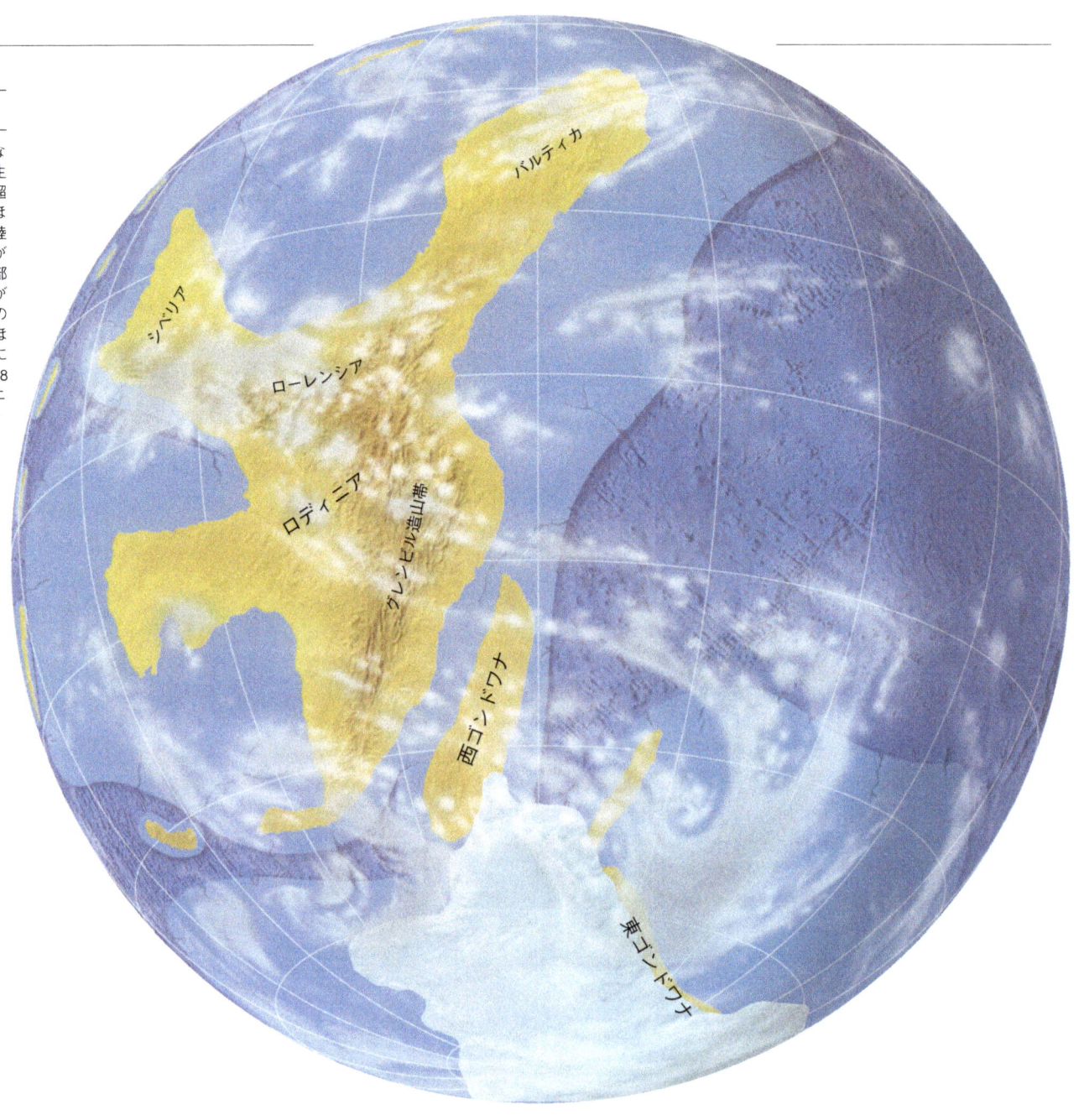

（バルティカ，シベリア，ローレンシア，ロディニア，グレンビル造山帯，西ゴンドワナ，東ゴンドワナ）

　原生代からカンブリア紀への移行は，不整合と浅海堆積物によって区分できる．時が経つにつれて海水準が変化し，大陸地域に水があふれた．こうして，原生代後期に現れた新しい種は，多種多様な新しい環境を利用できるようになった．

　原生代のあいだは，浅海から中程度の深さの海が大半を占めていた．大陸縁の付近には，様々な体型のストロマトライトが豊富に存在し，種と生息場所が多様化していたことがわかる．ところが10億年ほど前，ストロマトライトの数が減り始めた．死滅の重大要因は環境の変化と思われるが，原始的なむしり食いする動物に片端から食べられた可能性もある．

　先カンブリア時代後期の群集には複雑な軟体性動物が多くいるが，彼らはどこからともなく現れたわけではない．原生代前期のあいだに，単純な原核生物が真核の多細胞生物に進化した結果で，有性生殖という新しい方法によってあっというまに多様性を最大限まで拡大したのである．海綿動物やサンゴ，軟体動物，蠕虫類の先駆動物は，10億〜8億年前あたりに出現したようだが，この繊細な祖先形は埋没や続成作用（化学的構造的変化）といった地質学的プロセスに耐えられなかった．最初の骨格化石，クラウディナ（Cloudina）が記録を残していたのは，約8億年前の地層である．6億年前のベンディアン階には，いくつかの大陸の縁で，浅水中に，より高等な生物の群集が初めて確立していた．これと同様の生物は世界中で出現している．

　最初の群集はやや風変わりで長続きせず，群集を構成する種の大多数がカンブリア紀まで生き延びられなかった．その原因には氷河作用（glaciation）と，そしておそらく海水準の変化が深く関わっていると思われる．原生代後期から得た炭素同位

アフリカを覆う氷床

原生代後期までに，アフリカと中東は氷冠にほとんど覆いつくされていた．氷河性堆積物が広範囲に見られることから，赤道に近い地域でさえ氷河作用を受けていたことがわかる．

- アフリカと中東
- 南極大陸
- オーストラリアとニューギニ（ア）
- 中央アジア
- ヨーロッパ
- インド
- 北アメリカ
- 南アメリカ
- 東南アジア

はじめに

体データは，3億5000万年の期間（9億5000万〜6億年前）にわたって変動している．深水環境の同位体比が低く，縞状鉄鉱石の層が生じているのは，最氷期が到来した印である．酸素の豊富な表層の水が冷えて降下し，縞状鉄鉱石の沈殿を引き起こしたのであろう．だが遅かれ早かれ，2000万〜3000万年もすれば，酸素は大気中に再循環されることになる．6億〜5億5000万年前のあいだに，大気中の酸素回復という注目すべき事件が発生し，これに触発されて，生活形の爆発的進化という顕生代の始まりを予告する現象が起きた．

原生代の終わりの氷河作用は，最初の超大陸形成と関係している．構成要素の大陸プレートが衝突したのは，14億〜11億年前のあいだであり，ローレンシア大陸と南極大陸が最初の大きな陸塊の核を形成した．原生代の前期と後期に，火成活動（igneous activity）が激しさを増した時期があるが，その証拠は，インドのデカン溶岩台地のものに似た平行岩脈群と台地玄武岩に見られる．このような流出物は，原生代に起きた大陸の形成や分裂と結びついていると思われる．上部マントルから熱いマントル岩石が上昇したり，冷えた岩石が下降したりすることが，大陸を構成する地塊の離散と集合に影響を及ぼしたのである．この機構は現代のプレートテクトニクス活動を左右するプロセスより単純であるが，2億年にわたる初期の大陸運動は重要な意味を持っていた．

原生代の大陸は始生代の岩石の核を含んでいた．これらのクラトン地域は浸食作用で表層を削り取られ，もっと新しい堆積シーケンスに覆われた．安定盾状地（stable shield）地域は原生代の大陸の特徴であった．

現在の地質学では，詳細な地質図作製と精密なウラン–鉛（U–Pb）年代測定法により，超大陸ロディニア（Rodinia）を作った個々のプレートはもちろん，ロディニアの集成も分析できるようになっている．グリーンランドとカナダの盾状地を含むローレンシア大陸（Laurentia）は，およそ1億年の期間をかけて五つから六つのマイクロプレートが集まってきた．この大陸が初めて出現したのは15億年前のことである．

ほかの大陸も出現までに同程度の時間を要し，10億年という期間を経て徐々に集まったと思われる．これらの大陸がやがて南半球の超大陸，ゴンドワナ古陸（Gondwanaland）の核部分を形成する．これが崩壊し始めるのは中生代のジュラ紀や白亜紀になってからである．ゴンドワナ古陸の構成要素は徐々に分裂して，現在のアフリカ，インド，南極大陸に相当する陸塊に分かれた．

ロディニアは集成する際に，南極へ向かって着々と動いていた．7億5000万〜8億5000万年ほど前，この超大陸の中心は赤道上にあった．ところが，大陸の位置は新原生代後期のあいだに急速に変化した．移動の範囲は90度，速度は年に38 cmと考えられている．ちなみに，現在の移動速度は年に7.5 cmである．こうした運動を現在の地球に照らして判断するのは不可能に近いが，3000万年かけて，大陸が寒帯気候と赤道気候のあいだをかけ抜けたと推定できる．

大陸塊が赤道域へ移動すると，極地に広大な海洋が現れ，急激な冷却効果をもたらしたと思われる．ある段階で地球は「雪玉」のようになり，カンブリア紀群集の祖先たちは氷に覆われ

> 8億年近く前に，ロディニア大陸が半分に分かれた．そして2億5000万年ほどのちに，再び形成されたと考える地質学者もいる．

先カンブリア時代の化石

ニューファンドランド（Newfoundland）の先カンブリア層は，単細胞生物の微小化石に富んでいる．水中で沈殿したチャートと炭酸塩岩はこうした化石を豊富に含むことが多い．これらは太古の海洋でプランクトンの一部をなしていたのであろう．アクリタークはそのなかでもよく見つかる種類で，様々な堆積岩に含まれている．

原生代

た海面の下で冬眠した，と考える地質学者もいる．やがて火山活動によって過度の二酸化炭素が発生し，温室効果が生じて，氷がどんどん溶けだした．原生代後期のあいだに，こうした気候の変化が周期的に起こり，比較的短い期間に四つの氷河時代が訪れたことが記録されている［訳注：スノーボール・アースすなわち全地球凍結仮説として有名］．氷礫岩（石化した氷礫土もしくは巨礫粘土）のような氷河性堆積物や，氷河性海食によって引き起こされた掻き傷や掘れ溝は，ヨーロッパ，北アメリカ，アフリカ，オーストラリアの多くの場所で見つかっている．

原生代後半のあいだに超大陸が存在したことを考えれば，ストロマトライト群体と複雑な生活形からなる最古の群集の分布について説明しやすくなる．現在の地図にあてはめると，これらの群体や群集は地球全体に点在しているように感じるが，これらが発達した場所が一つの陸塊の海岸線にそっているなら，その分布パターンはもっと必然的に見えてくる．ストロマトライトは温かい浅水を生息環境としているので，現在目にすることは比較的まれである．エディアカラ（Ediacara）のような最初の群集もまた温かい水中で生じた．大陸塊の別の場所は氷で覆われていたかもしれないが，長い期間ではなく，地球全体の海流と気候条件は激しく変動した．

標準的な塩分濃度と酸素濃度も必要条件であったようだ．こうした条件が整った結果，動物相の多様性が拡大しただけでなく，生物個体の大きさも増大し（酸素は高等な生活形に必須の先行条件であった），標準的な塩分濃度が得られたおかげで，より耐久性のある生命維持システムが海洋環境に生じた．

原生代後期には地球の大半が広大な海洋に覆われていた．アクリターク（acritarch）やほかの真核細胞物質を含むプランクトン性の生物は，表層の水域で盛んに繁殖した．アクリタークは初期の渦鞭毛藻類の静止期ではないかと推測される．渦鞭毛藻類は主として単細胞の藻類で現在も海水性や淡水性の環境に存在している．しかし，アクリタークの外被は壊れにくく，そのおかげで，嚢子期のほうが親の生物よりもはるかに早くから化石記録になっている．

最初の海草は原生代後期に現れたようである．タウイア（*Tawuia*）の化石遺骸の記録は新原生代から見つかっている．これは最初の「葉状植物（thallophyte）」，すなわち「体」が根，茎，葉に分かれていない植物である．（訳注：原著では「植物（plant）」という表記をしているが，菌類と藻類がこれに属するので，五界説でいう植物ではない．）緑色と茶色の葉は不毛の海岸線を徐々に覆い始めた．

原生代

多細胞生物

クラゲは，最初の多細胞生物の多くと同様，基本的に放射状の体制を採用している．今でも世界中の海洋で見つかり，初めて現れてから10億年のあいだ，常に豊富に存在したものと思われる．現生種のなかには，初期の祖先と同じく，外套組織のなかに褐藻類を共生者としてすまわせているものもいる．

はじめに

軟体

エディアカラと呼ばれる，軟体の生物化石は，南オーストラリアのエディアカラ丘陵（Ediacara Hills）にちなんで名付けられた．この場所の原生代の浅海層からエディアカラの化石は発見された．これらの化石は，実際は，原生代後期の生物の雄型や雌型で，赤みがかったピンク色の砂岩堆積物に保存されている．化石の年代は 6 億 4000 万年前だが，生物が生きていたときの正確な姿についてはまだ議論が続いている．

無脊椎動物の体制

原生代の終わり近くにますます複雑な体制が進化したが，これらは無脊椎動物（背骨を持たない）の三つのタイプに代表される．(1) 海綿動物は，「孔を持つもの」を意味する海綿動物門に属している．二層の細胞（内胚葉と外胚葉）はゼラチン質の基質（間充ゲル）によって分離され，内腔を取り囲んでいる．針状の骨片が支持構造の役目を果たす．孔を通って海水が内腔に入り込み，微小な食物粒子を運び入れる．(2) イソギンチャク――「花の動物」を意味する花虫門――も同様の体制をとり，周囲に刺胞付きの触手がある正真正銘の口を持っている．また原始的な消化系も備えている．(3) 環形動物門に属する環形動物では，分節した体に二つの外層があり，液に満ちた体腔の中央に腸が通っている．また原始的な循環系も持っている．環形動物には 1 万以上の現生種が存在する．

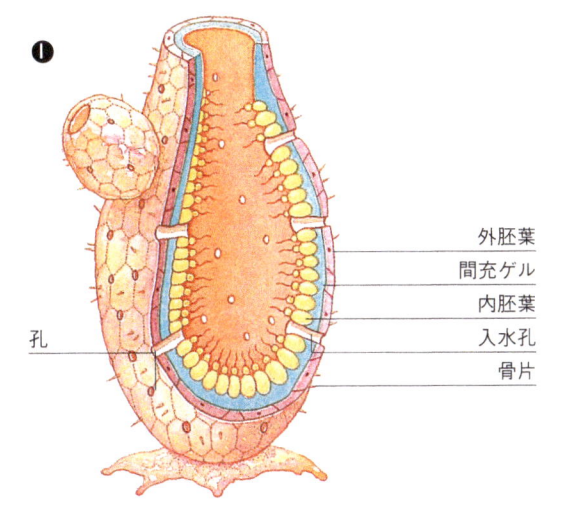

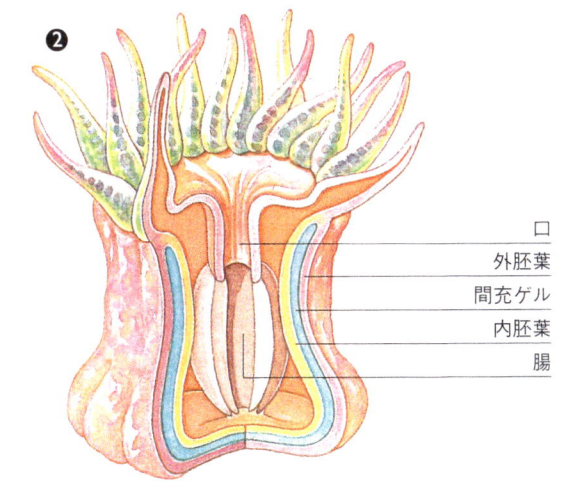

> 約 18 億年前に有性生殖が発達するまで，進化の過程は長くゆっくりとしたものであった．

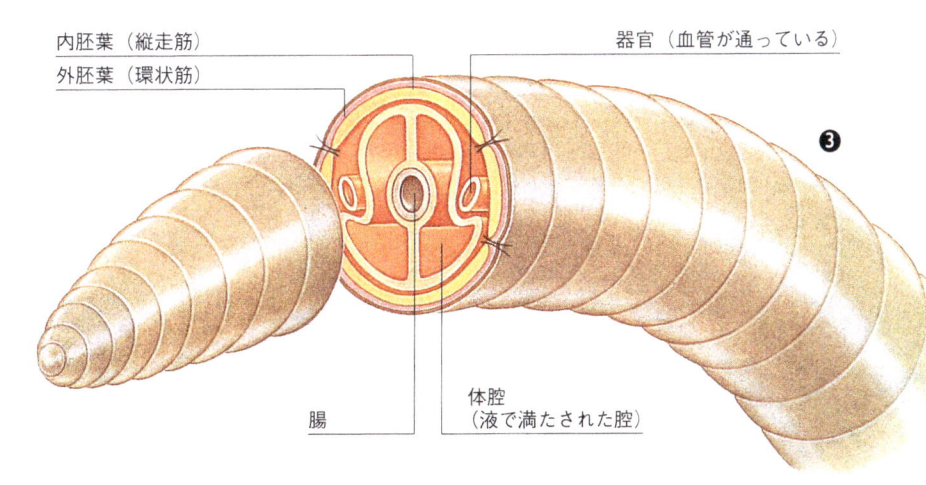

「葉状植物」の出現はそれだけでも画期的であったが，より複雑な生活形への移行が本当の意味で語られるのは，数十億年という期間をかけた進化においてである．単細胞生物の最初の段階は 5 億年に及んだと思われる．その始まりは約 34 億年前にさかのぼる最初のシアノバクテリア糸状体化石である．この糸状体内では，どの細胞もほとんど同じで，それぞれが似たような機能を果たしていた．このままでは新しい生活形を生み出すには無理があり，二つの原核細胞（prokaryotic cell）が融合して単純な真核生物（eukaryote）を作るほうがはるかに重要であったと思われる．真核生物は呼吸というプロセスを通じて食物からエネルギーを生み出すことができる．最古の形は葉緑体と単純な「核」を持つアメーバに似た生物で，事実上呑み込まれてしまった小さいほうの細胞がこの内部構造を形成していたと推測される．

真核生物は，比較的短いあいだに，多細胞生物を生じたようである．タウイアのような「葉状植物」は植物に近い進化系列から現れたと考えられ，様々な細胞が特定の機能を果たし，より複雑な構造を持っていた．およそ 18 億年前のこの時期には，有性生殖が高等生物の進化を背後から押し進める力となっていた．遺伝子プールと生活形の多様性拡大は，原生代後期に爆発的進化が起きるための発射台を提供する．

細胞形態学者によると，海綿動物や刺胞動物（cnidarians）は，11 種類の特殊化した細胞を持つという．蠕虫類やそのほかの高等生物では，55 種類が認められる．オーストラリアのエディアカラ動物相には，六放海綿類グループ（hexactinellid）に属する複雑な海綿動物が存在した．その代表がパレオフラグモディクチャ（*Paleophragmodictya*）で，支持骨格として組み合わさった骨片を持つ．クモの巣に似たその「骨格」は現生種のものによく似ている．この事実から，進化による変化の速度が 14 億年ほど前に速まったと推測できる．当時の動物のなかには少なくとも 11 種類の細胞を持つものがいた．蠕虫類に似た生物は，エディアカラやそれよりもっと古い累層から見つかっている．その存在は進化のプロセスにさらに劇的な影響が及んでいたことを示している．

軟体の動物は腐敗しやすく，酸素のない媒体（堆積物）にすぐさま埋もれなければ化石化しない．原生代の気候変化に関する「雪玉」説によると，地球の寒冷化に関連した出来事が後生動物の生活形における爆発的進化を引き起こしたようである．しかし，地球でこうした極端な気候変動が起きていたなら，海洋の氷結と溶解に合わせて二酸化炭素と酸素の濃度も変動し，新しく現れた生物群集に多大なストレスを与えていたであろう．こうしたなかで，赤道下の陸塊周辺の比較的温かい海はオアシスとなり，新しい生活形が生き延びられる安全な生態的地位を提供していたと思われる．

原生代

PART I

原生代

原生代の化石群集はめったにない．発見されたのは 20 例だけで，すべて 6 億 5000 万年ほど前のものである．オーストラリアのエディアカラ動物相は，放射年代測定法により今から 6 億 4000 万年前のものとみなされており，このなかで最も古い．化石の保存状態のすばらしさは格別で，採集された動植物標本の多様性でも群を抜いている．カナダのノースウェストテリトリーズ（Northwest Territories）にあるマッケンジー山脈（Mackenzie Mountains）や，シベリア，ヨーロッパでも，ほとんど同じ群集が見つかっている．

> オーストラリアの
> エディアカラ化石群集は，
> 原生代後期の生物を
> とらえた
> 珍しくて美しい
> スナップ写真である．

南オーストラリアのエディアカラ丘陵（Ediacara Hills）の露頭からは，軟体の生物の標本が 1400 以上収集されている．これらの化石は本来，雄型と雌型であるが，ごく細部まで写し取られている．化石が保存されているのは細粒から中粒で赤みがかったピンク色の砂岩で，リップルマークがついた斜交層理であることから浅水堆積物と推定される．もしかすると海岸の砂かもしれない．粘土岩の薄いひだは，海底の泥か泥状の潮間帯だった可能性を示している．捕食者がおらず，急速に埋もれたおかげで保存されたのである．

伝統的な解釈によると，エディアカラ生物群は，クラゲや軟質サンゴ，蠕虫類，そしてたぶん腹足類と関連がある．とりわけ豊富にいたのはクラゲで，15 種が確認されており，大きなものは直径 125 mm 近くあった．カルニオディスクス（*Charniodiscus*）に代表される軟質サンゴは，現生種のウミエラ類（pennatulacens）と同様，底生生物で，海底の微小生物を餌にしていた．環形動物と腹足類は自由運動性で，環形動物のスプリッギナ（*Spriggina*）は明確な頭部と 40 の体節を持っていた．

古生物学者のアドルフ・ザイラッハー（Adolf Seilacher）はこれらの化石を，水力機械のような骨格を持ち，扁平でキルトのようであると描写し，さらに，進化上ほかに類を見ず，よく知られている後生動物とは何の関係もない，という問題発言をした．エディアカラ動物群はヴェンド生物という別個の分類カテゴリーに入れるべきだと，ザイラッハーは提唱した．だが，ほとんどの古生物学者は，少なくともこれらの一部は現生種の海生無脊椎動物の祖先であるという見方をしている．

1 スプリッギナ
2 イソギンチャクに似た生物
3 イソギンチャクの生痕
4 カルニオディスクス
5 クラゲ
6 エルニエッタが残した生痕
7 ディックソニア
8 ケヤリ類に似た生物

原生代

63

PART I

初期無脊椎動物の進化

　多細胞生物（multicellular organism）の進化については，確実といえる筋書きはなかなか書けない．どんな生物の化石遺骸でも，時をさかのぼるほど見つかる数は少なくなる．特に，最初の多細胞生物はきわめて小さく，硬い部分がないので，いっそう見つかりにくい．

　バクテリアとシアノバクテリアは地質学記録に現れる最初の生物である．原生生物門に属する藻類と微小な生物（アメーバのような動物と繊毛のある藻類）も，初期のバクテリアと同じ時期に存在していたようだが，それを示す記録はまだ得られていない．やがて，2個以上の細胞が融合して真核細胞を生じ，それと同時に，有性生殖と遺伝子プールの拡大によって適応と多様化の好機が訪れた．結合した物質を保持する外膜の発達は，細胞の融合に不可欠であった．

　単純な種類ではあるが，植物と動物が出現すると，生物は生産者と消費者，捕食者と被食者に分かれた．そして外部からの刺激と遺伝子の変異が適者生存の原理を支え，突然変異から新しい形の生命が生まれた．

　海綿動物は多細胞生物すべてのなかで最も単純であり，ほかの無脊椎動物のように複数の層の細胞や組織を持っているわけではない．アメーバ状の細胞と繊毛のある細胞が出現したところで，海綿動物の基本的な構造単位はそろった．あとはこれらを合体させる刺激があればよかった．鞭のような鞭毛を持つ細胞が袋状の体内に水を引き込み，水中の微粒子が個々の細胞に捕えられた．基本的な多細胞生物（動物であろうと植物であろうと）がいったん出現すると，いっそう複雑な生物が進化する可能性はほとんど無限にあった．

　サンゴ，イソギンチャク，クラゲは，特殊化した組織が発達するための第一段階を示している．ただし，ヴェンド生物（Vendobionta）やエディアカラなど原生代の原始的群集に含まれる生物は，その中間段階を表しているのかもしれない．こうした群集の問題は，その重要性に関して科学者の意見が分かれ，場合によっては，標本が本物の動物か単なる生痕かということについても判断が異なる点である．

　サンゴやその類縁種の組織は，体の内層と外層を形成している．これらの動物はどれも，口と中心の腔を持ち，そこで食物を消化する．最初のサンゴとクラゲは新原生代の岩石から発見された．興味深いことに，これらは蠕虫や軟体動物といったもっと複雑な生物と同時期に同じ場所で見つかる．蠕虫や軟体動物は明確な体腔と，より高等な神経系を持っている．ここまで複雑化した生物がいたのなら，さまざまなグループの祖先が中原生代やもっと以前に出現していたと考えてもよさそうである．

原生代

単細胞から多細胞へ

最初の生物は体の構造全体がたった一個の細胞でできていた．これにはいろいろ不都合があったが，とりわけ無性生殖しかできないことの不利益は大きく，単純な分裂か出芽のみでは，遺伝物質の交換は不可能であった．真核生物と多細胞生物の発達によって有性生殖の機会が訪れ，親のあいだで遺伝物質の交換ができるようになった．その結果，突然変異が起きる可能性が生じ，進化のプロセスがぐんと加速された．

1　すべての生物の祖先，アルキバクテリア
2　光合成バクテリアは太陽光のエネルギーを利用した
3　最古の多細胞化石，グリパニア（*Grypania*）
4　「葉状植物」藻類，タウイアは，茎や根，葉に分化していなかった
5　側生動物は二層の多細胞体制を持つが，対称的で分化した組織や器官は欠いている
6　絶滅したヴェンド生物は放射もしくは左右相称で，最初の真正後生動物であった
7　クラウディナは，鉱物化骨格を持つ動物としては知られているかぎり最古のものである
8　胚細胞分裂パターンの二者択一によって，のちの後生動物は二グループに分かれる

最初の生活形

生命の最初の形について十分な化石証拠があるのは，ストロマトライトである．この岩状の塚はシアノバクテリアが作ったものである．シアノバクテリアは光合成を利用して体の組織を作ることができた．また炭酸塩を付加するので，これが浅海の縁でシアノバクテリア群体のまわりに少しずつ塚を形成していった．

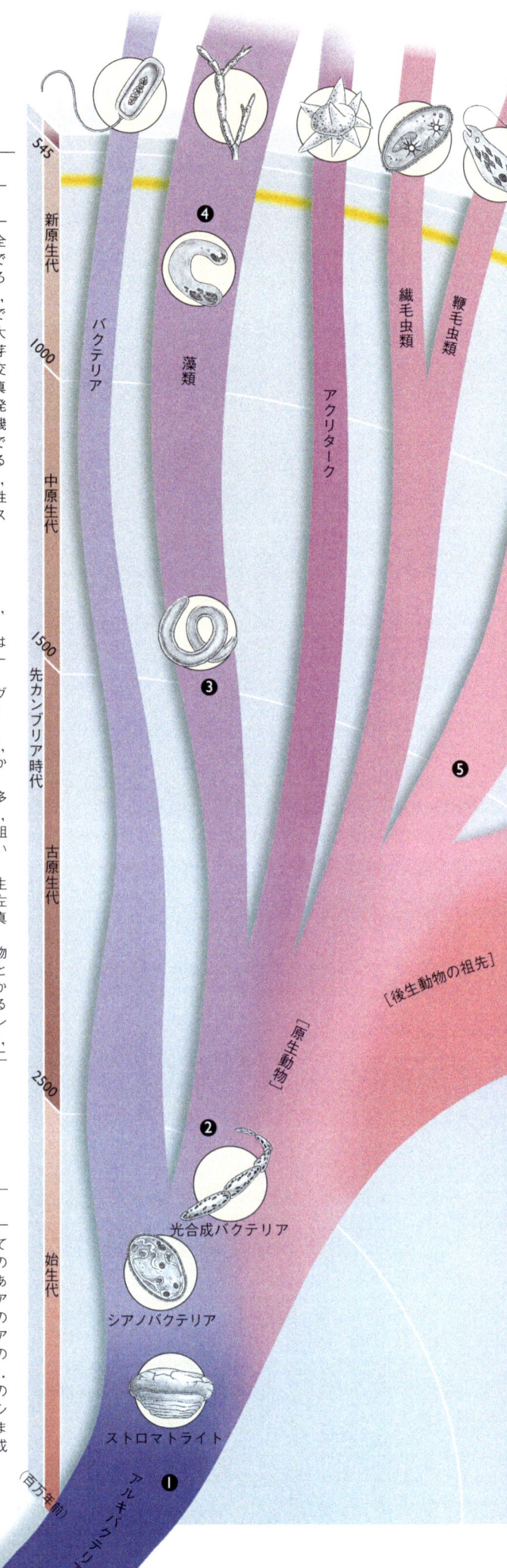

はじめに

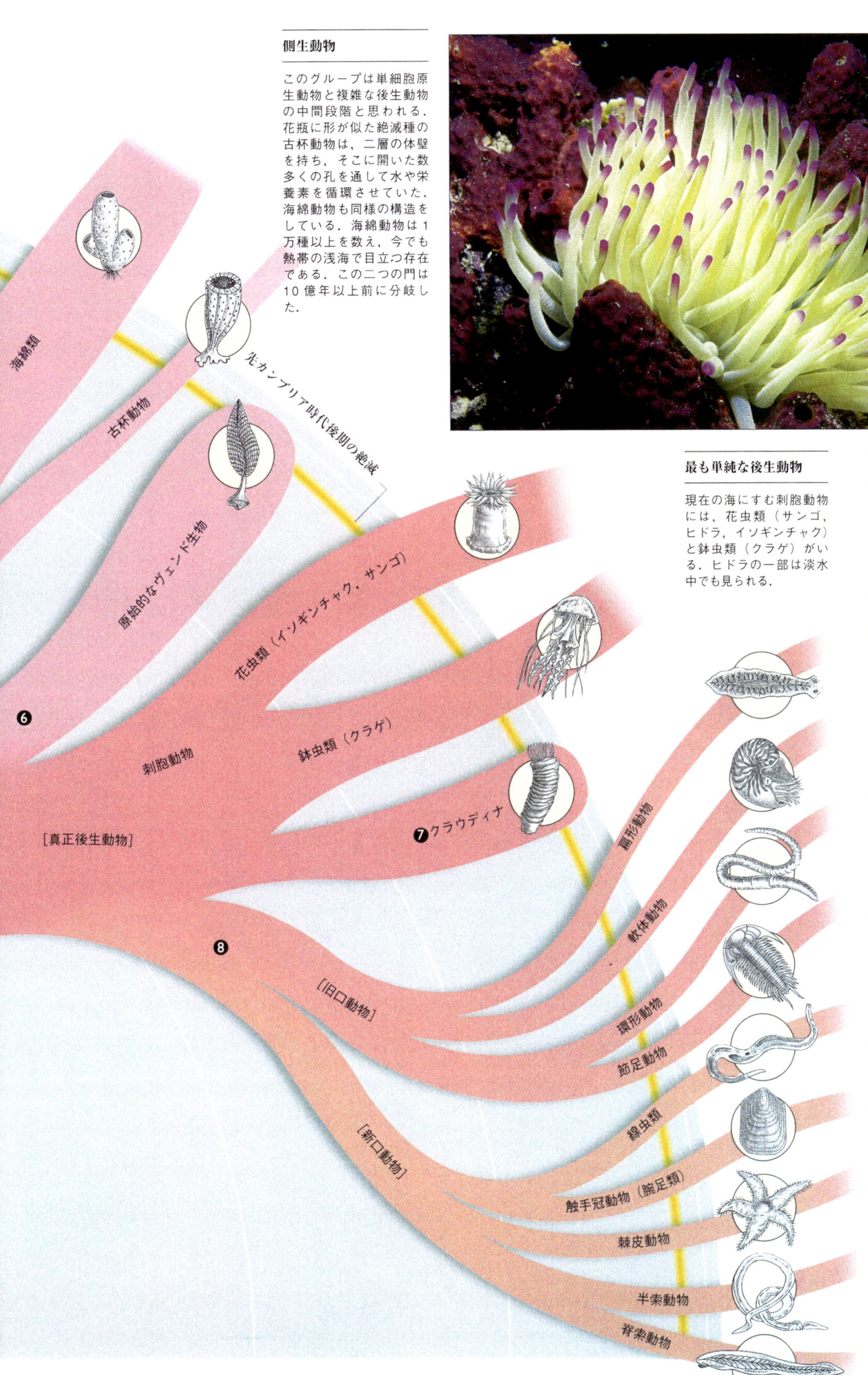

側生動物

このグループは単細胞原生動物と複雑な後生動物の中間段階と思われる．花瓶に形が似た絶滅種の古杯動物は，二層の体壁を持ち，そこに開いた数多くの孔を通して水や栄養素を循環させていた．海綿動物も同様の構造をしている．海綿動物は1万種以上を数え，今でも熱帯の浅海で目立つ存在である．この二つの門は10億年以上前に分岐した．

最も単純な後生動物

現在の海にすむ刺胞動物には，花虫類（サンゴ，ヒドラ，イソギンチャク）と鉢虫類（クラゲ）がいる．ヒドラの一部は淡水中でも見られる．

触手のわな

海綿動物のあいだに身を落ち着けたイソギンチャクが，先端が紫に色づいた触手を振っておびき寄せ，つかまえようとしてる．10億年前には魚がいなかったので，もっと小さな自由運動性生物を餌にしていた．

複雑な体制

原生代に入って時が進むにつれ，動物の体はどんどん複雑になった．ただし比較的少数の基本型がもとになっていたが．体制は組織壁の数と種類，体腔の有無やその形，胚細胞分割のパターンによって決まる傾向がある．主要なグループに分けると，軟体動物ー環形動物ー節足動物と棘皮動物ー半索動物ー脊索動物の二群にまとめられる．骨格（ほとんどの無脊椎動物の場合，外骨格）の進化は，体の組織の保護と支持において重要な進歩であった．最初の骨格化石，クラウディナは新原生代に出現した．炭酸カルシウムでできたその管状構造に，軟体のポリプ状動物が入っていたのであろう．

脊椎動物の祖先

脊索動物はすべて脊索を持っている．脊索とは体の縦方向にそって走る柔軟で頑丈な棒である．脊椎動物に繁栄をもたらした内骨格は，この脊索から進化した．

原生代

先カンブリア時代後期の絶滅

海綿類
古杯動物
原始的なヴェンド生物
花虫類（イソギンチャク，サンゴ）
鉢虫類（クラゲ）
刺胞動物
[真正後生動物]
⑦ クラウディナ
扁形動物
軟体動物
[旧口動物]
環形動物
節足動物
線虫類
[新口動物]
触手冠動物（腕足類）
棘皮動物
半索動物
脊索動物

⑥
⑧

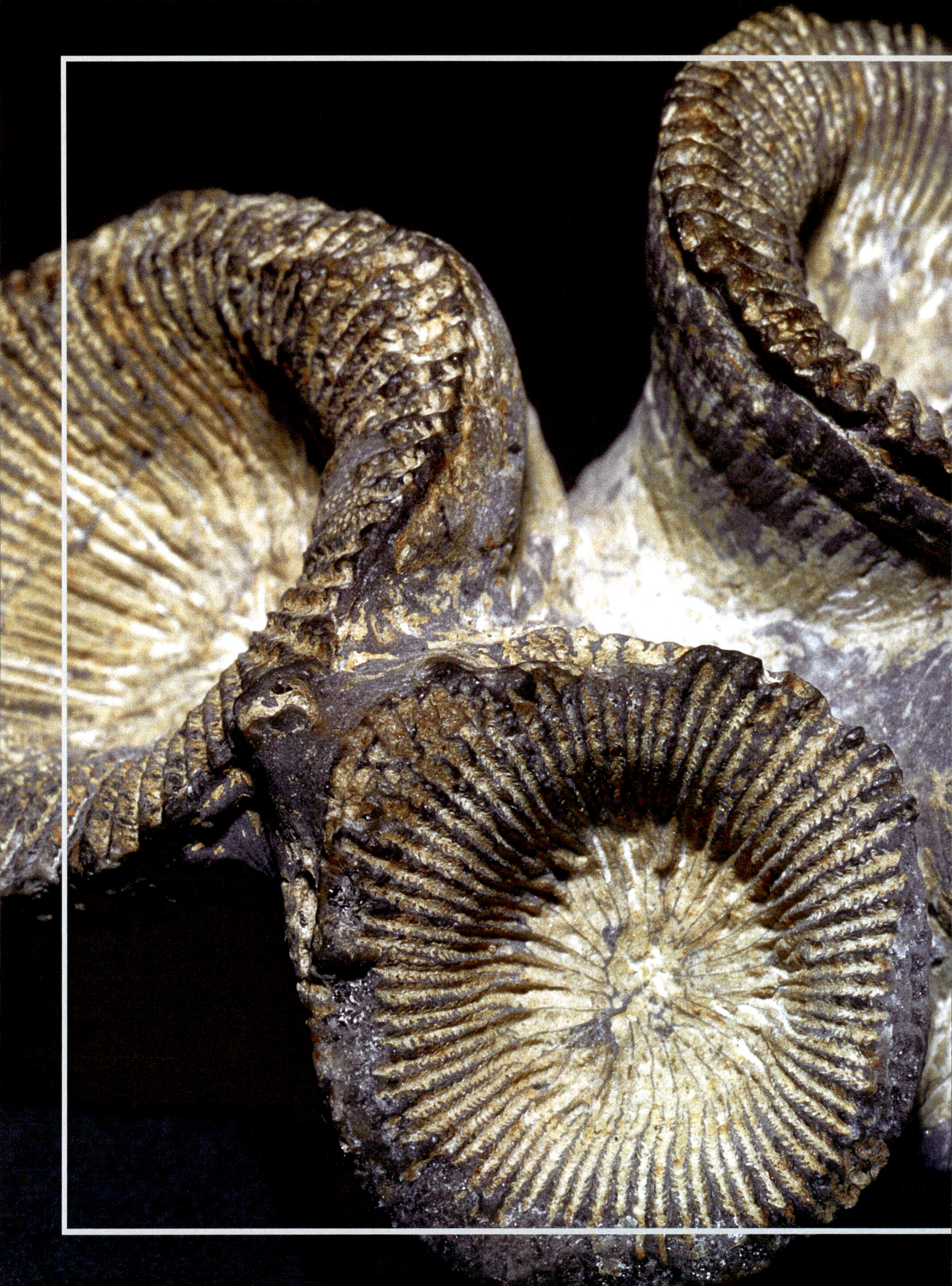

古生代前期

生命の爆発的進化

PART 2

5億4500万年前から
4億1700万年前

- カンブリア紀
- オルドビス紀
- シルル紀

PART 2 古生代前期

　カンブリア紀の地層からは数多くの化石が見つかる．その下にある始生代や原生代の地層はほとんど化石を含まないので，違いが際だつ．こういう理由から，先カンブリア時代（Precambrian period）全体に隠生代（「隠れた生命」）という名称が付けられ，カンブリア紀とそれに続く時代には顕生代（「目に見える生命」）という名前が当てられた．

　チャールズ・ダーウィン（Charles Darwin）は，化石の分布におけるこの顕著な違いに早くから着目した一人である．名著『種の起源』（*The Origin of Species*）のなかで，ダーウィンはこう書いている．「最下部のカンブリア系地層が堆積する前に，長い時間が経過していたことは明白である．それはカンブリア時代から現在に至る期間全体と同じか，もしかするとはるかに長かったかもしれず，この長大な時間のあいだに，世界は生物で満ちあふれていたはずである」．この天才科学者は，多種多様な生物が突然出現したという考え方に従うことができなかった．ダーウィンによると，種はごく小さな新しい特徴を少しずつ加えながら，きわめてゆっくりと別の種へと変化するはずであった．この説を守るため，彼は，カンブリア紀の生物構成ができあがるまでに，生命がゆっくりと進化した期間を仮説として持ち込んだ．実際はこれとまったく違っていたことが，今ではわかっている．生命は，まさしく「爆発」と呼ぶにふさわしいほど，カンブリア紀に突然増えたのである．

　顕生代の初めに骨格を持つ動物や藻類，シアノバクテリアが急増した結果，炭酸塩やリン酸塩など，広く分布する岩石の一部は，ほとんど有機物起源になった．石化した炭酸塩やマグマ性玄武岩のような硬い岩石までが，動物や，そしてもちろんある種の藻類や菌類によって穴をあけられた．

　先カンブリア時代のあいだに，すでに生物は大気中のガスにとても大きな影響を及ぼす存在になっていた．顕生代に入ると陸上植物が酸素生産者の列に加わり，単細胞のプランクトン性藻類とともに，大気中に含まれる二酸化炭素の量を変化させた．樹木が発達し水蒸気を発散すると，湿った環境が陸地に広がり，地球の気候はより均質になった．さらに，川の土手が植生の成長で補強されて流れがより持続的になり，川の水の組成が変化した．樹木は基岩の奥深くへと根を下ろし，山岳地域に化学的因子を放出して浸食の速度に著しい影響を及ぼした．一方，低地では，土の蓄積で基岩の急速な風化が妨げられた．海洋では活動的なろ過摂食者が現れたため，水がどんどん浄化されるようになった．現世の海洋動物相は6か月で海洋全体の量をろ過し，最も生息に適した部分（深さ500mまで）をわずか20日で浄化する．

顕生代の始まりである古生代（5億4500万～2億4800万年前）は、古いほうから順に、カンブリア紀、オルドビス紀、シルル紀、デボン紀、石炭紀、ペルム紀に下位区分される．カンブリア紀とオルドビス紀、シルル紀は古生代前期（5億4500万～4億1700万年前）にあたる．この期間、生命はもっぱら海で発達し、複雑な陸上群集はシルル紀の終わりまで現れなかった．それでも、動物相に関わる大きな事件が二、三起きた．まず初めはカンブリア紀の爆発的進化で、このとき有骨格動物と石灰シアノバクテリアが浅海に押し寄せた．単細胞の有孔虫類、石灰海綿類、軟体動物、腕足類、節足動物、各種の蠕虫類、棘皮動物、脊索動物、そしてはるか昔に滅びた様々なグループの動物たちが、この時期に出現し急速に多様化した．第二の事件はオルドビス紀の大放散であり、ここで海生動物の多様性が3倍に増えた．コケムシ類をのぞき、オルドビス紀には主要な動物グループは進化しなかったが、すべてのグループで重要な入れ替わりが起きた．カンブリア紀の海綿動物、軟体動物、節足動物などは絶滅したか、もしくは別の環境に追いやられた．古生代の海生生物相全体の構成は、この代の終わりまでそのまま存続した．

　古生代前期の生物は現生生物と違っていたが、それだけでなく、地球そのものも今とは異なっていた．この期間の始まりには、大陸地域全体の面積は今よりはるかに小さかった．その後、火山弧と隣接する海盆の付加によって海岸台地が拡大したため、大陸は15％すなわち1600万km²まで成長した．先カンブリア時代の後期には、超大陸が一つだけあったと考えられている．この超大陸はいくつかの点で、古生代後期に間違いなく存在した超大陸パンゲアに似ていた．ロディニアと呼ばれるこの初期の超大陸は深い地溝によって引き裂かれ、複数の塊に分かれて漂い始めた．主な塊はローレンシア（やがて北アメリカとなる）、バルティカ（現在のバルト海周辺の地域を含む）、シベリア（今はロシア領となっているアジア北部の一部）、アヴァロニア、そしてゴンドワナであった．ゴンドワナには現在、南アメリカ、アフリカ、マダガスカル、アラビア、インド、南極大陸、オーストラリア、ニュージーランドの陸塊を構成する要素が含まれていた．さらに、イベリア、フランス南部、ドイツ南部、中東、チベット、カザフスタン、タリム、北中国と南中国など、数多くの断片が、ゴンドワナの周縁に含まれたり、隣接したりしていた．アヴァロニアは最も奇妙な大陸であった．これにはニューファンドランド北部、ノヴァスコシア、ウェールズ、イングランド、そしてヨーロッパ大陸の一部の断片、すなわちフランス北部、ベルギー、ドイツ北部の小さな断片が含まれていた．現在、アヴァロニアは完全に分断され、ばらばらになった部分が大西洋によって大きく引き離されて、北アメリカとヨーロッパに組み込まれている．

　北半球は巨大なパンサラッサ海に占領され、大陸の大半は南半球にあった．ロディニアが分裂し、そこから派生したトーンキスト海がバルティカとアヴァロニアのあいだに突き出た頃、ローレンシアとバルティカはイアペトス海によって隔てられた．アヴァロニアがゴンドワナから離れるにつれて、レーイック海が広がった．古アジア海洋（パンサラッサ海の南に突出した部分）は西側でシベリアの海岸線を、そして東側ではゴンドワナの中国側縁を洗った．

> カンブリア紀の地球は、北に広大な海洋、南には一つに集まった大陸を抱えていた．この大陸はのちに分裂、合体、そして再び分裂を繰り返して現在の大陸を形成した．

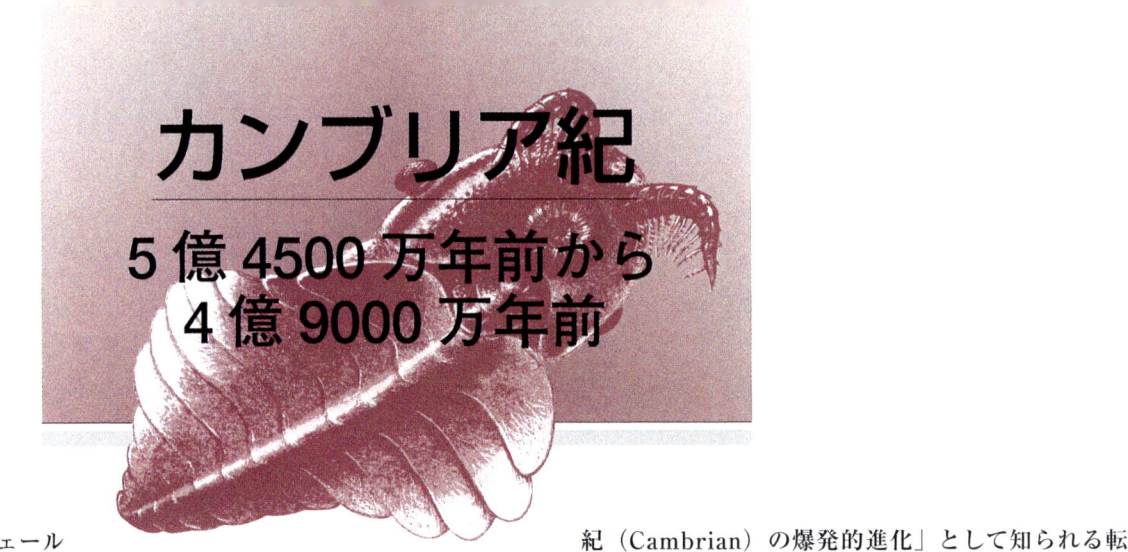

カンブリア紀
5億4500万年前から4億9000万年前

ウェールズ地方（Wales）のウェールズ語名はカムリー（Cymru）という．ここなら「カンブリア・ホテル」に部屋を取り，『カンブリア・ニュース』という朝刊を買うことも可能かもしれない．およそ5億5000万年前の『カンブリア・ニュース』の見出しを読めたら面白いにちがいない．たとえば，こんなふうに．「陸上に生物はいるか？」「脊索動物に未来は？」「カンブリアの海を脅かす巨大捕食者」「今流行の既製骨格」この最後の見出しが一番重要だったであろう．というのは，「カンブリア紀（Cambrian）の爆発的進化」として知られる転換点が骨格に現れているからである．カンブリア紀前期にはほかにも重大事件が起きている．礁を作る石灰バクテリアが数を増やし，動物の生活がより多様で複雑になった．その日常行動は堆積物に残る潜穴，足跡，歩行跡などの生痕化石に記録されている．潜穴や巣穴は，骨格と同様，捕食者から身を守る手段である．捕食動物は，新しくできた多様な生態系においてすぐに重要な役割を担った．

先カンブリア時代の地層がカンブリア紀の地層へとなめらかに移り変わっている漸移層は数多くある．こうした地域から，ニューファンドランド（Newfoundland）にある先カンブリア-カンブリア紀境界が公式のものとして選ばれた．放射年代測定法によると，およそ5億4500万～5億5000万年前の地層である．ニューファンドランドのこの地区は，失われた太古の大陸アヴァロニアの断片である．アヴァロニアのもう一つの断片がウェールズであり，この場所は1835年にイギリス人地質学者アダム・セジウィック（Adam Sedgwick）とロデリック・マーチソン（Roderick Murchison）によってカンブリア紀の地層と公式に断定された．命名のもとになったのはウェールズ北部のカンブリア山脈である．

> カンブリア紀の地層の特徴は，新たに出現した豊富な骨格化石であるが，これほど突然に現れた理由については，まだ議論の決着がついていない．

キーワード
- アノマロカリス類
- 古杯動物
- 節足動物
- バージェス頁岩
- カンブリア紀の爆発的進化
- ゴンドワナ
- イアペトス海
- 鉱物化骨格
- ペレット・コンベアー
- 礁

当時，これらの地層をシルル系最下部のものとみなす研究者もいた．問題は，ウェールズのカンブリア紀岩石の性質によっていっそうこじれた．ここには化石がほとんど見られないのである．ボヘミアの古生代下部の地層から3500以上の種を記載し，三葉虫を中心とした始原化石を通して，カンブリア紀という期間を確認できるようにしたのは，フランス人古生物学者ジョアキム・バランド（Joachim Barrande）であった．こうして19世紀の後半までに，カンブリア系は広く認められるようになった．

カンブリア紀前期の中頃には，多細胞動物の主な門は全部存在していた．たとえば，海綿動物，刺胞動物，有櫛（ゆうそう）動物（クシクラゲ類），頭吻動物（cephalorhynchs）に環形動物，節足動物，ビロードムシ（velvet worm）の近縁種，軟体動物，腕足類，棘皮（きょくひ）動物，そして脊索動物までがすでに現れていた．さらに，アナバリテス類（anabaritids），トモティア類（tommotiids），ラディオキアス類（radiocyaths）といったプロブレマティカ（所属不明の化石）の多さもカンブリア紀（主として前期）に特有の現象である．

	545（百万年前）	540	535	530	525 カンブリア紀	520
原生代						
統			前期／下部			
ヨーロッパの統			カエルファイ			
ロシア-カザフスタンの階	ネマキトーダルディニアン		トモチアン		アトダバニアン	ボトミアン
北アメリカの階					モンテスマン	ダイアラン
地質学的事件	ロディニアが分裂し続ける				イアペトス海が開ける	
	パン・アフリカン造山運動および東西ゴンドワナの衝突		北中国と南中国，カザフスタン，モンゴル，そのほか東ゴンドワナ由来のテレーンに断層			
気候／大気	だんだん温かくなる；ほとんどの大陸は赤道地帯の暖かく乾燥した環境にある；大気中の二酸化炭素濃度が高くなる					
海水準と化学的組成				上昇		アラゴナイトの海
礁				古杯動物－シアノバクテリア礁		
動物	●最初の「有殻」動物が出現	カンブリア紀の生命の「爆発的進化」			最初の大量絶滅	●チェンジャン群集が確立

古生代前期

出されたある説によると，カンブリア紀前期の生物が浅海に移動し，そこで紫外線放射もしくは激しい嵐から身を守るために骨格を進化させたということであった．だが今は，動物はまず大陸棚で出現し，約4億9000万年前のオルドビス紀になってから海洋の深い場所や外海へ広がったことがわかっている．

骨格の出現は，リン酸塩が蓄積し，炭酸マグネシウム（苦灰岩, dolomite）が炭酸カルシウム（石灰岩, limestone）によって置換されたのと同時期に起きた．ここからまた別の研究者たちが次のような説を出した．海の地球化学的変化が引き金となって骨格が鉱化したのであり，骨格は余分なリン酸塩やカルシウムの貯蔵器官もしくはゴミ捨て場ではないか，というのである．だが，炭酸塩と珪酸塩の鉱化にはまったく異なる条件が必要で，同時には起こりえない．

礁は多様性に富んだ生態系であるが，捕食者がいなければ存続できない．捕食動物は，グレーザーや穿孔動物，競争者が複雑な栄養網の鎖を破壊するのを防ぎ，それによって多様性が保たれる．最初は，カンブリア紀の捕食者説を裏づける化石はなかったが，今は巨大なアノマロカリス類（anomalocaridids），頭吻動物，節足動物，そのほかの不確定動物が捕食者リストに含められている．

これまで挙げたような事件はどれも，単独ではカンブリア紀前期の地球に強い影響を及ぼさなかったが，構造運動上の事変や地球化学的変化，捕食者の出現すべてが合わさると，地球をすっかり変えてしまうほどの影響力が生じた．

レナ柱突起

壮観なレナ柱突起（左）は，サハ－ヤクティア（Sakha-Yakutia，現在のロシア）南部のレナ川岸200 kmにわたって広がっている．この炭酸塩構造は，カンブリア紀初めの化石や礁に関する主要な情報源の一つであり，先カンブリア時代とカンブリア紀の境界付近で起きた出来事を示すほかの証拠も見つかる．

カンブリア紀の革命

カンブリア紀は古生代および顕生代全体の最初に位置する時代であった．この期間に起きた生物学的，生態学的，地質学的，そして構造上の変化はほかに類を見ない．

こうした種はすべて骨格（skelton）という共通の特徴を持つ．骨格は，六放海綿類（glass sponges）の珪質骨片や，軟体動物の炭酸塩殻，腕足類のリン酸塩殻，そして環形動物が持つ有機質のクチクラや一部の節足動物の甲皮などに現れている．その進化は，骨格を得た動物に利益を与え，カンブリア紀の多様化に拍車をかけた．現世の節足動物や脊椎動物を見てもわかるように，骨格は移動運動を改善する．また骨格は，水流から食物をこす固着性生物（海綿動物やサンゴ，コケムシ類など）の土台となり，食物をとらえて切り刻み（爪や歯），呼吸を行う（棘皮動物の板，昆虫類の気管）のを助ける．骨格は保護手段としても有効である．身に危険が迫れば，ただ走って逃げることもできる．

だが，なぜ，どのようにして骨格は出現したのか？ 過去に

参 照

始生代：大陸，地殻，岩石圏，マントル，プレートテクトニクス
生命の起源と特質：シアノバクテリア，真核生物，原生生物
原生代：藻類，ストロマトライト
シルル紀：熱水噴出孔

PART 2

太古の大陸の地図作製

岩石の磁気特性が発見されたおかげで，地質学者は大陸の古位置を決定する便利な道具を手にした．地球の磁気圏は巨大な磁石の磁界のようで，北極から南極へ向かって磁力線が走っている．方位磁針で方角を（少なくとも地理的な座標における方角を）知ることができるのはこういう理由からである．鉄を含む鉱物粒子で細長い形をしているものは何でも磁針になる．このような粒子が海底に落ちて，その後岩石中に「凍結」されると，その時の地球の磁場に従って整列する．異なる大陸からこうした粒子を含む岩石を採集して調べれば，もとの位置（極からの距離）がわかる．古地磁気データから地球を再構築する際の根底には，大陸は硬い塊と見なせる，したがって回転させることができる，という仮定がある．大部分の人々にとって幸いなことに，そして科学者にとっては不幸なことに，地球の磁場は軸対象である．科学者たちは，大陸の経度は言うまでもなく，そもそもどっちの半球にあったかを突き止めなくてはならない．ここでまたしても障害になるのは，岩石が古いほど，古地磁気データが不正確になるという問題である．それは岩石が変成作用やマグマの加熱を受けると，粒子の方向が変わり，岩石の磁気「記憶」が破壊されるかもしれないからである．

大陸が分裂し，カンブリア紀の初めに再集合したことも，進化に貢献したと思われる．数多くの大陸断片が浅海で分離された結果，そのとき存在した種は移動を阻まれ，隔離されることとなった．超大陸が分裂したあと，一つ一つの新しい大陸上ではっきり異なる動物相が発達する．海水準が上がるにつれて，基質や温度，塩分濃度，深さが様々に異なる浅い縁海が，新しい生態的地位を提供するようになった．異なる気候帯に大陸が再分布したことからも，現在のように数多くの種が存在する理由をある程度説明できるであろう．この仮説は，カンブリア紀の構造地質学的パターンからいくらか裏づけられる．

> 大陸が
> 現在のような
> 外形になってから
> まだ2億年足らずであり，
> 太古の外形は
> はっきりとは
> わかっていない．

カンブリア紀

カンブリア紀の出来事は，当時の地理や気候の情報が不十分なため，完全には理解できない．非常に硬い岩石まで含めて，すべてが変化しているので，大昔のデータは不正確きわまりない．また，陸の植生など，気候を示す好材料の多くが，カンブリア紀にはまだ存在していなかった．

先カンブリア時代とカンブリア紀の大陸の再構築は，たくさんのピースからなるジグソーパズルに似ている．そこで助けになるのは，堆積物と動物相遷移の比較である．なぜなら，隣接する大陸は堆積物のなかに共通するリフティング（地溝形成）の歴史をとどめているからである．そのおかげで，たとえ再構築の方法に困難と相違があっても，科学者たちはカンブリア紀の地球の特徴について一致した見解に達している．

ゴンドワナ（Gondwana）は南極を中心に回転する大陸で，中央が盛り上がり，低い山々のあいだを短く幅の広い川が流れ，海に注いでいた．オーストラリアは今でもこの地形の特徴を保っている．南アメリカとアフリカ南部の海は南極に面し，ほとんど動物のいない，珪砕屑性堆積物ばかりの冷たい水で満たされていた．南極からもっと遠く離れた（ヨーロッパ南部や中東，中国南部の）海盆は，より多様な堆積物と動物相を特徴としていた．オーストラリアと南極大陸は古赤道の近くにあり，これらを取り巻く海では，炭酸塩が堆積し礁が発達していた．

東はオーストラリアから西はイベリアまで，よく似たカンブリア紀化石群集が見つかるので，ゴンドワナは一つの塊だったことが確かめられる．中国南部に含まれる大量のリン灰土堆積物から，中国を西に置いたときのゴンドワナに対する東西の位置関係がわかる．

ローレンシア（Laurentia），バルティカ（Baltica），シベリア（Siberia）もカンブリア紀の大きな大陸であった．バルティカは浅海に囲まれ，動物相は乏しく，南の中緯度地帯に位置していた．一方，シベリアとローレンシアは古赤道をまたいでいた．シベリアは現在の位置の反対にあり，ローレンシアは今の北アメリカに対して時計回りに90度の方向にあった．その縁には，礁を伴う狭い炭酸塩帯がわずかに広がっていた．カンブリア紀中期と後期のあいだに海水準が上昇して，ローレンシアを取り巻く海の範囲が拡大し，シベリアはほとんど海中に沈んで，広くて浅い礁にきわめて豊かな動物相が育った．

科学者たちのなかには，ローレンシアが新原生代にゴンドワナのオーストラリア-東南極大陸端から分離したと考える者がいる．その一方で，カンブリア紀の化石や堆積岩による裏づけはないものの，ローレンシアはシベリアやバルティカまで含む大きな塊であったと主張する科学者もいる．

アヴァロニア（Avalonia）はカンブリア紀大陸のなかで最も不可解な存在である．これはゴンドワナの一部でモロッコに隣接していたと考える研究者もいるが，アヴァロニアの動物相は乏しいのに対して，モロッコの動物相は豊かである．さらに，モロッコのカンブリア紀地層は赤色炭酸塩やウーライト石灰岩，蒸発岩の痕跡に満ちており，寒帯ではなく温かい環境にあったことを示している．どうもアヴァロニアは南方のどこかを漂う島大陸だった可能性が高い．フロリダはアヴァロニアよりもっと南極に近い位置にあった．

火星のような地球

古生代前期の地球の地形は同じ頃の火星の地形にそっくりで，南半球はもっぱら大陸に，北半球は主として海洋に占められていた．

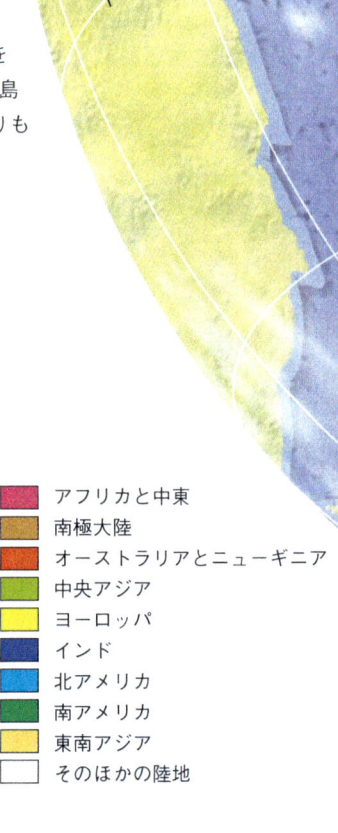

北中国

ゴンドワナ

色	地域
ピンク	アフリカと中東
茶	南極大陸
オレンジ	オーストラリアとニューギニア
黄緑	中央アジア
黄	ヨーロッパ
青	インド
水色	北アメリカ
緑	南アメリカ
クリーム	東南アジア
白	そのほかの陸地

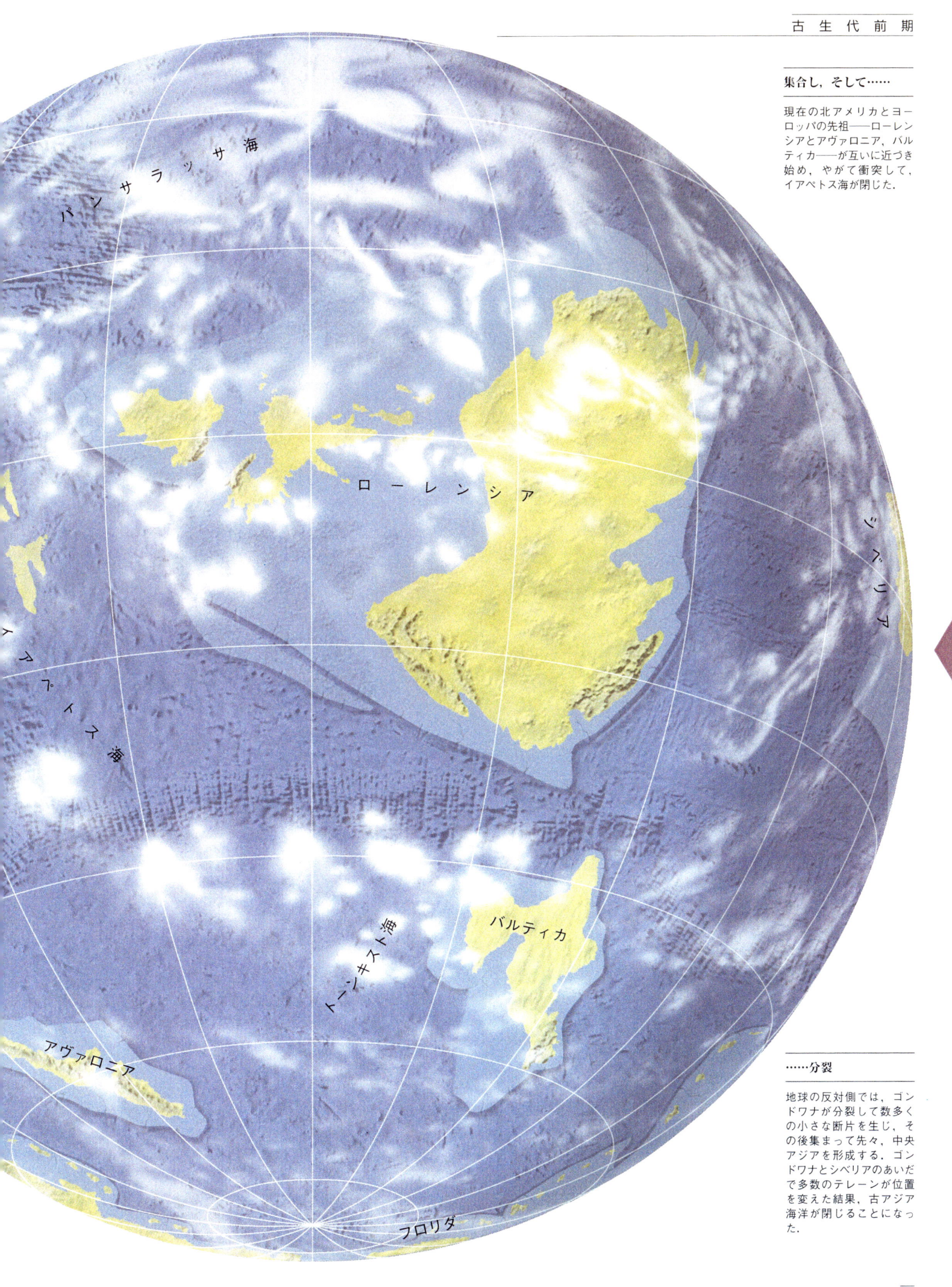

古 生 代 前 期

集合し，そして……

現在の北アメリカとヨーロッパの先祖——ローレンシアとアヴァロニア，バルティカ——が互いに近づき始め，やがて衝突して，イアペトス海が閉じた．

カンブリア紀

パンサラッサ海

ローレンシア

ジアノニア

イアペトス海

レーンキスト海

バルティカ

アヴァロニア

フロリダ

……分裂

地球の反対側では，ゴンドワナが分裂して数多くの小さな断片を生じ，その後集まって先々，中央アジアを形成する．ゴンドワナとシベリアのあいだで多数のテレーンが位置を変えた結果，古アジア海洋が閉じることになった．

PART 2

こうしたカンブリア紀の主要な大陸に加えて，数多くの大陸断片もしくはテレーン（terrane）が存在した．このようなテレーンが複雑に組み合わされて，現在の中央アジア褶曲系ができている．中央アジア褶曲系は，ウラル地方からカザフスタンやモンゴル地方を通ってオホーツク海まで広がり，シベリア南部と境を接している．この褶曲系は山脈の密集地帯で，急流が谷を刻み，丈の高い針葉樹の森が山肌を覆っている．最古の山脈は浸食されて，低くてなだらかな丘になり，ステップや岩石砂漠に取り囲まれ，一時的に湖が出現することがある．ここでかつての海盆や弧状列島，付加帯，縁海，海山の断片を確認できるのは，経験を積んだ地質学者だけである．この場所のカンブリア紀岩石は，厚さ 8000 ～ 1 万 2000 m になる．

> 大陸断片がゴンドワナから分離して西へ漂い，やがてシベリアに衝突した．

玄武岩，斑れい岩，赤鉄鉱碧玉，そしてある種の溶岩が集まってオフィオライト岩石（ophiolitic rock）として知られるグループを作っているところが，モンゴル北部と中央部のアルタイ・サヤン褶曲地帯にある．これは先カンブリア時代後期からカンブリア紀初期の海底の名残である．この遠い昔に，古アジア海洋は赤道地帯に位置し，シベリアとゴンドワナ北西縁にはさまれていた．ゴンドワナ北西縁はタリム，北中国，南中国から構成され，先カンブリア時代が終わる頃には，地溝が走って，この超大陸から，モンゴルやカザフスタンなどの断片を含むたくさんのテレーンが分離していた．

モンゴルのテレーンはシベリアへ向かって漂流し始めた．カンブリア紀前期に入った頃にはまだ，モンゴル・テレーンはゴンドワナに接触しており，浅い縁海に，南中国に特有の動物があふれていた．同じテレーンのカンブリア前期中頃の地層には，紛れもないシベリアの化石が多く含まれている．この頃までに，こうした微小大陸は流れ流れてシベリアに接近していたので，シベリアの動物がモンゴルの海へ移動できたのである．

カンブリア紀前期の終わりからカンブリア紀中期のあいだに，これらのテレーンがシベリアに衝突したあと，背後に弧状列島が現れた．こうした島々の一部は，海面のすぐ下で活発に噴火する火山を抱えていた．古杯動物（archaeocyath）とシアノバクテリアは火山の頂上に礁を発達させたが，その後，噴火によって破壊された．大量の火山砕屑物が火山円錐丘を作り，深海の凹地まで移動した．

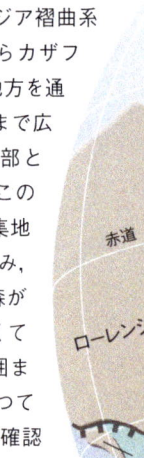

カンブリア紀の中期と後期のあいだに，シベリアの周縁部で弧状列島とテレーンが衝突し，古アジア海洋の全体構造が変わる．海洋地殻がかぶさるにつれて，海盆の主要部分が閉じ，地表の珪砕屑物に分厚く覆われて，海成堆積物が埋没した．このプロセスはシルル紀に終わり，テレーンがついにシベリアに組み込まれる．その結果，現在アジアという名で知られる大陸が 530 万 km² の面積に成長した．

現在の中央アジア出現に至る事件の筋書きはこれだけではない．カンブリア紀に，バルティカ／シベリア複合後背地から，一個の巨大な弧状列島が引き裂かれたという，別の造構モデルもある．この二つの大陸がくっつくとき，二台のトラックの衝突に巻き込まれた小型車のように，弧状列島が押しつぶされ，その結果，中央アジア褶曲系が形成されたというのである．だが，この説は事件の重要証人，すなわち化石の証拠に合わない．

シベリア産の有殻微小化石

モンゴル高原

モンゴル西部にそびえる海抜 3000 m 以上のハサーグト・ハイルハン（Khasagt Khairkhan）山脈は，カンブリア紀前期に古杯動物とシアノバクテリアが作った礁石灰岩を一部に含んでいる．

カンブリア紀

古生代前期

大，小，大

大陸分裂は，地球の進化にたびたび登場するテーマである．原生代後期からおよそ2億5000万年ごとに，陸地は一つの巨大な超大陸への集合と分裂を繰り返してきた．これは果てしなく続く地球表層の変貌において，主要サイクルの一つとなっている．超大陸が分裂すると，いくつかの大きな大陸，もしくは数多くの小さな断片が生じる．

プレートテクトニクス上の事件はどれも，動植物の多様性に影響を及ぼす．種の多様性は環境の安定性や食物供給，局所的条件など，いろいろな要因に左右される．大きな大陸が分裂して離れ，小さな断片が孤立すると，局所的条件は変化の速度と性質を決めるのに，ますます重要になる．遺伝子プール（gene pool）など，以前は共有できた情報が途切れると，それぞれの場所で新しい種が現れる．これが種分化（speciation）のプロセスである．その結果，種の多様性が全体として増加する．このようにして，カンブリア紀前期の中頃にはすでに，ローレンシア，バルティカ，シベリア，ゴンドワナに，その地域特有の動物相が数多く存在していた．

カンブリア紀には海水準の上昇で陸地に水が入り込み，内陸海（epeiric sea）と呼ばれる多様で広々とした浅い海盆ができた．これらは深めの海盆によってある程度分離されていたので，それぞれで動物相が発達し始め，独自の多様性を持つようになった．顕生代全体を通じて，海水準の上昇期は動物相が最も多様な期間に一致している．一方で，この期間は分裂が最も進んだ時期でもある．この二つのプロセスはプレートテクトニクスの機構によって結びついているので，当然の結果である．

> 海水準が上昇して低地に侵入し，地方種を孤立させた．このような期間に，生物多様性がピークに達した．

大陸が分裂すれば新しい海洋が生じる．海洋が拡大すると，中央海嶺が延びていく．そして中央海嶺の体積に相当する量の海水が陸地に取って代わる．しかし，造構海面変動と呼ばれるこのプロセスだけが，海水準上昇の原因ではない．

氷冠が解けても大陸は水没する．これを氷河性海面変動という．カンブリア紀前夜には，このプロセスが両方とも作用した．カンブリア紀前期の中頃には造構海面変動がピークに達し，ゴンドワナの内陸と小さな群島をのぞく，すべての大陸が広々とした内陸海に覆われた．

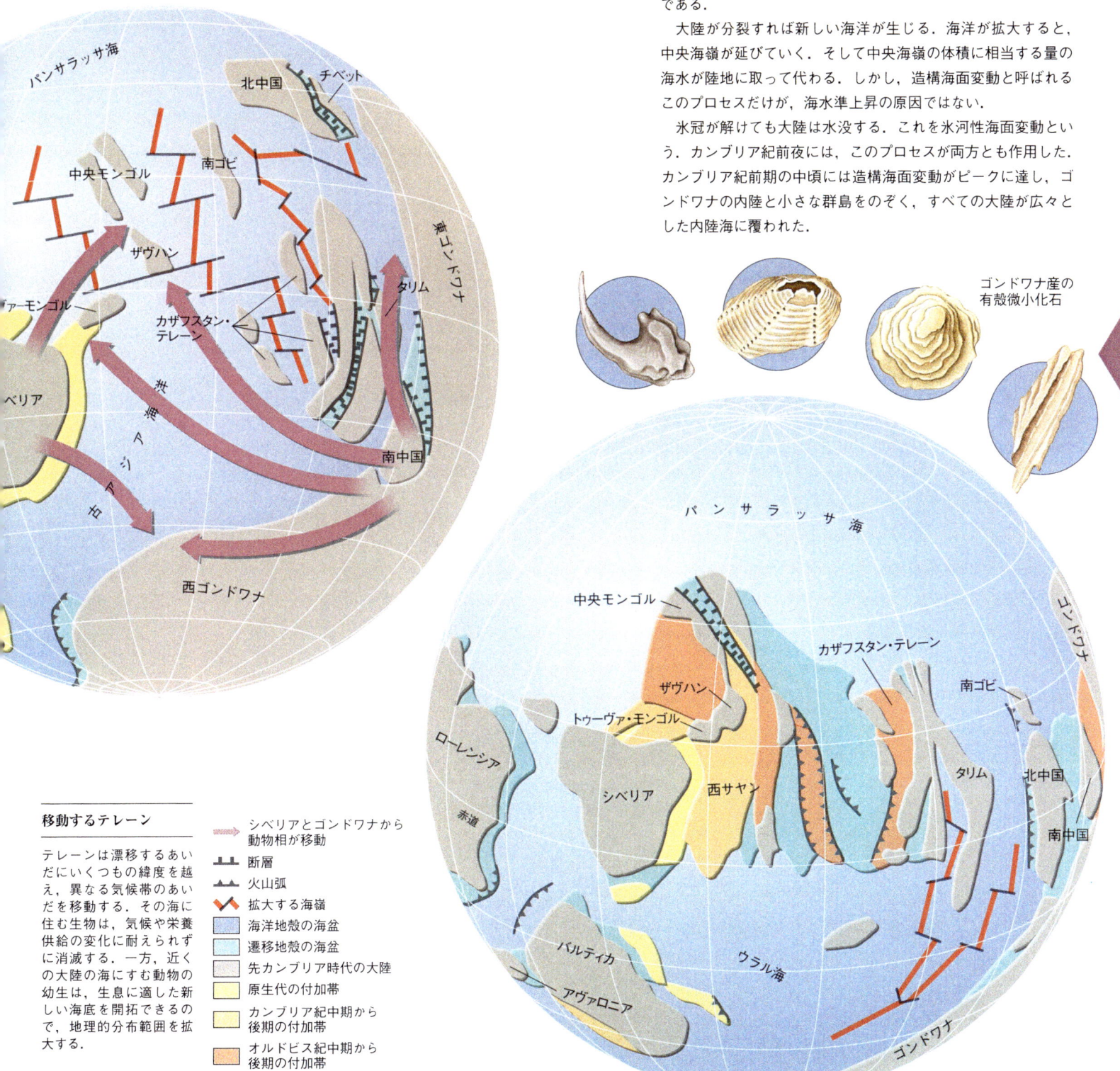

移動するテレーン

テレーンは漂移するあいだにいくつもの緯度を越え，異なる気候帯のあいだを移動する．その海に住む生物は，気候や栄養供給の変化に耐えられずに消滅する．一方，近くの大陸の海にすむ動物の幼生は，生息に適した新しい海底を開拓できるので，地理的分布範囲を拡大する．

凡例：
- シベリアとゴンドワナから動物相が移動
- 断層
- 火山弧
- 拡大する海嶺
- 海洋地殻の海盆
- 遷移地殻の海盆
- 先カンブリア時代の大陸
- 原生代の付加帯
- カンブリア紀中期から後期の付加帯
- オルドビス紀中期から後期の付加帯

ゴンドワナ産の有殻微小化石

カンブリア紀

PART 2

まさにこのとき，カンブリア紀動物相（そして植物相）の多様性が最高点に達した．カンブリア紀の爆発的進化（Cambrian Explosion）が絶頂期を迎えたのである．この頃までに，動物の属は 700 以上，藻類は 100 以上を数えたが，ほとんどがその 1000 万〜1500 万年前には存在しなかったグループである．これは地質学的時間尺度で言うときわめて短い期間である．新生代の初めには，哺乳類も同様の速度で多様化した．だが，哺乳類は脊索動物門の一綱にすぎない．これに対し，カンブリア紀の爆発的進化のあいだには，当時存在した門のほとんどすべてが爆発的に適応放散した．

カンブリア紀前期にピークに達すると，種の多様化はすぐさま下り坂になった．その速さは，地球的規模で起きた初めての大量絶滅事件とみなせるほどであった．この絶滅には様々な原因が関わっていた．海水準がどんどん上昇し，酸素に乏しい深海の水が大陸に押し寄せたため，カンブリア紀の浅海動物相は長く持ちこたえられなかったのである．その後，海水準が下がると，今度は，内陸海がほとんど干上がり，ここに生息場所を確立していた動物相が一掃される．さらに，水の性質をある程度変えて，地球全体に強く長期的な影響を及ぼすことのできる動物が進化する．すなわちペレット・コンベアー（pellet coveyor）の出現である．彼らは，一日に 400 m 以上の速度で，微細な浮遊粒子を拾い集め，水柱状図の底まですっかり取り除いた．

数十年前，海洋科学者たちが海流の動きを調べるために，鮮やかな色のプラスチック粒を海面にまいたことがある．だが数日で水は澄みわたり，何も見つけられなくなった．これは微小動物プランクトンの仕業であった．その大半は小さな甲殻類グループで，このような自由遊泳性の動物は，手頃な大きさの物は何でも餌にしようと腹に詰め込むのである．それからしばらくすると，消化できないゴミは特殊な膜にとらえられ，消化管の端から排出されてペレットとなり，すぐに沈む．これは，甲殻類が自分の出したゴミを食べないようにするための仕組みである．（訳注：ペレットというのは，無脊椎動物の排泄物と思われる微粒子のことで，ふつうは直径 1 mm 以下の楕円体．産状は数個以上が集中するが，時には管状に集合したものがある．）

> カンブリア紀の爆発的進化のあとに，地球的規模で最初の大量絶滅が続いたが，これもまた海水準の変化と関連していた．それと同時に，水の透明度が大きく変化しようとしていた．

カンブリア紀

1　大型節足動物
2　頭吻動物
3　緩歩多足類
4　三葉虫類
5　ブラドリア類
6　ウィワクシア類
7　腕足類
8　棘皮動物
9　ヒオリテス類
10　海綿動物
11　動物プランクトン
12　底生藻類
13　植物プランクトン
14　細菌プランクトン

カンブリア紀の爆発的進化

種と属の数は，爆発的といえる速度で増大することがある．カンブリア紀前期の初めにこのような爆発的進化が起こり，わずか 1500 万年のあいだに属の数が 10 倍に増えた．

栄養網

栄養網は，異なる生物グループをそのエネルギー源によって結びつける．エネルギー源は，生産者の場合は太陽光や化学合成，消費者にとっては有機物であり，消費者は生産者を食べるか，消費者どうしで互いに食物にする．原則として，消費者が大型であるほど，栄養網で占める地位は高い．分解者は，死体を分解し，有機物を単純なエネルギー源に戻して生産者に提供することで，栄養網の両端を結びつける．ここに寄生者を加えると，単純なピラミッドではなく，三次元の栄養網ができあがる．

プランクトンの大量発生

栄養分の流量が増えると細菌プランクトンが生じ，植物プランクトンが大量に発生する．これらは宇宙から見える（ナミビア海岸沿いの緑がかった海域，右）．「赤潮」は渦鞭毛藻類が大量発生したもので，毒素を出してまわりの海水中の動物を殺す．グレーザーがいないので，大量発生した植物プランクトンは，バクテリアによって分解される．その活動で酸素濃度が下がり，さらに多くの生物が死ぬ．

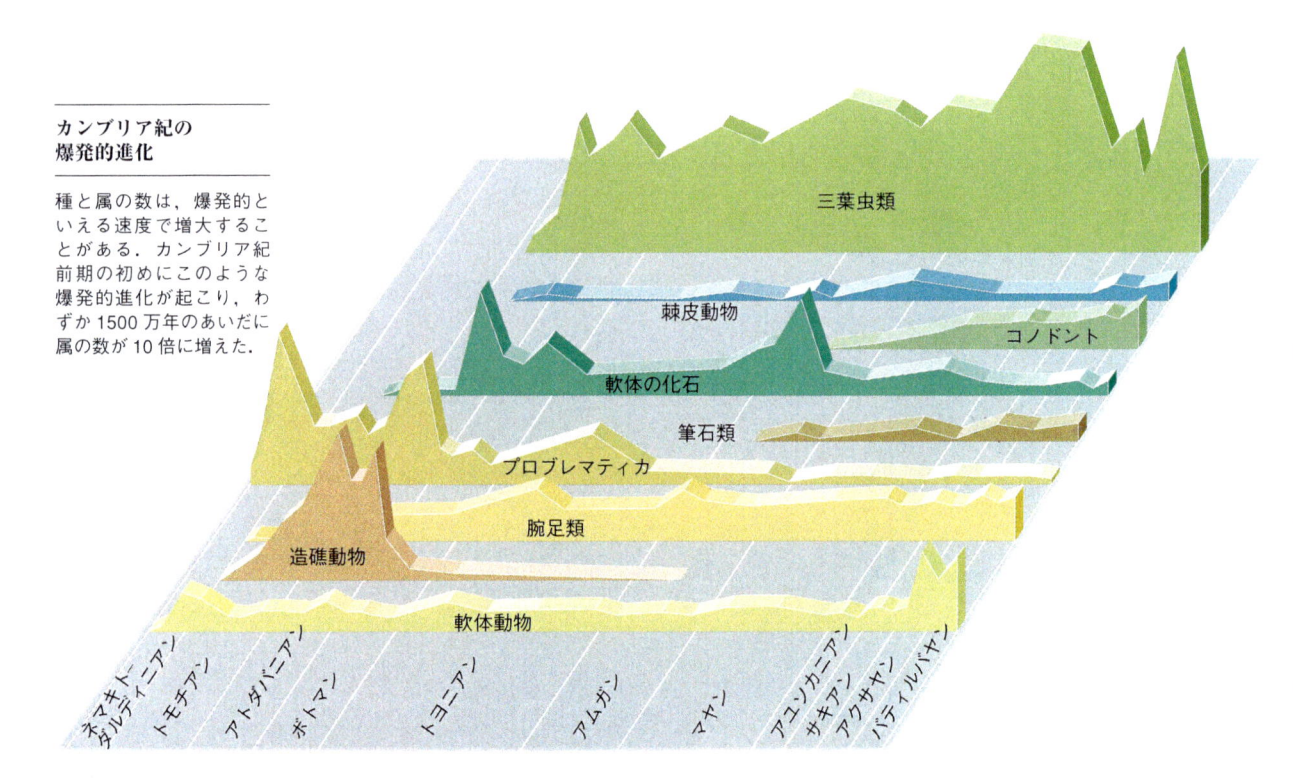

古生代前期

もちろん，カンブリア紀のプランクトン性甲殻類はプラスチックの餌を食べはしなかった．彼らが食べあさっていたのは植物プランクトンである．ペレットはすぐに沈むので，バクテリアや菌類はこの有機物質を水中で分解したり，こうした分解に必要な大量の酸素を利用したりできなくなった．その結果，余分な酸素が水の層に蓄積し，様々な生活形により適した環境が作られた．

ペレット・コンベアーとは反対の端，つまり海底には浮泥食者がいて，無尽蔵の食物源を得ることになった．そのおかげで，多様化も進んだ．余った食物は堆積物に混ざってそこに埋没し，堆積物のなかにすむ動物にとっての食物貯蔵庫となった．だが，掘穴動物の活動が盛んになると，海底の環境は，カンブリア紀前期に特徴的な動物たちにとって適したものではなくなった．彼らはろ過接触者で，軟らかい堆積物に体をゆるやかにつなぎ止めていたからである．そのため，カンブリア紀前期の終わりに海の「降雪」が始まると，典型的なカンブリア紀動物の生息場所がかき乱され，オルドビス紀の大放散につながった．ペレット・コンベアーが加わったことで，栄養ピラミッドは完成した．代表的な栄養網は，光合成もしくは化学反応のエネルギーによって有機物を作り出す一次生産者（藻類，植物と一部のバクテリア）と，この有機物を食べる消費者から構成されている．消費者はいくつかの種類に下位区分され，そのなかにはろ過摂食者，浮泥食者，グレーザー，肉食動物，そして寄生者が含まれる．ろ過摂食者は自分の体内を通る水流から食物を抽出する．浮泥食者は，実際には（堆積物そのものではなく），堆積物に埋もれた有機物や，そこにすむバクテリアを消化する．グレーザーは（藻類の茂みのような）有機物のおおいを取り除く．寄生者は宿主を死なせないようにしながら，その体液にすむという手段を選ぶ．最後に，肉食動物は他の消費者を何でも食べ，分解者（菌類や一部のバクテリア）は有機物の残りを分解して，単純なガスや液体の状態にする．

時代によって，とりわけカンブリア紀には，消費者の種類が異なっていた．カンブリア紀前期の典型的な栄養網を観察するには，礁ほどふさわしい場所はない．

生痕化石

動物が食物を探すうちに，動きの複雑さと規則性が増している様子が，深海の生痕化石に記録されている．食物の断片が限られてくると，ふらふらと蛇行する歩行跡（左）が，より集中した歩き方になった．六角形の網状生痕（右）は，掘穴動物が食物をとらえたときに残したものである．

PART 2

礁は最も複雑で変化に富んだ生態系の一つであり，わずか十数 km² の広さで 5000 種以上の生物を維持している．観察者としての経験を積んでいない者の目にも，礁は息をのむほどすばらしい海洋風景である．化石の形にその特徴が保存されているところでは，かつての礁構造の美しさと複雑さを今でも見ることができる．化石礁は非常に硬くて丈夫な岩石の塊である．このため，礁を構成する生物が相互に影響を及ぼし合いながら成長した様子が，証拠として残っている．海での石化作用が急速に進んだあと，変化がわずかしか起きなかったことも幸いしている．カンブリア紀前期の造礁生物は，ほとんどが石灰シアノバクテリアと海綿動物であった．

> 石灰シアノバクテリアと海綿動物は，カンブリア紀に小さなドーム状の礁を作った．これは生物多様性と複雑な食物網を伝える重要な遺物である．

古杯動物（archaeocyaths，「太古の杯」）と呼ばれるこうした海綿動物は，びっしりと穴の開いた杯に似ていた．この体を通して水が自由に動くときに，浮遊バクテリアを水からこし取って食べることができた．円筒形の古杯動物の一部は高さ 1 m まで成長し，板状のある種類は直径 0.5 m 以上にもなったが，ほとんどは直径 1 cm 以下で，高さも 3 cm に満たなかった．その結果，カンブリア紀の礁は小さなドーム構造をしていた．

石灰シアノバクテリア（calcified cyanobacteria）は，個体としては古杯動物よりもさらに小さかったが，群体を作ったので，好条件のもとでは高さ十数 m の礁を築くこともできた．こうした礁の表面には，構築される群体の形によって，点々と，あるいは全体的に氷晶模様が見られる．石灰シアノバクテリアは中心的な造礁生物であったが，さらに成長するための足場として古杯動物を必要とした．

代表的な生産者である石灰シアノバクテリアと，ろ過摂食者である古杯動物に加えて，カンブリア紀前期の礁には実に様々な生物がすんでいた．不動性の杯状棘皮動物（echinoderms）は，よくある五放射相称性だった様子はなく，短くて頑丈な柄で固着するものもいれば，柄をまったく持たないものもいた．これらは腕突起（brachioles，「小さな腕」）で植物プランクトンをとらえた．この腕突起は食物をとるための触手状の付属肢で，節があって上向きに生えており，石灰質の板に覆われていた．ヒオリテス類（hyoliths）はほとんど運動能力がなく，杖のような一対の付属肢を使って円錐系の殻を主な水流に合わせた．ストレスがかかると，ぴったりとはまる蓋で殻を閉じた．原始的な腕足類（brachiopods）と微小な刺胞動物（cnidarians）のなかには，古杯動物の杯にしがみついたり，シアノバクテリアの硬い群体内にできた空洞にすみ着いたりするものもいた．これらの動物はろ過摂食者グループに属していた．

泥の多い地域では，浮泥食者が堆積物の上や内側に規則的な痕跡を残した．カンブリア紀の浮泥食者が何を餌にしたかは確認されているが，この動物そのものについては何もわかっていない．

これらのグループはどちらも一次消費者であった．二次消費者は肉食動物で，三葉虫類も含まれた．しかし，三葉虫の硬い甲皮も，アノマロカリス類など，より大型の捕食者にかみつかれると何の役にも立たなかった．三葉虫類は頭吻動物の餌食になることもあり，棘の付いた柔軟な口吻にとらえられて，じわじわと呑み込まれた．

このように，カンブリア紀が始まったばかりの頃からすでに複雑な栄養網ができあがっていた．肉食動物がろ過摂食者や堆積物食者を消費し，その彼らも同様に一次生産者を消費したのである．

炭酸塩の礁は，カンブリア紀の気候を調べるための唯一確かな情報源である．カンブリア紀前期の生物，無生物両方の鉱物炭酸塩（$CaCO_3$）は主にアラゴナイト（ストロンチウムに富んだ方解石）かマグネシウムを豊富に含む方解石として沈殿した．二酸化炭素濃度が低いときには，マグネシウム含有量の低い方解石よりも，これらの鉱物が多く沈殿する．二酸化炭素は温室効果を担う中心的な気体であるので，カンブリア紀前期はどちらかというと涼しかったと推測できる．

カンブリア紀中期には，マグネシウム含有量の低い方解石が炭酸塩のなかで優位を占めるようになるので，状況が変化したと思われる．この現象は気候が暖かくなり始めたときに起きる．地球的規模で温暖化が進むと，シアノバクテリアは古杯動物をしのぐようになった．この間に古杯動物の礁は消えてなくなる．シアノバクテリアの礁は白亜紀中期まで存在し，隆盛を極めた時期もあった（オルドビス紀前期と中期，デボン紀後期）．カンブリア紀前期の動物はほとんどこの時代の終わりまでに絶滅した．

カンブリア紀

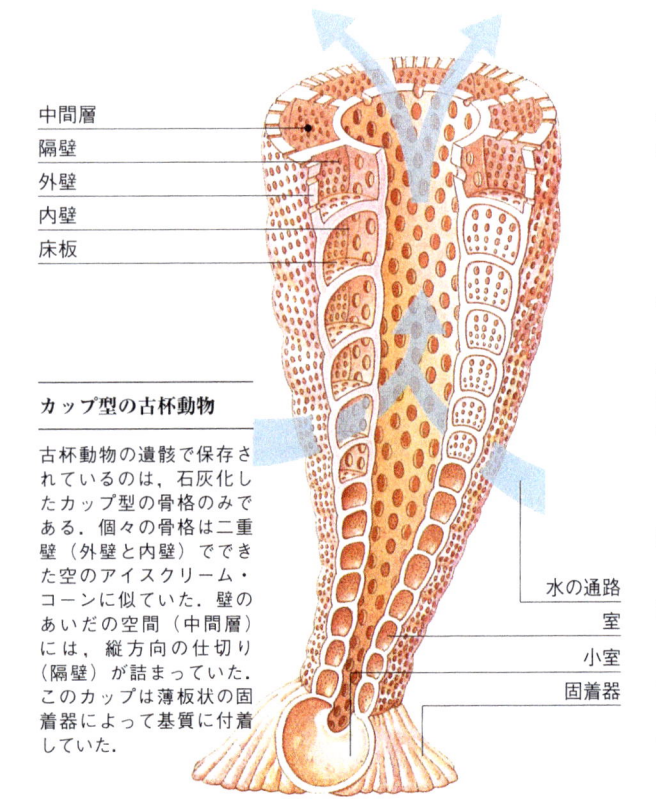

カップ型の古杯動物

古杯動物の遺骸で保存されているのは，石灰化したカップ型の骨格のみである．個々の骨格は二重壁（外壁と内壁）でできた空のアイスクリーム・コーンに似ていた．壁のあいだの空間（中間層）には，縦方向の仕切り（隔壁）が詰まっていた．このカップは薄板状の固着器によって基質に付着していた．

- 中間層
- 隔壁
- 外壁
- 内壁
- 床板
- 水の通路
- 室
- 小室
- 固着器

トゥーヴァのレース

かつてのトゥーヴァ−モンゴル・テレーンは現在，バイカル湖とフブスグル湖（Khubsugul）の西岸に位置し，見事な古杯動物化石（上）を保存している．鉱物の溶解と沈殿という地質学的プロセスに，現世の風化作用が加わったおかげで，古杯動物の杯は古代の美しさを余すところなく見せている．その様はまるで岩を覆うレース模様である．一つ一つの杯は幅 1.5 cm 以下だが，非常に細かなところまで形が残っている．断面を観察すると，二重壁の構造もはっきり確認できる．

古生代前期

後生動物の礁

（下）最古の礁構造は始生代にまでさかのぼることができる。これらはバクテリア群集によって作られたストロマトライトであった。最初の後生動物礁は、それからおよそ30億年後、先カンブリア時代の終わりに現れた。カンブリア紀前期に、石灰化できる海綿動物が初めて登場し、もろい骨格が石灰シアノバクテリアによって強化されると、後生動物礁は隆盛を極めた。このような古杯動物-シアノバクテリア礁は、寒すぎたバルティカとアヴァロニアをのぞいて、すべての大陸の浅海を占領していた。

[古杯動物]
1　カンブロキアテルス
2　オクリトキキアトゥ
3　ノコロイキアトゥス
[チャンセロリア類]
4　チャンセロリア
[サンゴ形類]
5　ヒドロコヌス
[ラディオキアス類]
6　ギルファノヴェラ
7　レナルキ（石灰シアノバクテリア）
8　オルソテカ形類ヒオリテス類

カンブリア紀化石で確かな情報を保存しているものはめったになく、試験的な復元さえままならない。化石はたいてい小さな（長さ3mmに満たない）円錐状の石灰質もしくは炭酸塩の殻で、表面は縦横に畝が走り、内部にごく浅い腔があった。これらは「有殻微小化石」（small shelly fossil）という通称で呼ばれ、類縁種が不明確だったにもかかわらず、カンブリア紀前期の岩石の尺度としてしばらくのあいだ広く利用されていた。想像力の豊かな人間がこうした化石を一個の完全な動物として描き、その殻のなかに体を押し込め、角張った形の殻に似合うよう、急な岩場にはりつけた復元図を作ったこともあった。

リン酸塩や石灰質の有殻化石は、その多くが独特の動物のもので、カンブリア紀地層の目立った特徴となっている。

カンブリア紀の有殻微小化石で最もよく見つかるのは鱗甲類（halkieriids）である。実は、殻の一つ一つに生物が入っていたのではなく、たくさんのこうした殻（骨片）が一個の動物の体を覆い、鱗状の外被すなわちスクレリトームを作っていたということがわかった。岩石標本から骨片を一枚ずつ数えあげ、異なるタイプのあいだの比率を正確に割り出すのは、骨の折れる作業であった。その結果、ナメクジのような脚の付いた、棘のある円錐型の動物が復元された。だがしかし、現実は想像を上回っていた。グリーンランド北部にあるカンブリア系下部頁岩のなかから、ハルキエリア（*Halkieria*）の完全なスクレリトームが発見されたとき、科学界に衝撃が走った。棘状のスクレリトームに加えて、ハルキエリアは頭部と尾部に二枚の殻を持っていたのである。ハルキエリア・エバンゲリスタ（*Halkieria evangelista*）と呼ばれるこの印象的な生物は、腕足類、軟体動物、環形動物といった、種類が大きく異なる現生動物門の特徴を備えていた。驚くべきことに、グリーンランドから遠く離れたシベリアで、ハルキエリア類の胚まで発見された。カンブリア紀前夜、ハルキエリア・エバンゲリスタに似た生物から、たくさんの動物の系統が生じ、やがて地球の海陸を満たすことになる。

もう一つの奇妙な動物にハルキゲニア（*Hallucigenia*）がいる。最初の（悪夢のような）復元図では、7対の支柱で立ち、背中には軟らかい付属肢が7本並んでいた。だが、カンブリア紀の動物の遺骸がさらに見つかったおかげで、ようやく真の姿が明らかになった。中国産の類縁種との比較から、ハルキゲニアの支柱は実は体の上部に付いた棘で、付属肢は（対をなす）入れ子式の脚だったと推測されたのである。脚が入れ子式になっていると、獲物を探すときに藻類の茂みを楽々とかき分けて進んだり、潜穴を掘ったりできた。現世のビロードムシも似た姿をしている。やはり脚が伸縮自在な入れ子式になっていて、硬い棘状の外被を持っているが、陸生動物相に属している。唯一の違いは、角状の顎のある口が下側についている点である。ハルキゲニアとその類縁種は、顎のない口を体の末端に持ち、緩歩多足類（tardipolypods、「たくさんの遅い脚」）と名付けられた。

カンブリア紀

PART 2

最初の捕食者はアノマロカリス類（anomalocaridids）であった．彼らは棘のある頑丈な口脚で三葉虫類（trilobite）の甲皮にかみ跡を残すほど，恐ろしいハンターだったらしい．この興味深い動物のモデルを作った結果，彼らがその類まれな歯でかみつき，強靱な体側のフラップと尾部の葉状突起を使って泳げたことが証明された．アーチ形の捕食痕を細かく調べると，三葉虫類がもっぱら右側からかみつかれたことがわかる．こうした優位性は，ほかの肉食動物グループの多くと同様，アノマロカリス類が高度な脳と行動上の非対称性を有していたことをはっきりと示している．一方にかたよった行動は，現生捕食者のなかで最も大型で進歩した種類に属する，ヒト科の特徴である．

ハルキエリア，ハルキゲニア，アノマロカリス（*Anomalocaris*）といった，カンブリア紀生物の多くは，ラーゲルシュテッテンでの発見によって，構造と類縁関係が明らかにされている．このラーゲルシュテッテンというドイツ語は，ドイツの石灰岩堆積場所を指す言葉で，ここには，アンモナイト類（ammonites）やベレムナイト類（belemnites），イクチオサウルス類（ichthyosaurs），そして半分鳥類で半分爬虫類の有名な始祖鳥（*Archaeopteryx*）の軟組織化石が含まれている．このため，きわめて保存状態のよい化石を産出する特別な場所があると，この用語が用いられるようになった．

カンブリア紀のラーゲルシュテッテンの歴史は 1909 年にカナダで始まった．この年に，著名なアメリカ人地質学者チャールズ・ウォルコット（Charles Walcott）率いる調査隊が，ブリティッシュ・コロンビアへ探索に出かけたのである．ウォルコットは何度もこの地を訪れ，スティーブン山の斜面にある，長さ約 60 m，厚さはせいぜい 2.5 m のカンブリア紀露頭から，4 万以上の標本を収集した．彼はこの累層をバージェス頁岩と名付け，自分が発見して記載した数多くの生物について本に書き著したが，その著書は何世代にもわたって古生物学者のバイブルになった．

1960 年代後半に，カナダとイギリスの調査隊が，バージェス頁岩の再評価に着手した．彼らは新たにたくさんの標本を発見し，古い化石の多くについて再記載や再解釈を行い，カンブリア紀ラーゲルシュテッテンの主要な特徴を略述した．彼らの観察記録を利用して，古生物学者たちはまもなく，アメリカ合衆国とカナダの各地，オーストラリア，中国，スペイン，グリーンランド，シベリアで，新しいラーゲルシュテッテンを発見した．その一つ一つに独自の化石が埋まっている．グリーンランドのシリウス・パセット（Sirius Passet）ではハルキエリア・エバンゲリスタが発掘され，オーストラリアのエミュー・ベイ頁岩からは多様なアノマロカリス類が，そして中国のチェンジャン（Chengjiang，澄江）からは最古の脊索動物，珍しい節足動物，緩歩多足類が見つかった．

> バージェス頁岩「ラーゲルシュテッテン」は，120 属以上のカンブリア紀動物を含む，化石の宝庫である．

カンブリア紀の銀板写真

上図の神秘的なハルキゲニア（*Hallucigenia*）のように，バージェス頁岩のプレート状に残る生物の平らな有機質遺骸は，「銀板写真」として知られる初期の白黒写真に似ている．はるか昔のものであっても，これらの化石は，写真術が発明されるよりずっと前の風変わりな動物たちの姿形を，優れた保存状態で忠実に記録している．（訳注：原著ではこの写真が天地逆になっていたが，その後の研究で明らかになった事実にしたがって，ここでは正しい位置で示すことにする．）

アノマロカリスのジグソーパズル

ついこのあいだまで，カンブリア紀の海の風景を再現した図には，珍妙な姿の動物が満ちあふれていた．ハルキゲニアは七対の支柱でちょこちょこと基岩を歩き，その背中で柔軟な付属肢がやさしく揺れていた．海底から上へ目を上げると，クラゲに似たペイトイア（*Peytoia*）が，笑った口元を残して体を消したチェシャーキャットさながらに，ふわふわ漂っている．アノマロカリスは，大きな海綿動物（ラガニア，*Laggania*）や藻類のあいだに身を隠し，エビのような肉厚の尾だけのぞかせている．

別の再現図では，アノマロカリスが巨大なムカデのように描かれ，何対もの頑丈な関節脚を生やしていたり，あるいは，たった一対の爪にまで縮小されて，シドネイア（*Sidneyia*）と呼ばれる大型節足動物の口のまわりに付けられたりしていた．その真の姿が明らかになったのは，クラゲとされたペイトイア，海綿動物のラガニア，そしてアノマロカリス自体が最終的に一つの生き物としてまとめられたときであった．こうして完成された動物は，2 対の複眼が上面に付いた巨大な頭を持ち，下面には 2 本の尖った付属肢が付いた口が開き，その内側に平らで鋭い歯が生えていた．体の両側にはフラップがあり，尾部は扇形（一部のアノマロカリス類ではフォーク形）をしていた．ビロードムシのものを思わせる軟らかい有対付属肢は，列をなして腹側でつながっていた．完全な形で発見されたアノマロカリス類の体は 60 cm にもなったが，口の部分だけ見つかった個体から推測すると，体長が 1 m を超すものもいたようである．

コリンズ 1986
ウィッチントンとブリッグズ 1985
ウィッチントン 1982
ヘンリクセン 1928
コンウェイ・モリスとウィッチントン 1979
ウォルコット 1911
ウッドワード 1902
ウォルコット 1912

カンブリア紀

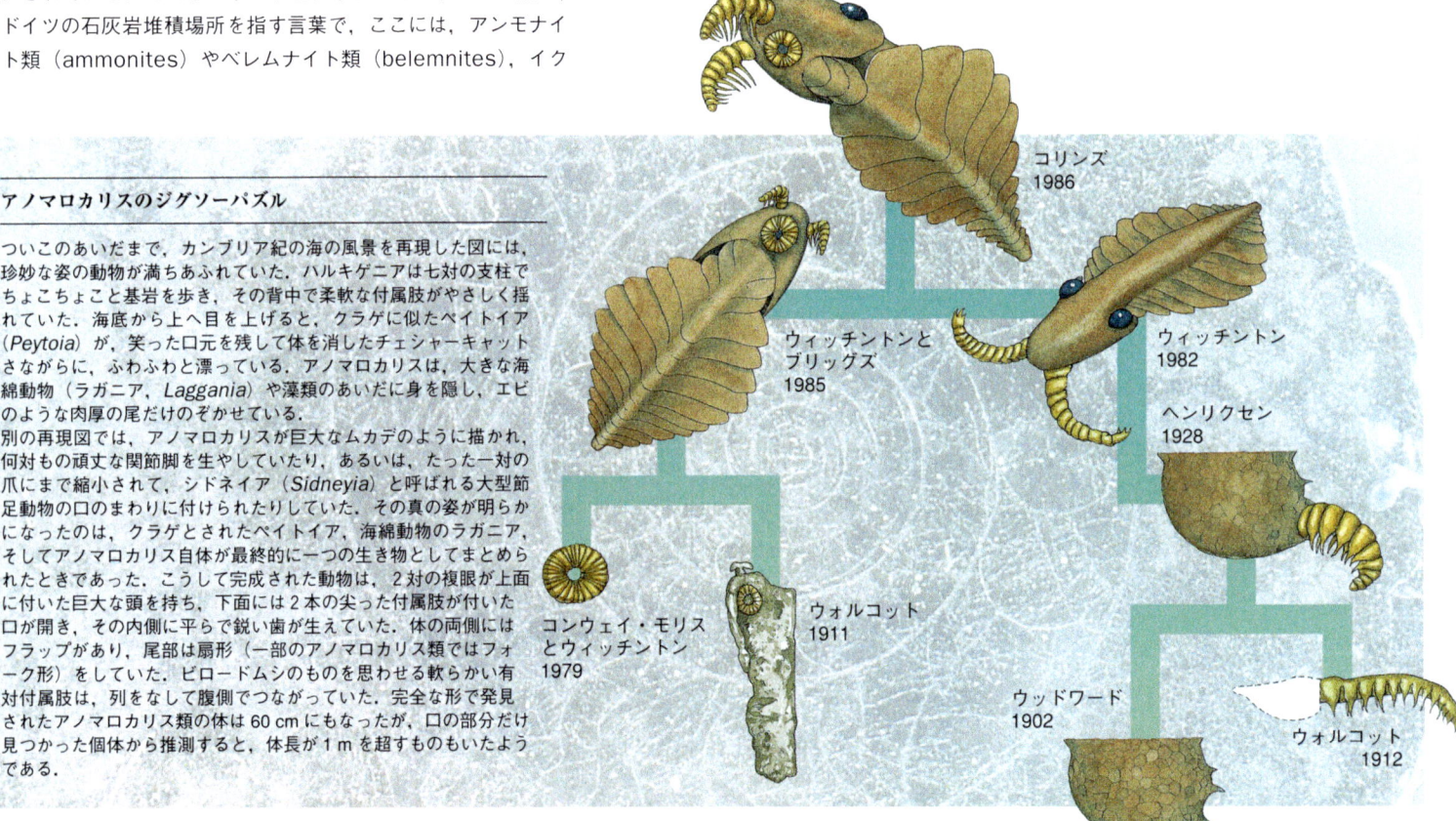

カンブリア紀

ラーゲルシュテッテンはほとんどすべて，カンブリア紀前期の中頃からカンブリア紀中期の後半までの比較的狭い期間に限られている．古生代全体の残りの期間については，ほんの少ししか知られていない．この時期，太古の海景への窓はわずかのあいだ開いたあと再び堅く閉ざされてしまった．なぜこのような現象が起きたかについてはあまりよくわかっていない．たぶん，軽い骨格の動物が出現したあと，活動的な掘穴動物が深水環境にすみつき，そこに埋まった生物の遺体をすっかり壊してしまったのであろう．

> 海底崖からの泥流に埋まったバージェス頁岩動物相は，非常に細かなところまで保存されている．無酸素状態のため，分解が妨げられたのである．

バージェス頁岩の産地は今でも，カンブリア紀ラーゲルシュテッテンすべてのなかで文句なしの女王である．バージェス頁岩化石のなかには，シアノバクテリア，藻類，海綿動物，刺胞動物，有櫛動物，頭吻動物，環形動物，アノマロカリス類，緩歩多足類，節足動物，腕足類，軟体動物，ヒオリテス類，コエロスクレリトフォラ類（ハルキエリアの類縁），棘皮動物，半索動物，脊索動物，その他，類縁関係がまだわかっていない動物などが，およそ130種存在する．ここに保存されている情報を使えば，カンブリア紀生物相の生活様式，食性，相互作用，栄養網について，信頼できる再現図が描ける．

カンブリア紀中期の初め，バージェス頁岩は，比較的深めの海水域で急な海底崖の近くに薄く積もった堆積物であった．そこで泥流に呑まれた海底の生物が深海の堆積物に生き埋めになった．細かな粒子で密に覆われ，酸素や腐食動物の活動から遮断されたため，遺骸は損なわれずに保存され，軟組織の一部は鉱物化プロセスを通して「ミイラ化」した．もちろん，こうした好条件のもとでも，すべてが完全に保存されるわけではない．「軟体の」動物でも実際は，体表や消化管を覆うために，耐久性のあるクチクラを持っていて，これがまれに化石化する例がある．その結果，外骨格と消化管が特徴として保存されることになる．

バージェス頁岩

カンブリア紀中期の初めに起源を持つバージェス頁岩は，ブリティッシュ・コロンビア（カナダ）東部で，ルイーズ湖とフィールド町の周辺にそびえる山頂の一部をなしている．カンブリア紀のあいだ，ここはローレンシア大陸北縁の海であった．この頁岩は20世紀初頭から掘削されている．バージェス頁岩から掘り出された資料をもとに数冊の本が書かれているが，古生物学者たちは，このカンブリア紀の不思議な動物たちの構造と特質について，互いの説を批判し続けている．

カンブリア紀

82

古生代前期

バージェス頁岩のかつての姿を振り返ってみることができるなら、こんなふうになるであろう。40 種類の節足動物を含む多種多様な生物が、この場所にすんでいた。扁平なオドントグリフス (*Odontogriphus*) が、触手冠 (剛毛の生えた) 輪で食物を探しながら漂っている。この触手冠は、腕足類のようにろ過摂食をする道具ではなかった。体長 60 cm 近い巨大なアノマロカリス類は、体側のフラップを利用して水中を突き進み、棘状の摂食用付属肢で獲物を捕まえようとしている。ついに正しい向きで登場したハルキゲニアは、海底で食物をあさる。現在のプリアプラス類に似たオットイア (*Ottoia*) などの頭吻動物が、U 字型の巣穴にもぐって、三葉虫類やヒオリテス類がうっかり近づくのを待っている。ハルキエリアの子孫である、棘のあるウィワクシア類 (wiwaxiids) は、尖った歯で餌をかすり取って食べている。海底からそびえ立つ海綿動物のタワーを、緩歩多足類のアユシェアイア (*Aysheaia*) が入れ子式の付属肢を使ってゆっくりとはい上り、たぶん餌を食べるために、ときどき立ち止まる。大型節足動物のシドネイア (*Sidneyia*) は小さな生物を爪でしっかりとつかまえた。ほかの節足動物が泳いだり歩いたり、ちょこちょこ走り回ったりする一方で、蠕虫に似たピカイア (*Pikaia*) は、分節した有対の筋肉塊と、脊椎動物に特有の丈夫な脊索を使って、蛇のように S 字型に体をくねらせながら泳いでいた。

バージェス頁岩の環境を支配したのは、節足動物であった。

1	アノマロカリス	(アノマロカリス類)
2	マルレラ	(節足動物)
3	アユシェアイア	(緩歩多足類)
4	オレノイデス	(三葉虫類)
5	ウィワクシア	(鱗甲類)
6	ハベリア	(節足動物)
7	ディノミスクス	(不明)
8	オダライア	(節足動物)
9	オットイア	(頭吻動物)
10	シドネイア	(節足動物)
11	ピカイア	(脊索動物)
12	オドントグリフス	(触手冠動物)
13	ハルキゲニア	(緩歩多足類)
14	ネクトカリス	(節足動物)

カンブリア紀

PART 2

進化の方向

節足動物進化は主に，脱皮で骨格が徐々に変化する際の改良と，体節や付属肢の変形と分化に向けられていた．現生節足動物の基本形は，ジュラ紀までに確立された．

1. 骨格のクチクラ化と鉱物化
2. 体節と付属肢の分化
3. 囲食膜とペレット・コンベアーの出現
4. 呼吸のための気管と排出のためのマルピーギ管の発達による陸上生活への適応
5. 木質とセルロース消費への適応
6. 飛翔の獲得
7. 固着性ろ過摂食者の出現
8. 植物の大量消費への適応
9. 植物の授粉
10. 付属肢の種類のさらなる増加

カンブリア紀の節足動物

最も原始的な節足動物である，マルレラ形類は，カンブリア紀からデボン紀まで存在したことが知られている．その特徴は多数の単純な肢で，下の歩脚と上に付いた羽状の鰓脚から構成されている．最古のカンブリア紀ラーゲルシュテッテンである，グリーンランドのシリウス・パセットと中国のチェンジャンではすでに，多種多様な節足動物が大量に掘り出されている．

鋏角類

鋏角類は6対の肢を持つ．鋏角と呼ばれる最初の一対はものをつかむためにあり，顎に似ている．次の一対はたいてい爪状で，ほかの対肢は主に歩脚として使われる．

カンブリア紀

新第三紀 24
古第三紀 65
中生代 白亜紀 144
ジュラ紀 205
三畳紀 248
ペルム紀 295
石炭紀 後期 324
石炭紀 前期 354
古生代 デボン紀 417
シルル紀 443
オルドビス紀 490
カンブリア紀 545
(百万年前)

有爪動物
縁歩類
三葉虫類
マルレラ形類
鋏角類
舌形動物
甲殻類
ユーシカルシノイダ類

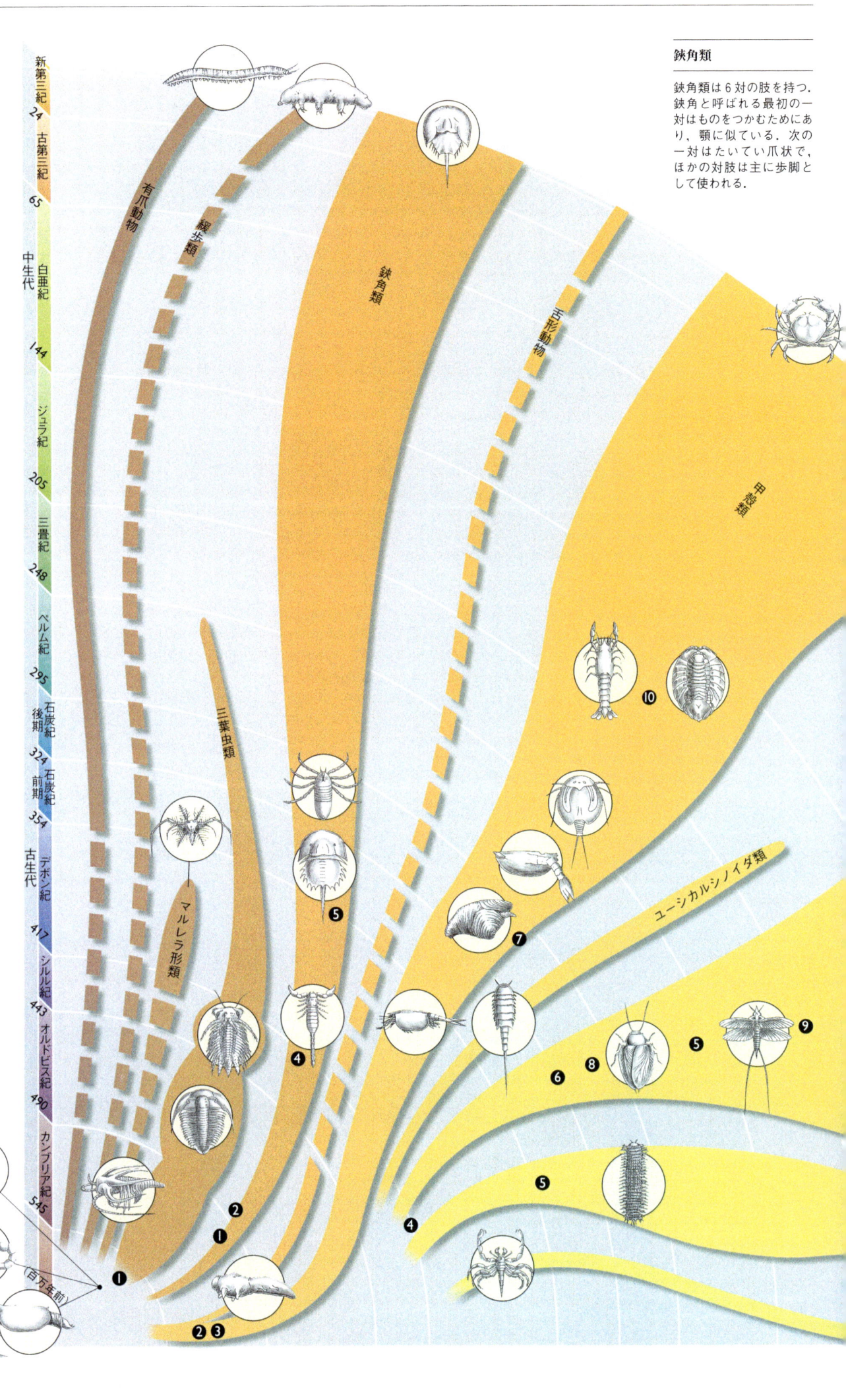

古生代前期

節足動物の進化

典型的な節足動物（arthropods）は，体節と関節肢を特徴としている．体は通常，頭，胸，腹に区分される．体と肢全体は，多糖のキチン質からなる硬い外骨格に覆われている．一部の節足動物では，外骨格が鉱物化によって硬くなっている．たとえば，三葉虫類や貝形虫類（ostracodes, 貝虫類），蔓脚類（barnacles）では石灰化，絶滅した二枚貝様節足動物のある種類ではリン酸塩化が起きている．このため，これらのグループは化石記録に保存されやすい．しかし，外骨格の存在は大きさの上限を狭めるため，節足動物進化の妨げにもなる．また節足動物は，成長するために，脱皮によって外骨格を定期的に脱ぎ捨てなくてはならず，その際，ほとんど無防備な状態に置かれる．カンブリア紀前期の中頃以降，節足動物は浅海域から深海域まで海の世界を支配してきた．最初の陸上群集も

節足動物のなかま

緩歩類（Tardigrada，クマムシ類，右）は，体節を持つ無脊椎動物で，体長は 0.05 ～ 1.2 mm，呼吸器官と循環器官はない．初期節足動物の系統にはこのほかに，有爪動物（Onychophora，ビロードムシ）と，ウミグモ類（Pycnogonida）がいる．

甲殻類

甲殻類はほとんどすべて水生で鰓呼吸を行い，二枚貝様の甲皮を持っている．ここには，貝形虫類や，蔓脚類，軟甲類（malacostracans，ロブスターやカニ，小エビなど）などのグループが含まれる．カンブリア紀前期にはすでに，甲殻類のグループが数多く存在した．舌形動物（pentastomes，舌虫）と呼ばれる寄生無脊椎動物と甲殻類の類縁関係は，最近になって確認された．

昆虫類

節足動物は，甲殻類，鋏角類，単肢動物（uniramia），三葉虫類という四つの主要グループに下位区分される．昆虫類は単肢動物に属し，ここには倍脚類（millipedes），唇脚類（centipedes），そして多足類（myriapod）様動物の小さなグループがいくつか含まれる．近年，こうした陸生節足動物の一部については，別の起源が考えられるようになり，昆虫類は甲殻類と結びつけられている．

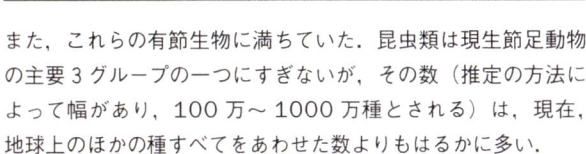

また，これらの有節生物に満ちていた．昆虫類は現生節足動物の主要 3 グループの一つにすぎないが，その数（推定の方法によって幅があり，100 万～ 1000 万種とされる）は，現在，地球上のほかの種すべてをあわせた数よりもはるかに多い．

地球の生態系における節足動物の役割は，その数と同じくらい重要である．カンブリア紀からシルル紀までを通して，節足動物は海の捕食者として君臨し，食物網の頂点にいた．それと同時に，小さな甲殻類（オキアミ，krill）は，この食物網の底辺に位置し，一次消費者として植物プランクトンを食べていた．彼らは，ほとんど目に見えないがきわめて生産的な単細胞生物の世界と，大型動物の世界をつないでいたのである．中生代のあいだ，海生甲殻類は主要な掘穴動物で，長さ 2 m の立て穴を掘って深部の堆積物に空気を送り込み，ここを生息できる環境にしていた．陸上生態系では，節足動物は，一次生産者である植物の種まきと収穫両方で先導的役割を担っている．一部のハエや甲虫の幼虫（コガネムシ，scarabs など）は，大型脊椎動物が落とした糞の山を消費し，それによって土を肥やしている．ミツバチやチョウ，そのほかの昆虫類は，花を授粉し，その生殖に貢献している．（ペルム紀の昆虫類の腹に花粉粒が入っていたことが，化石記録によって示されている．）シロアリ（termites）は原生動物の鞭毛虫類を共生者とし，鞭毛虫類はさらに共生バクテリアを抱えている．両者は共に，木質とセルロースを消化可能な有機物質に変える生産的な工場を構成している．巨大な倍脚類と，絶滅した近縁種であるアルトロプレウラ類（arthropleurids）も，石炭紀の石炭林で同じ働きをしていたものと思われる．

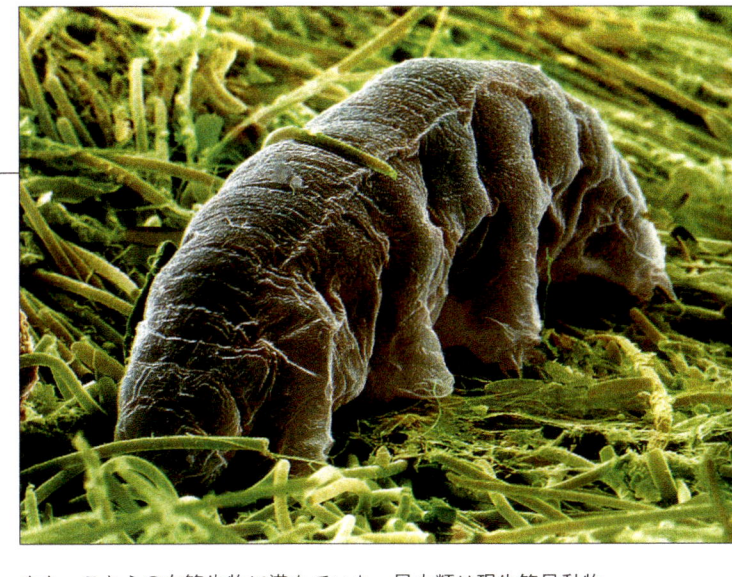

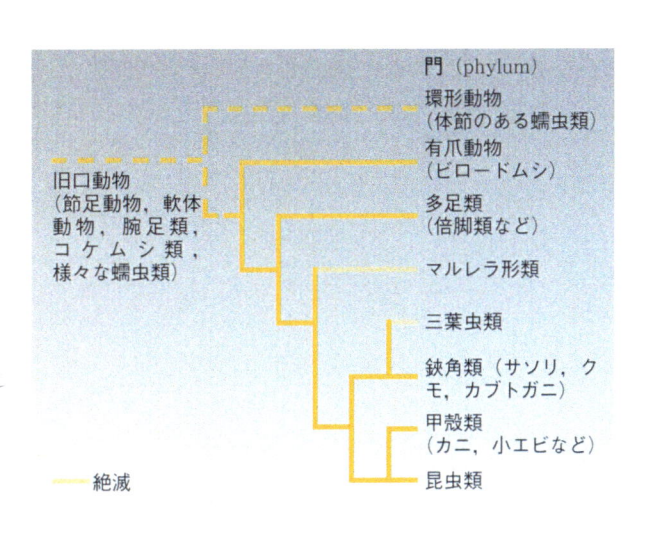

カンブリア紀

節足動物の分類

従来の考えでは，節足動物は環形動物の子孫とされていた．ところが最近，DNA 配列を比較した結果，節足動物は環形動物より頭吻動物に近いことが示された．カンブリア紀化石の一部には，頭吻動物と節足動物の中間的特徴を持つもの——アノマロカリス類や緩歩多足類——があり，分子データにぴったりあてはまる．

オルドビス紀

4億9000万年前から4億4300万年前

　オルドビス紀（Ordovician）は海水準が高い時代で，短期間だけ海水準の低下が認められる．ここから，極地の氷が解けたために変動が起きたと推測される．オルドビス紀中期には，陸地の露出はわずかしか残っていなかった．海水準の最高値は現在より100～225mほど高かった．これを上回る最高値は白亜紀にしか見られず，しかもその差はほんのわずかである．

　イアペトス海は閉じ始め，バルティカとシベリアがローレンシアにじりじりと近づくにつれて，新しくできた海洋地殻の大半を呑み込んでいった．タコニック造山運動により新しい領域が加わり，ローレンシアの東縁にそって大きな山脈が現れた．低緯度地域では浅海が広範囲を占めたおかげで，暖かく湿潤な気候が地球全体に広がったが，南方のゴンドワナは氷で覆われていた．海水準と海水の組成に加えて，大気の化学的組成も変化した．この時代の初めに二酸化炭素濃度が急上昇し，「温室」効果による地球温暖化が促進されたが，最後には再び著しい低下が起きた．

　オルドビス紀が承認されるきっかけとなったのは，二人の卓越したイギリス人地質学者，ロデリック・マーチソン（Roderick Murchison）とアダム・セジウィック（Adam Sedgwick）のあいだの論争であった．長年にわたってウェールズ地方とその周辺の調査をしたあと，マーチソンは1835年に記事を発表して，シルル系の概容を示し，シルル系上部とシルル系下部という二つの下位区分を設けた．同じ年，セジウィックとマーチソンはカンブリア系からシルル系への遷移に着目し，共著で論文を出した．しかし，著者の一人が岩石の記述に専念する一方で，もう一人が化石の特性描写にばかり気を取られていたので，やがてシルル系の最下部をカンブリア系の最上部に重ねてしまうはめになった．さらにマーチソンは，カンブリア系化石と断言できるものはないとまで主張した．マーチソンには名声と公的地位があったため，彼の同僚の大半がシルル系とする区分を受け入れた．

　ここで再びジョアキム・バランド（Joachim Barrande）の化石記載が問題解決に役立った．彼はシルル系下部の動物相をシルル系上部化石や始原（カンブリア系）化石から区別できていた．1879年，バランドのデータと，スコットランドとウェールズで自分自身が観察した結果を使って，チャールズ・ラプワース（Charles Lapworth）がカンブリア系とシルル系の両方を確認したが，かつてのシルル系下部は，北ウェールズの古代部族オルドビケス（Ordovices）にちなんでオルドビス系と改名された．

　オルドビス紀で最も目を引く事柄の一つは，海生動物相がすっかり再編成されたことである．カンブリア紀動物相はほぼ一掃され，より活動的で力があり，多様な古生代動物相がそれに置き換わった．この動物相はオルドビス紀の終わりの大量絶滅さえものともせず，以後2億5000万年にわたって海洋生態系を支配する．

現在，顕生代の二番目の紀に位置づけられているオルドビス紀は，最後に認められた．

キーワード
炭酸塩
頭足類
異地性テレーン
ヒルナンティアン氷河時代
オウムガイ類
古生代動物相
プレコルディレラ山系
貝殻層
珪砕屑物
タコニック造山運動
三葉虫類

オルドビス紀						
カンブリア紀	**490**（百万年前）	485	480	475	470	465
統			前期／下部			
統		トレマドック			アレニグ	
ヨーロッパの階	クレサジアン	ミグネインティアン	モリドゥニアン	ホワイティアンディアン	フェニアン	
北アメリカの階		アイベクシアン				ホワイトロッキアン
地質学的事件			イアペトス海が狭まり，レーイック海が広がる			
			アルゼンチンのプレコルディレラ山系のテレーン漂流			
			アヴァロニアがゴンドワナから分離して北方へ漂う			
気候／大気		温暖化と二酸化炭素の上昇				
海水準					上昇	
植物／動物	ストロマトライト類の減少	●最初のサンゴ類，コケムシ類，層孔虫類				

オルドビス紀の放散は，海生動物が地球全体で多様化し，属の数が4倍に増えた点にはっきり現れている．オルドビス紀のものとしては4500属が知られており，この数は顕生代全体の海生動物属の12％に相当する．当時の海生動物である有関節腕足類，棘皮動物，有孔虫類，軟体動物の二枚貝は，カンブリア紀よりもはるかにその数を増やしていた．頭足類，筆石類，キチン質浮遊生微生物，コノドント（conodonts）は，前の時代がまさに終わろうとするときに現れた．海綿動物の層孔虫類，サンゴ，コケムシ類，貝形虫類，それに一部の水生サソリ類や無顎類もオルドビス紀の海生動物である．その後見られる典型的な古生代グループの多様化も，オルドビス紀前期に始まり，この時代の後半に最高潮に達する．カンブリア紀動物相を代表する三葉虫類は再び増大し，無関節腕足類も再度多様化した．

多様化に加えて，全体の生物量も拡大した．この傾向は貝の集中度の増大に示されている．貝殻はオルドビス紀中期の基底で層序上の記録の重要な一部となっている．カンブリア系とオルドビス系最下部の貝殻層が薄いレンズ形だったのに対し，この時期には厚さ1mの貝殻層が出現した．オルドビス系下部と中部の境界を越えると，貝殻集合の組成が変わり，有関節腕足類と貝形虫類が三葉虫類に取って代わる．（有関節腕足類は，蝶番の歯とそれにかみ合う歯槽の付いた，二枚一組の貝殻を持っていた．）また，個体のサイズも大きくなった．カンブリア紀の軟体動物や腕足類で3cmの大きさに達するものはめったになく，たいていはその1/10しかなかった．しかし，オルドビス紀の腕足類は幅8cmにまで成長し，腹足類は直径20cm，一部の頭足類は長さ800cmにもなった．大型の石灰海綿動物とサンゴがつくる礁も，体の大型化に比例して大きくなった．

遠洋の水域や海洋底など，新しい領域はこうした新しい生活形によってすっかり開拓された．大型の個体が現れると，小型の種はその殻や枝の下により多くの空間を確保できるようになる．水と堆積物の境目の上下は，どちらも小群集の層に細かく区分され，異なる層どうしの食物争奪戦が軽減された．広大な縁海と炭酸塩棚が様々な群集を生み出し，地理的分化を促して地球的規模の多様化が進んだ．

オルドビス紀群集の多様化の原因としてはもう一つ，地域によってはっきり異なる動物相が分布したことが考えられる．三葉虫類，腕足類，アクリターク，コノドント，キチン質浮遊生微生物，筆石類などの数多くのグループが明確に区別されるようになったが，それは各々の生息場所に応じて，様々な基質，深さ，酸素濃度，水圧，水温に適応したからである．

参照
カンブリア紀：古杯動物礁，節足動物，捕食者
シルル紀：石灰岩とサンゴ礁，熱水
第Ⅲ巻，更新世：氷河時代サイクル

岩石層

ニューファンドランドのグリーン・ポイント（Green Point）はカンブリア紀とオルドビス紀の公式境界である．ここは，当時の海水準低下に影響を受けなかった数少ない地域の一つである．

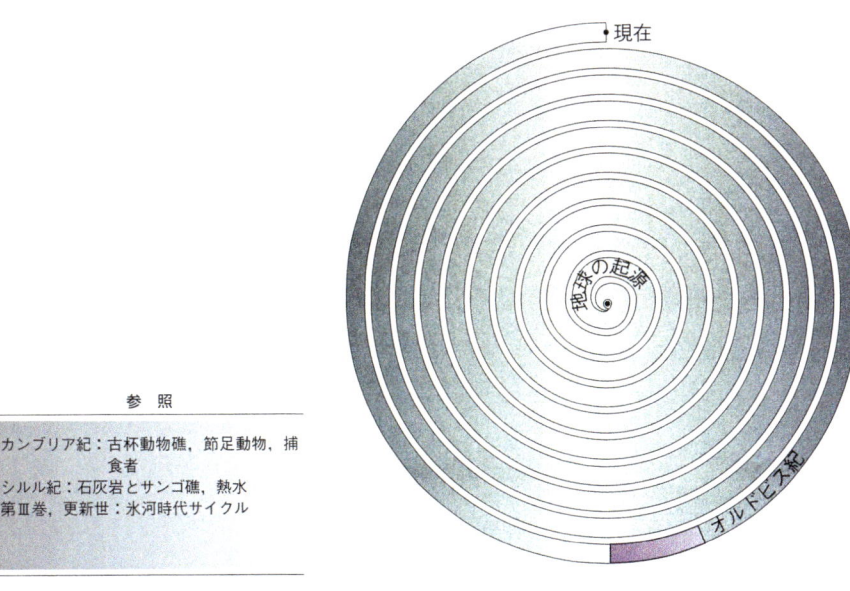

オルドビス紀	460	455	450	445	443 シルル紀
中期		後期／上部			
ランビルン		カラドック		アシュギル	
アベレイディアン	ランデイリアン	アウレルシアン	ケネイアン	ストレフォルディアン	ローティアン
			バレリアン	ブスギリアン	コートレイアン／ヒルナンティアン
	モホーキアン			シンシナチアン	
	タコニック造山運動；ローレンシアと弧状列島が衝突				
	ファマティナ造山運動；プレコルディレラとゴンドワナが衝突			ゴンドワナが南極を越えて移動	
	バルティカとアヴァロニアが衝突				
寒冷化と二酸化炭素濃度の低下				氷河作用	
低下				低位	
●最初の無顎類	●最初の陸上植物胞子	床板サンゴ・ストロマトライト礁		大量絶滅	

オルドビス紀

オルドビス紀の古地理については，次のような仮の復元図が作られている．北半球の，北緯40度以上には，パンサラッサ海（Panthalassa Ocean）という海洋があった．その結果，北の海流は閉回路を循環し，北半球の冷たい水が，熱帯地方の比較的温かい水と混じり合う機会はほとんどなかった．ローレンシア，シベリア，北中国，カザフスタンはばらばらの大陸で，熱帯地方に位置していた．ここでよく見られるのは蒸発岩（岩塩と炭酸カルシウム）であった．

> オルドビス紀の地球の大部分は温かい浅海に覆われていた．この時代，ローレンシアとシベリアの距離は1000km足らずで，イアペトス海は閉じようとしていた．

ローレンシアとシベリアでは造礁活動が盛んで，ここにも炭酸塩が広く分布していた．これらの大陸どうしの距離は1000km足らずだったらしく，よく似た温かい浅水を特徴とし，そのなかで頭足類や三葉虫類，腕足類，筆石類，コノドントが生息していた．南方の赤道海流はシベリアからローレンシアへ向かって流れていたようだが，弧状列島があったせいで，南へそれていたと思われる．

カザフスタンは二つの微小大陸に分かれ，東方で火山弧と境を接していた．現在のバハマ堆に類似した大きな炭酸塩海山系が，大陸斜面沿いに存在した．

深さや広さが様々に異なる海洋が，北中国，南中国，タリム（中国西部）のプレートのあいだにあった．中国のオルドビス紀動物相は，ローレンシア，シベリア，オーストラリアのものに近似している．それは，中国がこれらのあいだに位置していたからである．

南半球はゴンドワナに占められ，その突出部は北方の熱帯へ向かって延びていた．熱帯には，現在の南極大陸，オーストラリア，中東の大半と，中国の一部を含む巨大な陸塊，そしてさらに，現在のチリやアルゼンチンの一部が入っていた．温暖な気候帯は，イアペトス海（Iapetus Ocean）への近さに助けられ，西は南アメリカから東はバルティカまで覆っていた．寒冷な気候でできる珪砕屑物や冷たい水域の動物相は広範囲に分布し，ヨーロッパ中部と南部，北アフリカとその隣のアラビア，そして南アメリカの大部分で出現している．南極はアフリカ北西部に位置していた．

バルティカは南半球の中緯度地域にあって，北の方向へゆっくりと漂い，回転を伴っていた可能性がある．バルティカには，特徴のある三葉虫類や腕足類，筆石類，コノドントといった動物相が見られるので，隔離された大陸だったことがはっきりわかる．ここは，イアペトス海に広がる温帯と亜熱帯の東端にあたっていた．

アヴァロニアはゴンドワナを離れて北へ漂い，南緯60度あたりから南緯30度付近まで移動した．この地域で比較的速いプレート運動が見られることから，アヴァロニアとバルティカを含むプレートの境界で，顕著な沈み込みが起きていたと推測される．

オルドビス紀中期には，広域引張から広域圧縮への移り変わりがあったため，全体的な造構状態が劇的に変化した．ここで衝突が起きるあいだに，海盆の一部は高い山脈に変わり，海洋地殻の沈み込みの結果，新しい火山弧が出現した．いくつかの弧状列島がローレンシアの東端を縁取り，イアペトス海の奥にも一部の弧状列島が見られた．ローレンシア内のこうした弧の連続衝突は，オルドビス紀前期に北方で始まり，オルドビス紀後期の初めに，ニューイングランドでタコニック造山運動（Taconic orogeny）が起きたところで終わりを迎えた．

タコニック造山運動につながるこうしたプロセスは，現在，日本やその周辺で観察できる．重い岩石から構成される海洋プレートは，大陸プレートの下に引きずり込まれて，沈み込む．日本の鹿島海山が今，日本海溝のなかに姿を消しつつあるように，火山は分裂して深海周縁の海溝に少しずつ沈降する．大陸プレートと海洋プレートの衝突が起きると（後者は弧状列島を抱えている），火山噴火を通して大きなエネルギーが放出されるが，二つの大陸が衝突したときのような高い山は作られない．

大きな陸塊の位置はだいたい正確に推測できるが，小さめのテレーンの出現場所は謎である．こうした断片の一つが，南アメリカにあるアルゼンチン・プレコルディレラ山系であった．そこには南アメリカらしからぬ化石や地層が含まれているが，北アメリカのアパラチア山脈にはぴったり合う．周辺のオルドビス紀海盆の岩石が主として珪砕屑岩や火山岩であるのに対して，プレコルディレラ山系東部にはカンブリア紀からオルドビス紀の分厚い石灰岩層が含まれている．炭酸塩岩の存在と，三葉虫類やコノドント，腕足類がきわめて似通っている点から，プレコルディレラ山系とアパラチア山脈のあいだに近い関係があることは明らかである．

> アルゼンチンのプレコルディレラ山系は，謎の地域である．ここに含まれる化石は，南アメリカのほかの地域よりアパラチア山脈の化石との共通点が多い．

地球の特徴

オルドビス紀の地球はカンブリア紀の地球の特徴を受け継いでいた．北半球はパンサラッサ海が占め，一方，南半球には大陸が集まっていた．

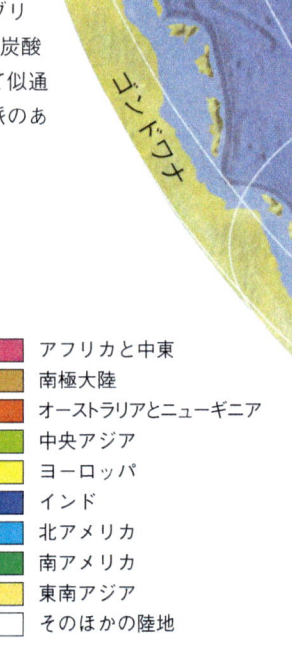

- アフリカと中東
- 南極大陸
- オーストラリアとニューギニア
- 中央アジア
- ヨーロッパ
- インド
- 北アメリカ
- 南アメリカ
- 東南アジア
- そのほかの陸地

古生代前期

前方に衝突の危険あり

ローレンシア，バルティカ，アヴァロニア，シベリアが互いに接近し，そのあいだにある海洋は狭くなってきた．大陸が近づき合ううちに，やがて，現在の大西洋の両側に，ほぼ連続した山系ができた．

ローレンシア

タコニック山脈

シベリア

イアペトス海

ウラル海

アヴァロニア

バルティカ

カザフスタン・テレーン

オルドビス紀

レーイック海

トーンキスト海

南極の氷冠

ゴンドワナはこの時代も最大の陸塊で，南極に位置していたことが主要因となって，氷冠が成長していた．現在の南極大陸と同様，大陸のまわりを循環する海流によって，この氷室は保たれていた．それと同時に，ゴンドワナ北部は赤道へ向かって延びていた．

PART 2

グレートスモーキー山脈

グレートスモーキー山脈は、アメリカ合衆国東部のアパラチア山脈の一部である。山脈を構成する岩石は、イアペトス海の背弧海盆に積もった堆積物である。かつては水平だった層が垂直になっているので、大きな弧状列島がローレンシアに衝突したせいで、海底が大陸に乗り上げて90度回転したことがわかる。

オレネルス三葉虫

三葉虫類のオレネルス・トンプソニ（*Olenellus thompsoni*）は、北アメリカのアパラチア山脈や、スコットランド南西部、スピッツベルゲン（ノルウェー）、アルゼンチンのプレコルディレラ山系で見つかる。その幅広で平たい体は、この場所を覆っていた低酸素の深海でも呼吸できるよう、よく発達した鰓があったことを示している。

オルドビス紀

1984年、アメリカ人地質学者ジェラルド・ボンド（Gerald Bond）とその同僚は、プレコルディレラ山系（Precordillera）がローレンシアに関係したテレーンである可能性を示唆した。このつながりを説明する根拠として、二つの主要なメカニズムが考えられている。第一のメカニズムによると、プレコルディレラ山系とアパラチア山脈は連続した山脈で、ローレンシアとゴンドワナがオルドビス紀に分離した際に切り離されたと想定される。第二のモデルは、プレコルディレラ山系は古代のメキシコ湾（オアチタ湾という名で知られる）から引きはがされた長い断片で、ゴンドワナに融合した結果、アルゼンチンでオルドビス紀中期のファマティナ造山運動を引き起こしたというものである。プレコルディレラ山系がアパラチア山脈の南に続いていたのだとすれば、どちらの地域でもカンブリア紀よりあとの動物相は等しいはずである。しかし、入手できた証拠によると、アパラチアの典型的な属の一部は存続しているものの、プレコルディレラ動物相はオルドビス紀前期にアパラチア動物相から分化している。カンブリア紀にプレコルディレラ山系が低緯度地域に位置していたことは、様々なデータから裏づけられている。カンブリア紀の地層からオルドビス紀の地層へ移行するところで、石灰岩を観察すると、海綿動物の豊富さと多様性に加え、層孔虫類や海綿動物の礁の豊かな動物相が認められ、ここがまだ低緯度地域の温暖な浅海で、温かい水中に生息するコノドントがたくさんいたことがわかる。

オルドビス紀前期の終わりから、黒色頁岩と暗色深海泥岩が浅海の炭酸塩と部分的に重なり始める。これらの堆積物と、冷たい水中に住むコノドントが出現する点から、寒冷化が起きたと推測される。オルドビス紀中期以降、冷水動物群集はますます顕著になる。オルドビス紀後期には、プレコルディレラの層序のほとんどが、海水準の低下に関係した珪砕屑物になる。ただし、中央プレコルディレラでは異常な冷水炭酸塩が目を引く。低緯度炭酸塩とは対照的に、このなかにはウーライト（oolite）や、温暖な中緯度地域の水中で発達したことを示す分厚い殻の大型生物はまったく含まれない。ここに関連した動物相はもともと温暖な陸棚炭酸塩に適応していた。そのなかで、高緯度のバルト地方の属が占める割合が増えていることから、プレコルディレラ・テレーンの位置が変わったものとして全体像を描くことができる。

オルドビス紀後期の初めには、プレコルディレラの腕足類と三葉虫類のいくつかは、ゴンドワナ動物相と明らかな類似性を獲得していた。その数は比較的少ないので、プレコルディレラ山系がまだゴンドワナから離れていて、西の外海につながっていた可能性も否定できない。オルドビス紀の終わりには、プレコルディレラの温帯動物相は、ゴンドワナのほかの周縁地域のものとほとんど区別が付かなくなった。ヒルナンティアン階のあいだに、プレコルディレラ山系とその東部の基盤は氷に一部覆われた。ドロップストーン（氷山が運んで落とした石）と巨大な氷礫岩（tillite）を伴う海氷が、その周辺に層をなして保存されている。（氷礫岩は、氷河性堆積物である泥、砂、礫、巨礫の混合体、氷礫土が固まってできた岩石である。）そのすぐ上にある頁岩とシルト岩には、寒冷なゴンドワナ地方によく見られるヒルナンティア（*Hirnantia*、腕足類）群集の貝殻化石床が含まれている。この頃には、プレコルディレラ山系はゴンドワナ（Gondwana）と一体化し、のちに南アメリカの一部となる。

北半球のオルドビス紀岩石は，まったく異なる物語を語っている．ここでは，大きな大陸塊が互いに近づき始め，現在のヨーロッパ西部と北アメリカ東部につながる一連の造山運動を引き起こした．大西洋の場所には一本の長い山脈があった．その起源がイアペトス海の弧状列島（その一部はタコニック造山運動でローレンシアに付加した）であることは，大洋底の遺物オフィオライトがアパラチア山脈北部と，やや不明確ではあるがイギリスやスカンジナビアにも存在することによって確かめられる．オフィオライトは大洋底から重い地殻が押し出されたもので，標本としては比較的珍しく，かつては海洋だったこと，そして衝突があったことを示す重要な指標になる．

> オフィオライトは岩石，コノドントは化石だが，どちらも，アパラチア山脈の基礎を築いたタコニック造山運動について語ってくれる．

ある種のコノドントはタコニック造山運動のあいだに消えてしまった．こうした事件においては，造山運動との関わりで新しく生じた海洋性玄武岩が，一部の希土類元素やその同位元素（ネオジム（Nd）の軽い同位元素など）のもとになった．このような同位元素は死んだ生物のリン酸塩骨格断片に蓄積されやすい．そこでコノドントの古生物学的調査をもとに，地球科学者ははるか昔の造山運動の証拠である同位元素を探し出す．

これらの事件の説明に役立つ化石や同位元素はほかにもある．イカの近縁の骨格断片であるベレムナイトは，形が温度計に似ている．たぶんそこからヒントを得たのだろう．ある科学者が，遠い昔に消えた海の温度を測るのにベレムナイトなどの石灰質化石を使い始めた．生物のなかには環境と平衡状態の骨格を作り，海水の同位体比を保存する種類がいるので，このようなことが可能なのである．

極地に氷冠ができるとき，この氷には主として軽い酸素同位元素（^{16}O：酸素 16）が含まれ，一方，そのほかの海水では重い同位元素（^{18}O：酸素 18）のほうが多くなる．生物は海水からこの重い同位元素を吸収する．カンブリア紀の海に比べて，オルドビス紀の海には，有関節腕足類がたくさんいた．その丈夫な石灰質殻は，同位元素の研究にとって申し分のない材料である．オルドビス紀腕足類化石の記録をもとに酸素同位体比曲線を描くと，地球の温度が全体的に低下していることがわかる．温度が最も低い時期は，顕生代全体を通じて最大級だった，オルドビス紀後期の氷河作用の時期と一致する．

南方で氷が発達し，ゴンドワナのかなりの部分が覆われたときに，タコニック造山運動が強まっている．これは，新たに露出した岩石の化学的風化作用が，大気中に蓄えられた二酸化炭素ガスの重要な除去源として機能していたからである．山が盛り上がると，温室効果が軽減される．もちろん，造山運動ばかりが地球寒冷化の原因ではなかった．オルドビス紀後期特有の地理も手伝って，南半球で地球海洋熱の極への移動が目立って増えたとも考えられる．もし，極が（ゴンドワナのような）超大陸の縁に接近していたなら，大気中の二酸化炭素濃度が高まっても氷河作用は起こりえたであろう．海洋の温度慣性のせいで，夏でも温度が氷点以上に上がらず，氷河作用の必要条件が満たされていたと思われる．

炭酸塩でも黒色頁岩でも，形成されるときに生物が二酸化炭素を使うので，大気中の二酸化炭素濃度は減少したであろう．また，地球の軌道上の位置が太陽から最も遠かったことが，氷河時代を引き起こすのに一役買ったとも考えられる．これらが全地球的氷河時代をもたらす十分な要因となった．

ここにも地殻変動の謎

大陸どうしが十分に近い距離にあると，両者を隔てる海洋が狭いため，動物の分散を防げなくなる．このような場合，化石より，ある短期間の岩石累層を調べるほうが，大陸の古位置を割り出すのに役立つ．タコニック造山運動に基づく火山活動によって，大量の灰がまき散らされたが，その厚さは発生源から遠ざかるほど減っていった．この降灰の程度を比較した結果，北アメリカとヨーロッパ（下部地球）は影響を受けたが，プレコルディレラ山系とアパラチア山脈の層位学的近さにもかかわらず，南アメリカ（上部地球）は影響を受けていなかったことがわかる．

■ ファマティナ造山運動とタコニック造山運動

火山灰堆積物の相対的厚さ
■ 厚い
□ 薄い

PART 2

氷河時代が極度に達したのはオルドビス紀最後のヒルナンティアンのあいだで、これと同じ時期に、顕生代全体で最大級の大量絶滅（mass extinction）が起きている。数多くの属が消滅し、多様性はオルドビス紀の放散が始まった頃のレベルにまで減少した。その上にかぶさるシルル系下部の地層では、やや貧弱で多様性に乏しい、小さめの動物相が回復している。優位を占めたのは小型の（5～8mm足らずの）腕足類である。小型で鋭い円錐型の腹足類（gastropods）、オウムガイ類（nautiloids）、三葉虫類も、散発的に数を増やしていた。マッチ棒大で葉状のコケムシ類は存在したが、礁は作っていない。モジュール性や単体性の大型サンゴ類は見られなかった。

> オルドビス紀の終わり、ヒルナンティアンに訪れた最大の氷河時代は、大量絶滅の時期と一致している。このときの絶滅は、顕生代全体で最大級であった。

絶滅は、50万～100万年ほどの間をおいて、二つの時期に起きている。ヒルナンティアン初めに起きた最初の絶滅期は、ゴンドワナの大規模氷河作用が始まり、それに続いて海水準が大きく下がりだした時期とほぼ重なる。第二の絶滅期は、氷河作用が終わって氷が解け、海水準（sea level）が上昇した時期に一致している。

大量絶滅の原因を、その時期に広がった氷河作用にのみ求めるのは単純すぎる。氷河作用の前からすでに、オルドビス紀の生物相が、海水準や海洋温度、海流の循環の変化によって環境からかなりの圧力を受けていたのは明らかである。ゴンドワナの氷床が成長したあと溶けた結果、気候が変化し、絶滅に決定的な力を及ぼしたのではないだろうか。動物相がどんどん特殊化し、狭い範囲の条件に適応するようになったことも、絶滅事件のもう一つの要因となった。一部の動物グループのあいだで万能選手は繁栄を続けたが、スペシャリストは排除された。スペシャリストが多くいた礁生態系はとりわけ、氷室環境に弱かった。

岩石と気候

氷河性岩石は寒い高緯度地域だったことを示している。礁炭酸塩が堆積するには温暖な気候が必要である。世界中に分布するこうした様々な岩石は、顕生代全期を通じて、気候帯が堆積と生物の分散に及ぼした影響を示している。

- 氷河が覆った範囲
- 氷河作用に関係のある岩石の範囲
- 乾燥地域
- 層孔虫類礁
- 現地の陸地の相対的位置

火山、同位元素、動物

火山が一回噴火しただけで、大量の灰が100kmあまりにもわたって大気中に放出される。この灰は気圏上部に散って、太陽放射の一部を宇宙へ反射する。このため、地球の広い範囲で何年かのあいだ、温度が数度下がる。オルドビス紀中期から後期に起きた大きな噴火（緑色）は、酸素同位体に記録されているような急激な温度低下を招き（黄色）、氷河作用と大量絶滅（紫色）を加速させた。

> オルドビス紀には大陸の多くは水をかぶっていた。この深さ9～18mの浅海で、礁が成長した。

世界の大部分の地域で、オルドビス紀前期の礁は生物学的観点から見て比較的単純だったようだが、新しい礁は徐々に複雑化していた。オルドビス紀前期の初めから中頃には様々な礁群集があり、少なくとも生物量の面では、それぞれ特定の生物が優勢を誇っていた。どの種が支配的になるかについては、現在の礁群集に働いているのと同じ環境要因が作用していた。それは温度、太陽光、酸素供給、海流の存在と強さ、環境攪乱の頻度、陸成流入物や栄養、食物供給の量、基質の性質、濁度、そして生物どうしの相互作用である。

長いあいだ地理的に大きく離れていたにもかかわらず、オルドビス紀前期と中期の礁はどれも驚くほど似ていた。こうして蓄積したものの多くが、大陸の奥に湾入した広大な内陸海に、点々と離礁を作ったと思われる。このような沿岸中心の礁は、ローレンシアやシベリア、北中国においてとりわけ豊富であった。

古生代前期

厳寒のアフリカ

オルドビス紀後期の中央アフリカは，この南極大陸の景色にそっくりであった．その太古の風景は，現在のアフリカで見つかる氷礫岩などの氷河性岩石と，そしてほとんど平らな地形に記録されている．氷河はどんなに硬い岩石も平らに削り取り，また，大量の氷はその下の地殻を全体的に押し下げる．現に，今の南極大陸は，極度の重みがかかるせいで，かなりの地域が海水準以下に沈んでいる．

温室と氷室

氷室から温室，そして再び氷室へと戻ったオルドビス紀の気候変動は，南極大陸の氷の核に記録されている．大気中の二酸化炭素（CO_2）濃度が高まると，「温室効果」が生じて温度が上昇し，さらに，海洋から取り除かれる二酸化炭素（CO_2）の量も増える．極地の氷冠が解けて海水準が上昇し，大陸に侵入して炭酸塩が沈殿する．地球温暖化は岩石の化学的風化作用を促進し，炭酸塩イオンが蓄積されて CO_2 溶解度が下がり，それにしたがって，炭酸塩補償深度（CCD）が下がる．しかし，風化作用が加速して大気から CO_2 を取り除いていくうちに，このプロセスはいずれ逆転し，氷室状態が生じる．すなわち，海水準が低下して，CCD は上がり，表面流去が増えて，栄養素利用可能性とプランクトンの生産性は上がる．

オルドビス紀

こうした礁に関係した堆積物には，粒子サイズがほどほどにそろっている例から一様な例まであり，高エネルギーの堆積物が伴う場合もあった．ここから礁は，標準波浪限界の近くかその下だが，平均的な暴風時の波浪限界よりは浅い場所にあったことがわかる．現在の大陸棚も大半が同様の環境下にあり，暴風時の波浪作用は水深 100 m 以上に達するが，表面波の影響がはっきり及ぶ最大水深は 10 m である．波浪時に礁生物が最も被害を受けるのは，水深 25 m 以上である．オルドビス紀の塚に見られるような大量の海綿動物断片が集積するには，海綿動物–シアノバクテリア礁（sponge–cyanobacterial reef）が，水深 10〜20 m 程度の，かなり浅い水中で発達する必要があった．この水深は，現世のろ過摂食海綿動物の分布域にあたる．

当時の礁はすべて，高さが 0.5〜1.8 m，直径 1〜7 m の小さな集積物であった．ただし，もっと大きなサイズに成長した塚もなかにはある．最も重要な構成素は，石質普通海綿（lithistid demosponge，塚の体積の約 50 ％を占める），ソアニティド類（soanitids），石灰シアノバクテリアであったが，オルドビス紀中期までの層孔虫類（stromatoporoids）やコケムシ類，その他様々な生物も，礁の集積に部分的な影響を及ぼしていた．

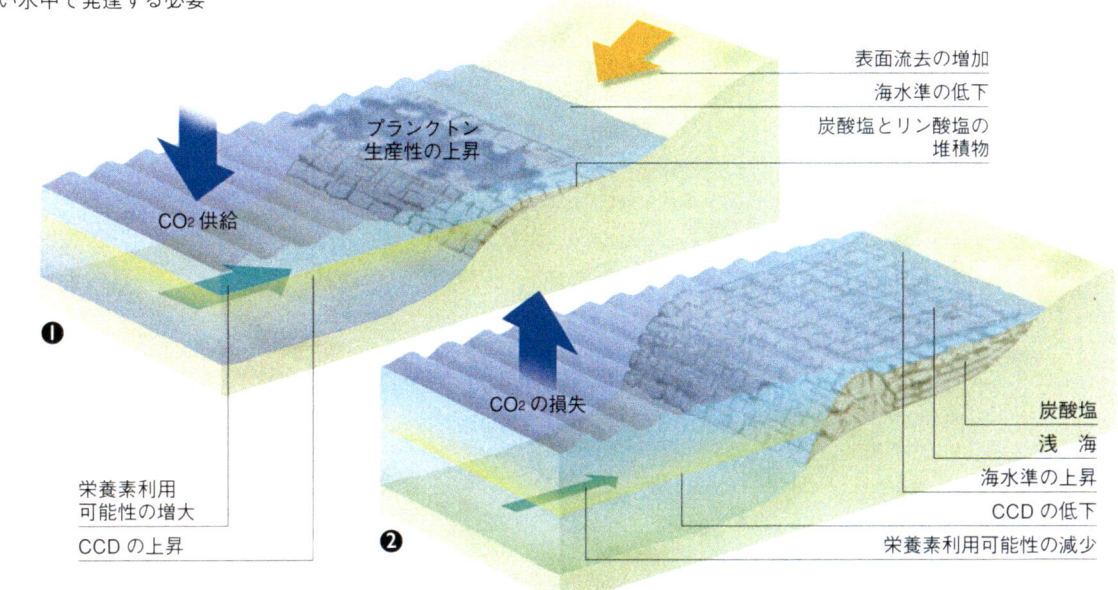

オルドビス紀の礁群集の主要グループ二つには，カンブリア紀の先駆者が存在した．石質普通海綿は，先に現れた仲間の古杯動物に似ているが，その石質骨格は石灰質粒ではなく，針状の珪素質（骨片）からできていた．骨片は融合し，ほぼ石化した硬い枠を作った．これは中程度の波浪作用では壊れないほど丈夫にできていた．ソアニティド類（カラティウム，*Calathium*）はカンブリア紀最大の造礁生物ラディオキアスの子孫と考えられる．その枝状骨格はバラの花のように花弁がたくさん重なった形のロゼット構造をしていて，向かい合わせのロゼットはそれぞれ茎でつながっていた．外側のロゼットは合体して骨格の外壁を作り，内側のロゼットは融合して内壁を作っていた．

ソアニティド類（soanitids）には一つのロゼットにつき4本の腕があり，菱形の板に覆われていた．ソアニティド類から進化してペルム紀に絶滅した，レセプタクリテス類（receptaculitids）ではついに，この板が連続した一枚の覆いになっている．これらに類似した生物は現世には存在せず，また，その構造も，体の開口部が極度にすぼまった形も，現生生物で再現されてはいない．ただし，食性はわかっていないものの，生活様式の面では，多孔性のラディオキアス（radiocyaths）とソアニティド類は海綿動物に近いかもしれない．

小さいが多様なカンブリア紀前期の礁動物たちが消えると，カンブリア紀中期から後期には，石灰シアノバクテリアが礁群集を引き継いだ．そしてオルドビス紀に，有骨格動物による新しい造礁時代が始まった．これらの礁はたいていカンブリア紀の塚より大きく，群集の遷移もよりはっきりと現れている．つまり，前の群集が環境に変更を加えて（基質を強化し，硬い枠組みを作るなどして），あとに続く生物により適したものに——往々にして自分には不都合なものに——するのである．

礁は環境に変更を加え，より多様な群集が発達して跡を継ぐのを助ける．

生態的遷移の始まりは安定化期で，この期間にウミユリ群体が基質を安定化した．コロニー形成期には通常，相互に連結した石質普通海綿とソアニティド類によって，石化したウミユリの細礫の上に礁が作られた．礁が成長するにつれて，水中での位置が高まり，その表面がたくさんの種に適した生息場所を提供するので，群集全体が多様化した．

この多様化期に，石灰シアノバクテリアが群集に加わり，できあがった枠組みを結びつけた．シアノバクテリアがほかの生物を抑圧すると，支配期が始まった．問題の原因がシアノバクテリアにあったわけではない．礁が成長し続けると海水面に近づき，水深が極端に浅くなって，高エネルギーで変動の大きな環境になり，ほかの種は生きていけなくなったのである．この段階が支配期と呼ばれるのは，種類はほんの少しだが，やたらに数の多い生物が群集を支配していたからである．最後に，塚が水路で分断され，堆積物に埋まると，これまでのサイクル全体が再び繰り返された．

オルドビス紀の放散によって，ほかの生息場所と同様，礁も複雑さを増した．ほかの自然群集の多くがそうであるように，礁を構成する生物も相互に影響を及ぼし合っている．見かけの似ている種は簡単に入れ替わり，群集は移ろいやすくなる．オルドビス紀中期の終わり以降，古生代の礁群集には，コケムシ類，ずっしりと石灰化した様々な海綿類（層孔虫類とケーテテス類（chaetetids）），サンゴなど，多種多様な新しい造礁生物がいた．枠組みを作る生物が加わったおかげで，以前の礁の特徴であった海綿動物-微生物構造とはまったく異なる方法で集積がなされるようになったが，それはむしろシルル紀の話である．

そのほかにも，頭足類，腕足類，棘皮動物，腹足類（固着性に近い巻貝，マクルリテス（*Maclurites*）など），多板類，三葉虫類を含めて，いろいろな生物が，数の多少はあれ，オルドビス紀の礁に存在した．

第一歩

通常，礁の基盤は腕足類—ウミユリが定着すること（左）で作られた．たくさんの方解石元素からなるウミユリの骨格は，死後，広大な粒状基盤になった．これらの骨格要素は急速に石化し，また，もっと耐久性のある腕足類の殻は，それ自体が格好の基盤となった．

オルドビス紀の礁

オルドビス紀の礁（下）には，カンブリア紀造礁生物の一部（石灰シアノバクテリア）が残っていた．このギルドに，サンゴなどの新メンバーが加わった．現生種のサンゴは別のグループに属しているが，サンゴはこの時代から急に数を増した．ウミユリ類と腕足類は古生代のあいだに礁の生息者として広く分布するようになったが，中生代に減少した．

1 ストロンボリス（バクテリアが沈殿した泥）
2 レナルキス（石灰シアノバクテリア）
3 リケナリア（床板サンゴ類）
4 三葉虫類
5 ウミユリ
6 オルシス類（腕足類）
7 マクルリテス（固着性腹足類）
8 ホモイオステレア類（棘皮動物）

オルドビス紀

三葉虫類を最近の様々な生物と比べると，最も近い種類は節足動物（小エビ，ロブスター，そしてもちろん昆虫類，クモ類，倍脚類，そのほか類似の生物）にいそうな気がする．もっと細かく比較すれば，小エビやロブスターが酷似していることがわかる．ロブスターの体は，目の付いた頭甲と体節のある胸部，そして三葉虫類の尾板に外形が似た，尾部に分けられる．三葉虫類との比較を続けると，ロブスターはさらに，複数の関節がある触角と，爪，数対の歩脚，複雑な大顎を持っている．

> 三葉虫類は一見，「頭でっかち」に見えるが，これはただの大きな胃袋である．

海底の泥がくずれて三葉虫類が生き埋めになると，完全な標本ができる．通常の化石化環境では保存されない特徴も，この種の化石では調べることができる．三葉虫類は，生きていたときには信号を受容器（脳）に伝える複関節の触角を一対，二枝型付属肢を数対，そして腸を持っていたようである．こういう構造から，付属肢の下枝を使って海底をはい歩くことができた．付属肢の上枝は平らで長い繊維から構成されていて，この繊維どうしがぴったりくっついて扇形の薄板を作っていた．この扇は呼吸用の鰓の役目を果たした．

三葉虫類には爪も大顎もなかった．ここから，三葉虫類は，歩脚の内側関節の下端を覆う丈夫な棘を使って獲物をつかまえ，砕いていたと推測される．この関節は，食べられる程度に軟らかく刻んだ獲物を口へ送るのに都合よくできていた．口は頭部の下にあって，後ろ向きに開いていた．餌を食べた直後に即死した三葉虫類には，胃から尾軸の後端まで走る消化管が保存されていた．

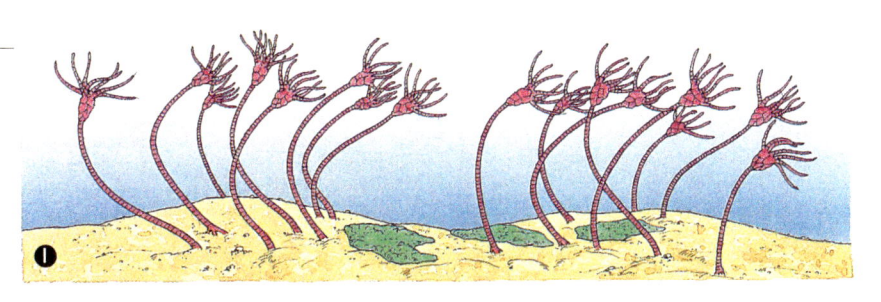

現世のロブスターのなかには，爪を閉じるときに800ニュートン（約82 kgf）という力を生じる種類がいる．足の指も切り落とせるほどの威力である．ロブスターがこのような力を必要とするのは，ムラサキイガイや巻貝の分厚くて硬い殻から軟らかい体を取り出すためである．こうしたごちそうは，動く影に気づくと，殻や蓋をしっかりと閉じてしまう．そこで強力な爪を缶切りとして使う必要が生じるのである．

このような殻を三葉虫が砕くのは至難の業だったにちがいない．いずれにせよ，二枚貝も巻貝も三葉虫類の繁栄期にはきわめて小さかったので，腹にためこむのはもっと容易であった．三葉虫類は餌をまわりの泥ごと腹に入れ，安全な泥のなかに身を落ち着けてからゆっくりと消化したのである．三葉虫類の胃が非常に大きく目立っていた理由はここにある．

三葉虫類は，ゆるい堆積物に大きめの動物（硬い外被を持たない）が潜っていると，決して見逃さなかった．こうした堆積物の表面が短時間で固まると，生痕化石が保存され，狩りのドラマの全容を，4億5000万年以上ののちに復元することができる．ある場所で，蠕虫に似た生き物がきゃしゃな体を波打たせ，堆積物のなかにまっすぐな筒状のトンネルを掘っていた．この蠕虫の潜穴を横切るように，三葉虫類が，触角で海底を探り痕跡を残しながら移動する．三葉虫類は，頭甲の鋭い尖端で泥をほぐしながら蠕虫に襲いかかり，（身に危険が及んでいることにまだ気づいていなかった）蠕虫を棘の付いた関節で挟み込む．そして生きたまま口へ送り始めた．この全体の痕跡を，三葉虫は，掘り返された堆積物に残した．そして泥がゆっくりとその上に積もった．

造礁

造礁（上）はウミユリ（1）の定着から始まることが多かった．海底に固着したウミユリの骨格は，バラバラになって基質の安定化を助けた．コロニー形成期には，球状のレセプタクリテス類や，コケムシ類，単体性のサンゴが最初の枠組みを作った（2）．多様化期（3）には，大型のサンゴを含む様々な造礁生物が貢献していた．

オルドビス紀

PART 2

三葉虫類の視覚器官はロブスターのものとは違っていた．たくさんのレンズがあり，大きく膨らんだトンボの複眼によく似ていた．一個一個のレンズ（一つの眼につき全部で1万5000個のレンズがあった）は拡大鏡になっていた．三葉虫類が成長するにつれて，眼も大きくなり，視野は30～90度へと徐々に拡大した．眼の内側に入った光がほぼ同じ相対距離にある焦点に集まるよう，レンズは配置されており，頭のなかには光を感知する器官があったと思われる．進んだ種類の三葉虫類の眼には，現生のカエルの眼に比べて10倍の解像力を持つレンズが付いていたと推測される．さらに，一つの眼のなかで隣り合うレンズを利用して，立体映像を得ることもできた．ハイウェーパトロールの速度測定装置は，連続パルスを発して，走行中の自動車の速度を測定するが，それと同じように，視野の特定領域を覆って隣接する一対のレンズが，それぞれの網膜上で，通過する同一の物体を拾い上げることができた．対象物が三葉虫類に近づく，あるいは遠ざかっていくときには，どの時点でも，隣接する網膜の映像を比較すれば，その距離を推測できた．横方向への動きは，（速度測定装置のように）時間に間を置きながら比較すれば探知できた．レンズと同様，神経伝達系も高度に進んでいたなら，こうした複雑な器官を前述のように機能させることができたであろう．もちろん，三葉虫類の眼は光度が低い薄暗がりでの生活にうまく適応しており，ほとんど真っ暗闇のなかでさえものを見ることができる種類もいた．

三葉虫類の敏感な触角が獲物を探すのに便利だったとすれば，眼は，逆に，他者の餌食にならずにすむよう役立った．ある種の三葉虫類の眼は硬い柄につながっていた．そうすると，泥に完全に身を埋めて，潜望鏡型の眼だけ出すことができた．別の種類の三葉虫類はその眼を使ってタイミングを見計らい，しっかりと身を丸めて，どんな捕食者でもほどけないほど硬く棘のある球になった．

三葉虫類の眼は，脱皮の際にとりわけ重要であった．成長するためには，体の軟らかい部分を完全にさらしたまま，硬い外骨格をときどき脱ぎ捨てなくてはならなかった．脱皮のあいだ，古い外骨格は体表にはっきりと現れた縫合線にそって分裂した．節足動物が死ぬのは，80～90％が脱皮中である．脱皮の最中は餌食になりやすく，また，成長が速すぎたせいで自分の骨格から抜け出せなくなる場合もある．三葉虫類の種類によって異なるが，一生のうちに脱皮する回数は8～30回で，脱皮のたびに胸部の体節で一つか二つ分長くなった．

ときには，数 m^2 の石板1枚の表面に，同程度の大きさの三葉虫類外骨格が数百個も見つかる場合がある．現世の海生節足動物にも類似の例が認められることから，このように密集しているのは，季節周期の脱皮や生殖を含めて，特定段階で群をなす種の行動パターンが原因と思われる．

三葉虫類の眼には それぞれ1万5000個の レンズがあり， 潜望鏡のような 柄が付いている ものもあった．

三葉虫類の眼

三葉虫類は，それぞれに1万5000個ものレンズがついた複眼を持っていた．鋭敏な視覚が獲物探しや防御で有利に働いたおかげで，三葉虫類は恐竜類より長く存続できた．

三葉虫類の生活様式

体の造りは単純だが，三葉虫類は様々な生活様式に適応していた．軽い骨格のものは水柱のなかを浮遊し，自分より小さな動物プランクトンをつかまえた．底生三葉虫類は海底をはい歩き，見つけたものを手当たり次第食べた．また，強力な棘付きの付属肢を持ったものは，潜穴蠕虫類を餌にした．礁の三葉虫類のなかには，まさしく礁の居住者となったものもいた．基質に落ち着き，ほとんど動かないろ過摂食者となったのである．

オルドビス紀

漂泳性（自由に遊泳する）
三葉虫類
1　カロリニテス
2　イルヴィンゲラ

底生（水底で生活する）
三葉虫類
3　イソテルス
4　トリアルトルス
5　アカステ
6　コノコリフェ
7　完全に丸くなった三葉虫類（アカステ）
8　脱ぎ捨てられた皮と砂に残る痕跡

三葉虫類の生息地

三葉虫類やほかの動物たちの生息域は、海洋によってはっきり分離されていた．古赤道付近のローレンシアやシベリアの沿海は、礁がたくさんある温かい海で、ここには棘を持つバチウルス類 (bathyurids) がいた．同様に温かいが、遠く離れたゴンドワナの海（南中国、オーストラリア、アルゼンチン）には、アサファス類 (asaphids)、ダルマニテス類 (dalmanitoids)、レイオステギウム類 (leiostegiids) がすみ着いていた．バルティカは、別のアサファス類の生息域になっていた．ゴンドワナの高緯度地域（ヨーロッパ南部、アラビア）は、大型のカリメネ類 (calymenoids) とダルマニテス類に占領されていた．ローレンシアとゴンドワナの両方に広く分布していたのは、深海生のオレナス類 (olenids) だけであった．

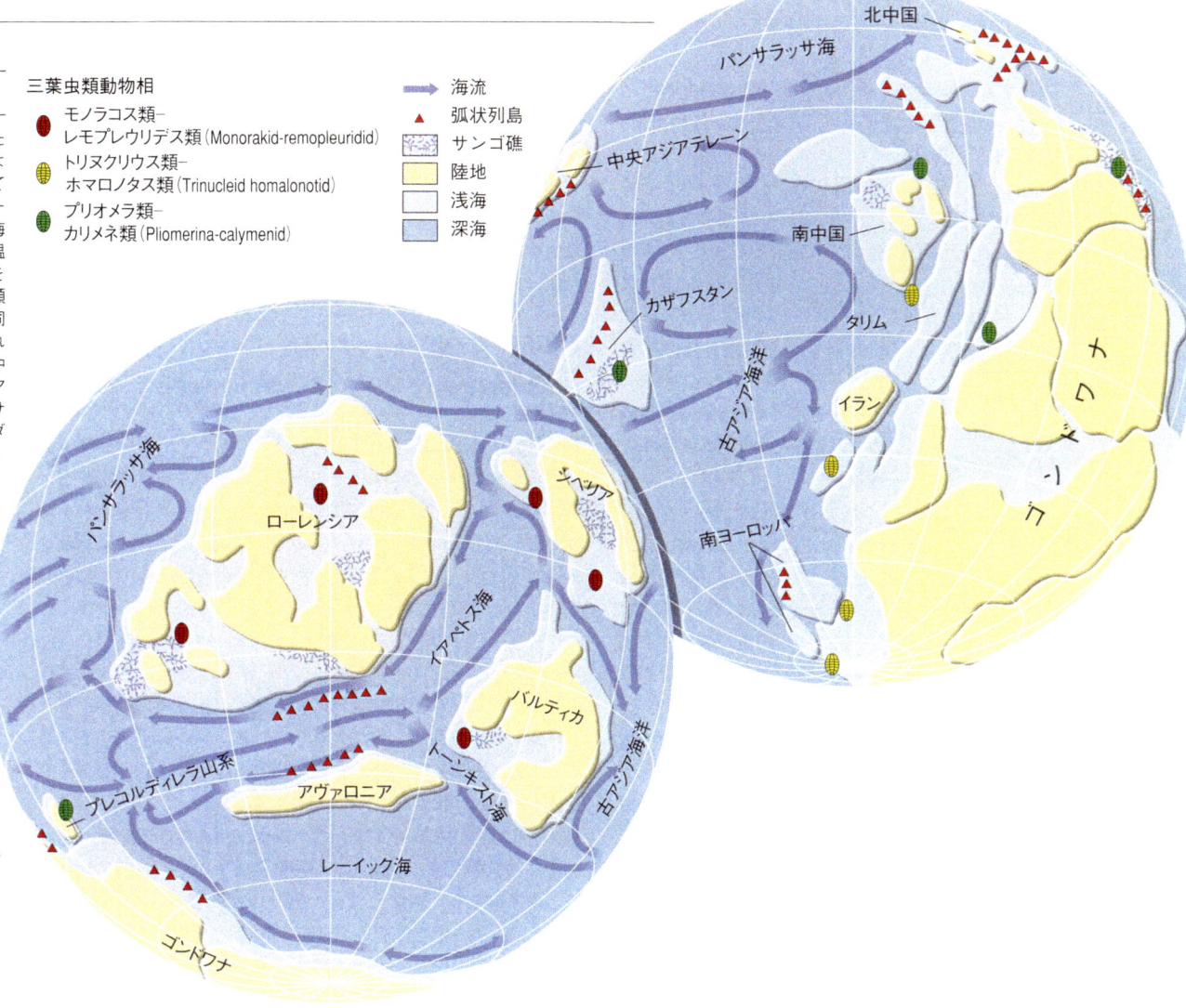

三葉虫類動物相
- モノラコス類−レモプレウリデス類 (Monorakid-remopleuridid)
- トリヌクリウス類−ホマロノタス類 (Trinucleid homalonotid)
- プリオメラ類−カリメネ類 (Pliomerina-calymenid)

- → 海流
- ▲ 弧状列島
- サンゴ礁
- 陸地
- 浅海
- 深海

視力が向上し、古くて窮屈な骨格を脱ぎ捨てる能力が進んで、時間の無駄なく脱皮ができるようになったことは、カンブリア紀前期に始まりペルム期前夜の大量絶滅で消滅した三葉虫類の長い歴史において、必要不可欠な特徴となった．これらの特徴のおかげで、三葉虫類は頭足類などの捕食者から逃れることができたのである．

頭足類（「頭の足」という意味）は、現世の海にすむ軟体動物としては、それほど眼に付く存在ではない．二枚貝や腹足類（「腹の足」という意味）のほうがはるかに多様である．そのうえ、これらは河川や湖沼にもすみ着き、カタツムリなどは陸上にもはい上がっている．全体として、軟体動物は、節足動物に次ぐ大きな門である．ただし、最も進んだ軟体動物と言えば頭足類をおいてほかにない．頭足類は「海の霊長類」とさえ呼ばれている．（陸の霊長類はヒト、類人猿、サルである．）最も原始的な軟体動物は、最初から殻のない無板類 (aplacophorans,「板を持たない」という意味．現生種のナメクジは二次的に殻を失った)、多板類 (polyplacophorans,「たくさんの板を持つ」)、そして単殻の単板類 (monoplacophorans,「1枚の板を持つ」) である．

小型の単板類様動物は一般に、頭足類の祖先と考えられている．出現したのはカンブリア紀後期で、最初の遺骸は、現在の中国北部になった大陸断片から見つかっている．カンブリア紀がまさに終わろうとするとき、頭足類はすでに多様性の最初のピークを迎えていたが、これらはほとんど同じ地域に生息し、長さ十数 cm の小さめで単純な殻を持っていた．頭足類が生息域を大きく拡大し始めたのはオルドビス紀で、以来、種類や数を着実に増やし続けている．

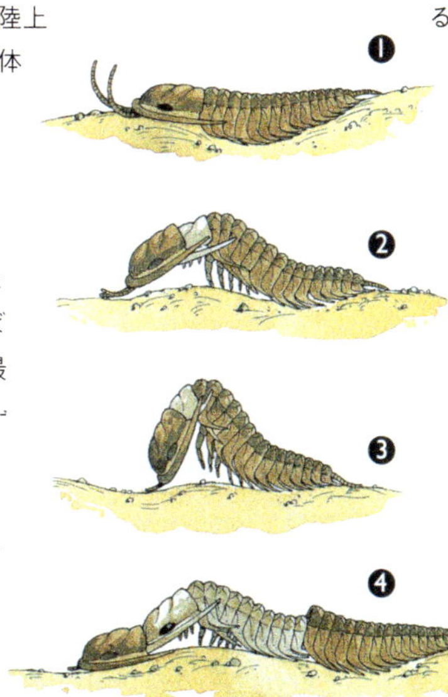

頭足類 (cephalopods) が繁栄し数を急に増やした背景には、二つの特徴があった．その一つは小室に分かれた殻で、これはよくできた静水力学装置として働き、効果的な浮力をもたらした．また、ジェット推進システムにもなるおかげで、頭足類はきわめて動的な動物になっていた．さらに、かなり発達した脳と、その脳につながる大きな眼は、主として食肉性の遊泳動物である頭足類にとって、重要な狩りの道具であった．哺乳類と頭足類の眼の構造が驚くほど似ているのは注目に値する．どちらの眼にも角膜、レンズ、網膜があるが、その起源は大きくかけ離れている．

軟体動物はまた外套膜を持っている．外套膜は殻の内側を覆う体壁のひだで、殻の成分である炭酸カルシウムを分泌する．殻の形は基本的に円錐型で、隔壁によって複数の室に区分されている．一つ一つの隔壁には開口部があり、後部の体側から伸びた管（連室細管）が殻全体に通っている．この連室細管を使って室内の気圧や液圧を調節し、潜水艦のように、海面への上昇や潜水を繰り返すのである．ジュール・ヴェルヌの古典小説『海底二万里』でネモ艦長が指揮する潜水艦は「ノーチラス」号というが、外殻を持つ最後の現生頭足類がそれと同名（*Nautilus*）であるのは、偶然の一致ではない．（ノーチラスとは「小さな船」の意味．）

> ときに「海の霊長類」と呼ばれる頭足類は、古生代の海で最も有力な捕食者の一つであった．

三葉虫類の脱皮

三葉虫類はいくつかの段階を経て外骨格を脱ぎ捨てる．(1) 海底に伏せて、筋肉を収縮させる．(2,3) 背甲を弓なりに曲げて、頭部の周辺に亀裂を作る．(4) 頭部にあるほかの縫合線によって古い頭部が数個の小さな断片に分裂し、頭が脱げやすくなる．ここが大きく進化した点であった．

オルドビス紀

PART 2

オウムガイ類（nautiloids）の体は一番最後の住房に入っていて、そこから、大きな眼と鋭いくちばし状の顎が付いた頭、たくさんの触腕、そして漏斗が突き出ている。外套膜の腹部の筋肉を力強く収縮させることによって、オウムガイ類は漏斗にジェット推進力を生じ、後ろ向きにすばやく動く。カンブリア紀オウムガイ類の多くは、底生の浮泥食者や海底をはう腐食動物だったと思われる。室に分かれた浮揚力のある殻は、移動の労力を減らす浮きとして利用された。

> オルドビス紀のオウムガイ類が生息域を拡大できたのは、殻の造りが多種多様であったからで、あるグループでは殻の長さが 6 m にまで成長した。

オルドビス紀のオウムガイ類が繁栄したのは、殻の使い方が様々に異なっていたからである。アクチノセラス類（actinoceratids）とエンドセラス類（endoceratids）は、連室のある長くまっすぐな殻を持ち、底部に石灰質の詰め物があるおかげで、海底を離れて水平に動くことができた。エンドセラス類のなかには、直径が 30 cm 足らずという狭さのままで、長さが 6 m 以上に達したものもいた。オルソセラス類（orthoceratids）とエンドセラス類はそれぞれ 10 本の触腕を持つが、オンコセラス類（oncoceratids）は現生オウムガイ類（nautilus）と同様、頑丈な触腕を数多く備えていた。その殻は壁が厚くて装飾があり、室はかなり狭かった。このような重い動物はゆっくりとはいまわるだけで、ほんの短い時間しか水中に浮遊できなかった。

アスコセラス類（ascoceratids）は一つの生活環のあいだに数回、殻の形を変えた。幼時のアスコセラス類は、幅広の円錐型をした小さな殻を持ち、パラシュートのように海中を浮遊した。新しい室が加わると、殻は棒状になり、アスコセラス類は海底へ降りた。あとから付け加わった室は平らな形をしていたので、殻全体は、膨らんだ薄壁の袋から棒状部分が張り出しているような形になった。この端の部分がやがて折れて取れると、再び浮き上がることができた。

オルドビス紀のあと、オウムガイ類とその近縁であるアンモナイト類（デボン紀から白亜紀に繁栄した）は、硬い顎と平面らせん状に渦を巻いた殻を獲得した。この形は活動的な遊泳により適していた。中生代の頭足類は徹底した流線型の殻を持つ動物に進化したが、これさえも大きなハンディキャップであり、重い外殻をまったく持たない種類なら背負わずにすむ障害であった。外殻を持たない種類としては、三畳紀から白亜紀にかけてのベレムナイト類（belemnites）、イカ類（ベレムナイト類の子孫）、コウイカ類（cuttlefishes）、タコ類（octopuses）が挙げられる。これらはアンモナイト類から進化したと思われる。イカ類は毎秒約 15 m（30 キロノット相当）に達するスピードで疾走する能力を持ち、このスピードに達したあとは、45 m までジャンプできるが、一方、外殻を保ったままのオウムガイ類は、最高でも毎秒 0.5 m（0.5 ノット）のスピードでしか泳げない。現世の海に残っているオウムガイ類は 5 種ほどであるが、内殻を持つ頭足類は数百種を数え、よくできたデザインであることが証明されている。

オルドビス紀の成体オウムガイ類は、鮮やかな色の殻に入って浅い（水深 200 m 以下の）内陸海をゆっくりと航海していた。泳ぎの名手とはほど遠く、機敏に動き回れなかったので、難なくつかまえられるほど弱った、あるいは死んだ軟体の動物を探した。このような餌は、現在のロシアにあるシルリアン・プラトー（Silurian Plateau）のレニングラード地域（現在の

頭足類の世界

初期の頭足類はあまり泳ぎが得意ではなかった。缶型の殻に入ったアスコセラス類（ascoceratids）は、水柱のなかを受動的に漂っていた。流線型のオルソセラス類（orthoceratids）はもっと泳ぎがうまかったが、長いあいだ底生生物のままであった。平らな円錐型のアクチノセラス類（actinoceratids）は現世のカレイ・ヒラメ類のように海底を滑走できた。頭足類が海底を離れることができたのは、オルドビス紀中期に渦巻き型の殻が現れてからである。最後の現生オウムガイ類は今でもこの形を保っている。

1 ヘラクロセラス（バランデオセラス類オウムガイ類）
2 オルソニビオセラス（アクチノセラス類）
3 マンダロセラス（ディスコソルス類オウムガイ類）
4 ゴニオセラス（アクチノセラス類）

古生代前期

オウムガイ石灰岩
オルドビス紀とシルル紀には，直錘型のオウムガイ類が数多くいたので，その遺骸が密集した貝殻層が形成された．この貝殻層（左）はサルデーニャ（Sardinia）にある．太古の頭足類は大きな群をなして泳いでいた．

エストニオセラス
(*Estonioceras*)

エストニア（Estonia）のオルドビス紀中期の地層から産出したエストニオセラス（上）は，渦巻き型の殻を持つ最初の頭足類，タルフィセラス類（tarphyceratid）である．直径は小さく（4 cm），平らな形をしていることから，遊泳に適応していたことがわかる．渦巻きを作ることで殻が強くなり，平らに並べられた室によってさらに浮力が得られた．

ウニ類（sea urchins），ウミユリ類，ナマコ類（sea cucumbers），そして蛇尾類（brittle stars）の5種類である．オルドビス紀には，レニングラード地域だけで約12綱が存在した．脊椎動物の祖先ではないかと何度か提案されたことのある，自由生活のホモイオステレア類（homoiostelean，「等しい柱」という意味）は，平らで非対称的な体を持ち，前後に一本ずつ，尾のような付属肢を生やしていた．これを使って基質に巣穴を掘ったのか，それともウミユリ類にしがみついたのか，推測するのはほとんど不可能である．蛇函類（「蛇とドーム構造物」という意味）は，現在の蛇尾類のように腕を使って歩いていたのかもしれないが，上下を逆にして，杯状の体にろ過摂食用の腕が渦を巻いているように描いた，別の復元図もある．

ボルボポリテス類（bolboporite，「多孔性の塊茎」）は，小型の原始ウミユリ類（高さ1.5 cm）という再解釈がなされた．この動物は1本の指板と，硬い塊茎状のがくを持っていた．典型的な原始ウミユリ類（「あけぼの」と「ユリのような」）は，長い柄でふらふらと立ち，長い指板の束を使って，水流に運ばれてくる食物をとらえた．しかし，なかにはしっかりとした固着器で直立したキュウリのように見えるものもいた．

ウミユリ類（sea lilies）はさらに長い茎と腕を持っていた．腕の1本1本に溝があり，それにそって管足が食物粒子を口へ運んだ．パラクリノイド（paracrinoid，「ウミユリ類に近い」という意味）にはレンズ型のがくがあり，ヤマアラシの針さながらに腕が突き出ていた．菱孔類（rhombiferan，「菱形を持つ」）は，ダイヤモンド型の板を釘で打ち付けた貯水塔のような形をしていた．また，俗に「水晶リンゴ」とも呼ばれている．

これら有柄棘皮動物（echinoderms）はすべて，海底より上で異なる層を占め，別々の位置で水流から食物をろ過摂食していた．単細胞のプランクトン藻類グロエオカプソモルファ（*Gloeocapsomorpha*）はとりわけ豊富にいた．近くのエストニアでは，深めの海盆にオイルシェール（kukersite）が堆積しているが，そこに含まれる大量の有機物質がこのグロエオカプソモルファである．

サンクトペテルスブルグ近く）では簡単に見つかった．オルドビス紀のあいだ，ここはバルティカに接するトーンキスト海の海岸部分で，レニングラード地域はそこで最も浅い場所であった．この海のもっと深い部分はイアペトス海のほうへ広がっていた．

> バルティカに近接したイアペトス海の温かい浅海で，底生動物相の多様な群集が繁栄した．

レニングラード地域があるシルリアン・プラトーは，オルドビス紀石灰岩でできた地質構造だが，その名前は，オルドビス紀の存在を認めるかどうかをめぐって熱い議論が交わされたことを思い出させる．この台地は東のラドガ湖からレニングラード地域を越えてエストニア北部まで広がっている．数多くの川に削られ，バルト海の海岸沿いに露出したこれらの地層は，化石を豊富に含み，18世紀から綿密に研究されてきた．この地域に関して先駆的な地質記載がなされ，すばらしい板目木版画が作られたのは，1830年代のことであった．その後，西洋出身のロシア人地質学者と生物学者が何人も探求を続けた．エトヴァルト・アイヒヴァルト（Edward Eichwald）は，ヨーロッパ側ロシアの化石に関して，初めての詳細な論文を発表した．そこには，たくさんのオルドビス紀の種を含めて，2000以上の挿し絵が含まれていた．クリスティアン・ハインリッヒ・パンダー（Christian-Heinrich Pander）は，きわめて重要な化石であるコノドントを発見した．コノドントは現在，脊索動物とみなされている．20世紀の初頭，古生物学の父ローマン・ヘッカー（Roman Hecker）が，この地域から発見された非常に奇妙な棘皮動物を記載した．

シルリアン・プラトーの化石は，その研究者たちと同じくらいユニークである．オルドビス中期，レニングラード地域は，バルティカとともに南方の温帯に位置していたが，その浅海で，嵐に見舞われながら底生生活をする群集の中心にいたのが，棘皮動物であった．研究が始まった頃，あるドイツ人古生物学者によって描かれたオルドビス紀棘皮動物の復元図では，三つの異なる綱の標本がいっしょにされていた．それはウミユリ類，蛇函類（ophiocistoids），そして数種類の原始ウミユリ類（eocrinoids）である．初期に試みられた，また別の復元図には，鱗茎状の突起を持つヒトデ（starfish）（ボルボポリテス類（bolboporites））が登場する．

現在見られる棘皮動物の5綱すなわち主な体制は，ヒトデ類，

オウムガイ類の進化

オルドビス紀とシルル紀に，頭足類はきわめて多種多様なタイプの殻を生じた．なかには長さ3.6 m，重さ3000 kgを超えるものもいた．古生代初期のオウムガイ類などの頭足類には，カンブリア紀の内管型（下図）から発達した，まっすぐな（直錘の）殻が多く見られた．外管型の殻を持つオウムガイ類は，平面らせん型（上図）に渦を巻くようになった．渦を巻いたおかげで，殻の層が覆瓦（重なり合う）構造になって強化され，また室の間隔が均等になることでより効果的な浮力が得られた．こうしたオウムガイ類は進化上明らかに優位に立ち，急速に数を増やした．オルドビス紀の終わりとデボン紀後期の大量絶滅以後，頭足類の系統はほとんどすべて渦巻き状の殻を持つようになった．

中生代には，優占種の有殻アンモナイト類でほかのタイプの殻が再現されることはめったになかった．小さな渦巻き状のサクソフォーン，あるいはロープの玉に似た殻を作るものもいたが，こうした形は長続きはしなかった．中生代に，大きな肉食性の海生爬虫類やサメ類が現れると，流線型で泳ぎの速いアンモナイト類でさえ安全を確保できなくなった．ベレムナイトとその子孫は重い外殻を失ったかわりに，優れた機動性という利点を獲得し，やがて来る新生代の頭足類になった．

オルドビス紀

PART 2

1	トレプトセラス （オウムガイ類）
2	ウミユリ類
3	タログラブトゥス （筆石類）
4	リピドシスティス （原始ウミユリ類）
5	ネオリピドシスティス （原始ウミユリ類）
6	コノドント
7	パキディクチャ （コケムシ類）
8	アサファス （三葉虫類）
9	クネアトポラ （コケムシ類）
10	ディットポラ （コケムシ類）
11	クリプトクリニテス （原始ウミユリ類）

オルドビス紀

古生代前期

12	ボッキア（原始ウミユリ類）
13	シマンコヴィクリヌス（原始ウミユリ類）
14	パラコヌラリア（小錐類）
15	ポルボポリテス（ポルボポリテス類）
16	ヴォルコヴィア（蛇函類）
17	トレプトセラス（オウムガイ類）
18	シフォノトレタ（腕足類）
19	クラスロスピラ（腹足類）
20	モンティクリポラ（コケムシ類）
21	ケイルルス（三葉虫類）
22	ヘッケリシスティス（ホモイオステレア類）
23	エキノエンクリニトス（菱孔類）

棘皮動物の骨格はたくさんの石灰質板からできているので，死後，大量の残骸が蓄積される。この残骸はすぐに石化するため，新たな棘皮動物が定着するのに適した硬い地盤が拡大し，さらに多くの残骸が生じる。こうして石化が繰り返されて，硬い地盤の地域がどんどん広がっていくのである。棘皮動物が少しばかり定着しただけで大群集ができる十分なきっかけになる，とまで述べる科学者もいる。

バルティカのレニングラード地域にある，オルドビス紀中期の硬い地盤は，古生代初期の非常に豊かな海洋群集の生息地であった。

最後に，棘皮動物と，ドーム型に枝分かれしたコケムシ類，有関節の腕足類，レセプタクリテス類，筆石類，小錐類からなる多様な群集が確立し，増殖した。小錐類は細長い四角錐の骨格を持っていた。その側面の一つ一つに横方向に走るアーチ型の隆起があり，上部には，折り紙で作ったような四片の蓋がかぶさっていた。小錐類はオルドビス紀から三畳紀まで存在し，一部の鉢クラゲ類に似た特徴を示していた。ほかの固着性ろ過摂食者と同様，小錐類にも地盤や別の生物に付着する性質があった。樹状の筆石類は空き家になったオウムガイ類の殻にからみついたが，これにはウミリンゴ類の菱孔類や腕足類のクラニア類（craniids）も好んで付着した。ウミユリ類は対になり，その表面にコケムシ類が点々とくっついた。生きているオウムガイ類の殻までが基質として利用され，コケムシ類やコルヌリテス類（cornulits）（石灰質でできた円錐型の筒で暮らす小さな蠕虫様の動物）がすみ着いた。正体不明の大型穿孔動物が硬い地盤に穴を掘ったあとがあるが，これは硬い岩石を破壊する最初の注目すべき生物である。

浮泥食性の貝形虫類や三葉虫類，そして肉食用の顎を持つ多毛類（polychaete worms）が，このような硬い地盤にすむ群集のあいだをはいまわっていた。基質の上には，鋭い歯を持つ小さなコノドントや，細長いエンドセラス類が，足の遅い食物を求めて群がっていた。三葉虫類や腕足類の化石に残る傷跡は，狩りに失敗したハンターがつけたものと思われる。

オルドビス紀

PART 2

三葉虫類の進化

三葉虫のことは何世紀も前から知られていた．アメリカのユタ州では，カンブリア紀やオルドビス紀の三葉虫類化石がよく見つかるので，一部の先住民族はこれを「石の家に住む小さなミズムシ」と呼び，かつてはお守りとして珍重していた．チェコ共和国の首都付近にも，こうした古生界下部の化石が広く分布しており，中世の頃から，地元のパン屋は大型三葉虫類の印象化石を型に使って，飾り模様付きのハチミツケーキを焼いていた．現在，三葉虫類は化石コレクターにとって最も魅力ある記念品の一つである．また，数が多く，進化の速度が速いことから，地質学者には理想的な道具となっている．

ここに載せた三葉虫類は，古生代，特にカンブリア紀やオルドビス紀の地層を研究するあいだに掘り出された化石である．ところで，三葉虫類にはどんな特徴が認められるだろうか．石のように硬いのはもちろんである．この化石に塩酸を一滴垂らすと，上等のシャンパンさながらに，白濁の泡がシューシューと出てくる．この反応から，三葉虫類の遺骸が方解石（炭酸カルシウム）からできていることがわかる．方解石は酸に弱く，二酸化炭素を発しながら溶ける．

成体の三葉虫類の体長は 1 mm 〜 70 cm まで，種によって様々である．10 cm ほどの標本なら，顕微鏡がなくても主な特徴を確認できる．三葉虫類は左右相称の平らな体をしているので，右側は左側の鏡像になっている．鎖かたびらの背中側にやや似ており，鋭い刀で肩を斬りつけられたような形に，凸面の披甲が何枚か継ぎ合わされている．細長い楕円形をした三葉虫類の外被は，明確な縫合線によって，三つの部分に分けられる．まず，たいていの場合，眼が付いている馬蹄形の頭甲（頭部）．そして，眼が付いていることはあり得ない，三角形に近い形の尾（尾板）．三つ目は，体甲（胸部）である．胸部は，形の似た多数の体節からできている．（体節構造はやせた人間の体にも見られる．しかし，これは体内の肋骨の形が浮き上がったもので，外骨格を持つ三葉虫類の場合は，外部の体節構造である．17 世紀には，この違いがまだ理解されておらず，三葉虫類は本物の肋骨を持つ脊椎動物とみなされていた．）

オルドビス紀

三葉虫類の系統

脱皮をしやすくする頭部縫合線の出現で，三葉虫類の進化は，刷新を求めるより，基本型を守る方向へ向かった．三葉虫類は，ほかの節足動物グループとは違って，構造や機能の多様性は獲得しなかった．わずかばかりの変更点としては，小型化，胸節の増減，なめらかな背甲，細長い体（ほとんどの場合，遊泳形）や幅広の体，複眼の発達などが挙げられる．

1. 融合した頭部と尾板，三葉化（葉に分かれる），背甲上の眼，骨格の石灰化が見られる
2. 背面の脱皮縫合線と眼の隆起が発達
3. 遊離頬と頭鞍入り口のあいだに縫合線
4. 小型化と体節の減少
5. 体を巻き込むようになる
6. きわめて高等な種類の眼が進化

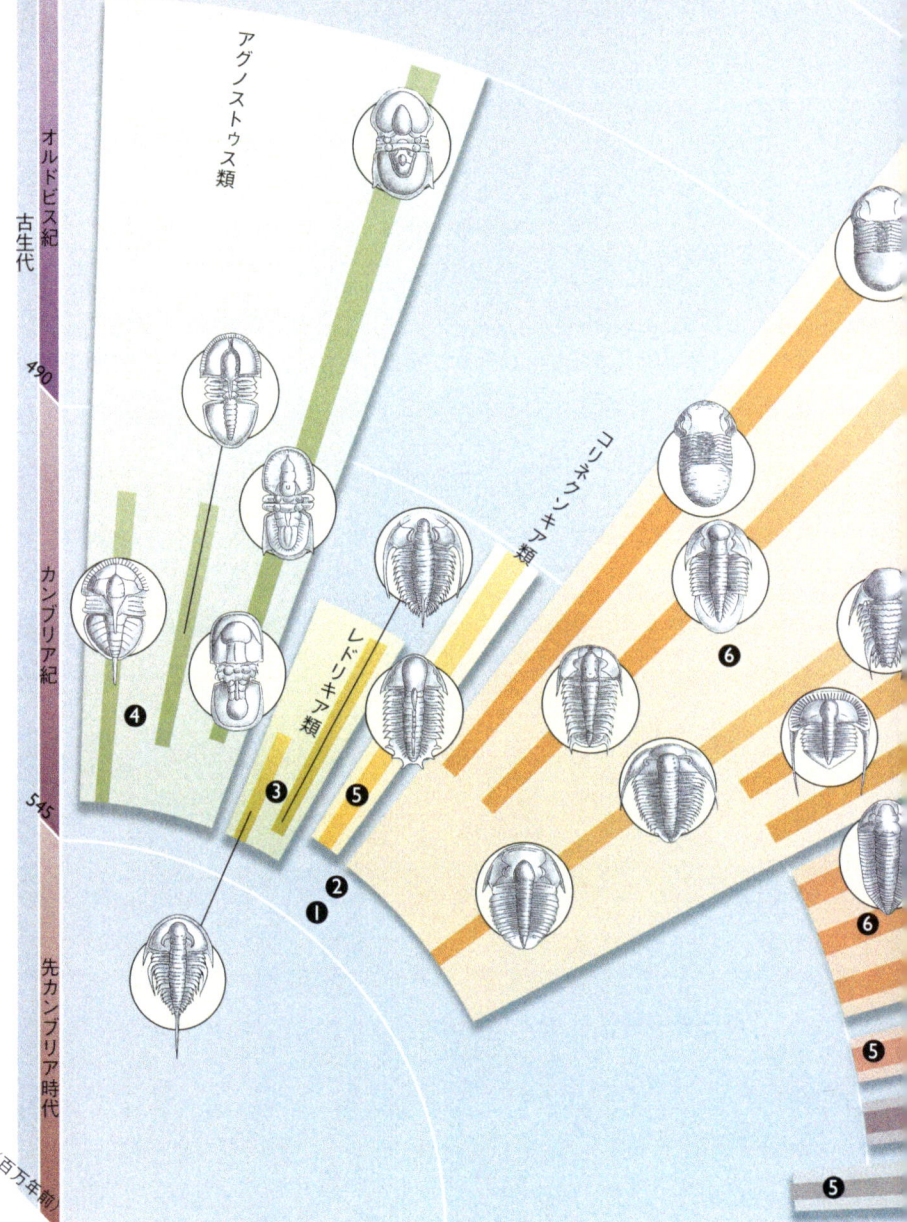

デボン紀 354
シルル紀 417
オルドビス紀 443
古生代
カンブリア紀 490
545
先カンブリア時代
（百万年前）

アグノストゥス類
レドリキア類
コリネクシア類

102

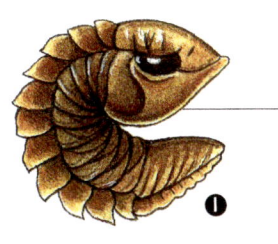

古 生 代 前 期

丸くなる

頭足類と有顎魚類はシルル紀に現れ、三葉虫類にとって危険な捕食者となった。ある三葉虫類は、攻撃に弱い下面を守るためにボールのように体を丸め、上面の硬い披甲で防御した。頭部と尾板は、簡単に合わせられるようにほとんど同じ大きさで、頭部の前方にそって溝があり、そこへ尾板の後部を差し込むことができた（1）。その後、二つの部分はぴったりかみ合った（2）。この三葉虫類には棘状突起があるので、捕食者が口に入れるには大きすぎた。

尾板を差し込むための溝

頭部と尾板が合わさって封をする

三葉虫類の解剖学的構造

三葉虫類の骨格は頭（頭部）、体（胸部）、尾（尾板）の披甲からできている。頭部と尾板はどちらも、いくつかの体節が融合してできている。頭部は、中央に盛り上がった頭鞍と、その両側にあり顔線で区切られた平らな頬の三葉に分けられる。複眼は頭鞍の両側に位置している。胸部には2〜40枚の、ほとんど同一の体節がある。ラーゲルステッテンから産出する三葉虫類の遺骸には、口、三対の脚、頭の下側に付いた2本の有関節触角の基部が認められる。口は、頭鞍の下に位置する大きな胃に通じ、胃の先はだんだん細くなって腸となり、後ろの尾板のほうまで伸びている。体節の一つ一つに、一対の有関節付属肢があり、付属肢はそれぞれ、下が歩脚、上が羽のような鰓脚に分かれている。珍しい標本では、胃の上、後方に単純な心臓があり、分節した管が軸葉を通っているところまで見える。

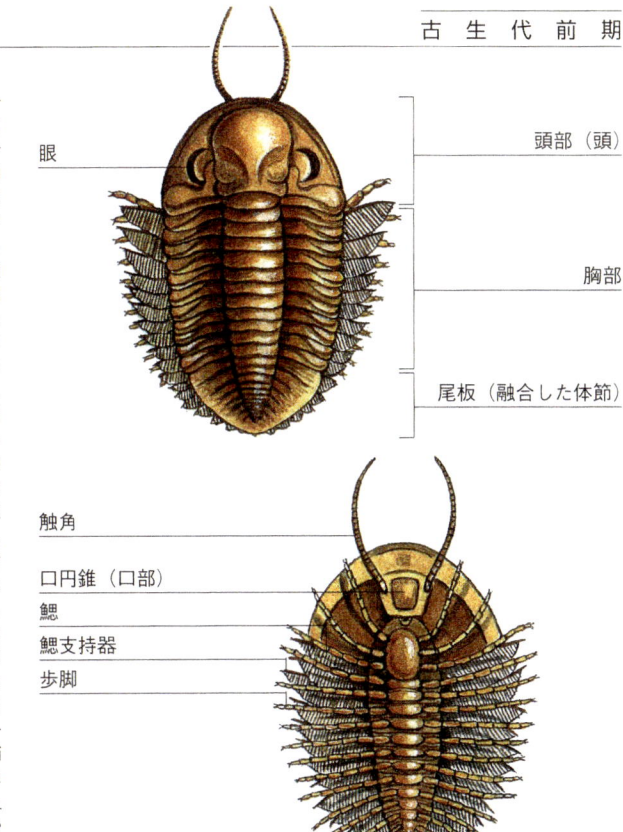

眼

頭部（頭）

胸部

尾板（融合した体節）

触角

口円錐（口部）

鰓

鰓支持器

歩脚

さらに、三葉虫類の外骨格全体は、浅いひだによって分割されており、このひだは外からはっきり見える溝を作っている。頭部から尾板まで縦方向に二本の軸溝が走り、凸型の中軸と両側の部分を分けている。その結果、外骨格全体が三葉になり、ここから（三葉虫綱）という、綱の総称が付けられた。外骨格から突き出た中空の棘状突起は、体のどの部分にも生じる可能性がある。

三葉虫類は、出現するとすぐに世界中に広がり、多様性と数の多さの両方から、あちらこちらの海洋群集で中心的な動物となった。海のなかには、漂泳性と底生、巣穴を掘るものと海底をはうもの、肉食性と懸濁物食性の、両方の三葉虫類が存在した。カンブリア紀からオルドビス紀の三葉虫類には、二つの胸節以外、眼も何もない奇妙なグループがいた。これらは非常に小型で、頭部も尾板もほとんど区別が付かなかった。この謎めいた生物たちは、水中を漂い棘状の肢で食物をろ過摂食する、二枚貝だったのかもしれない。

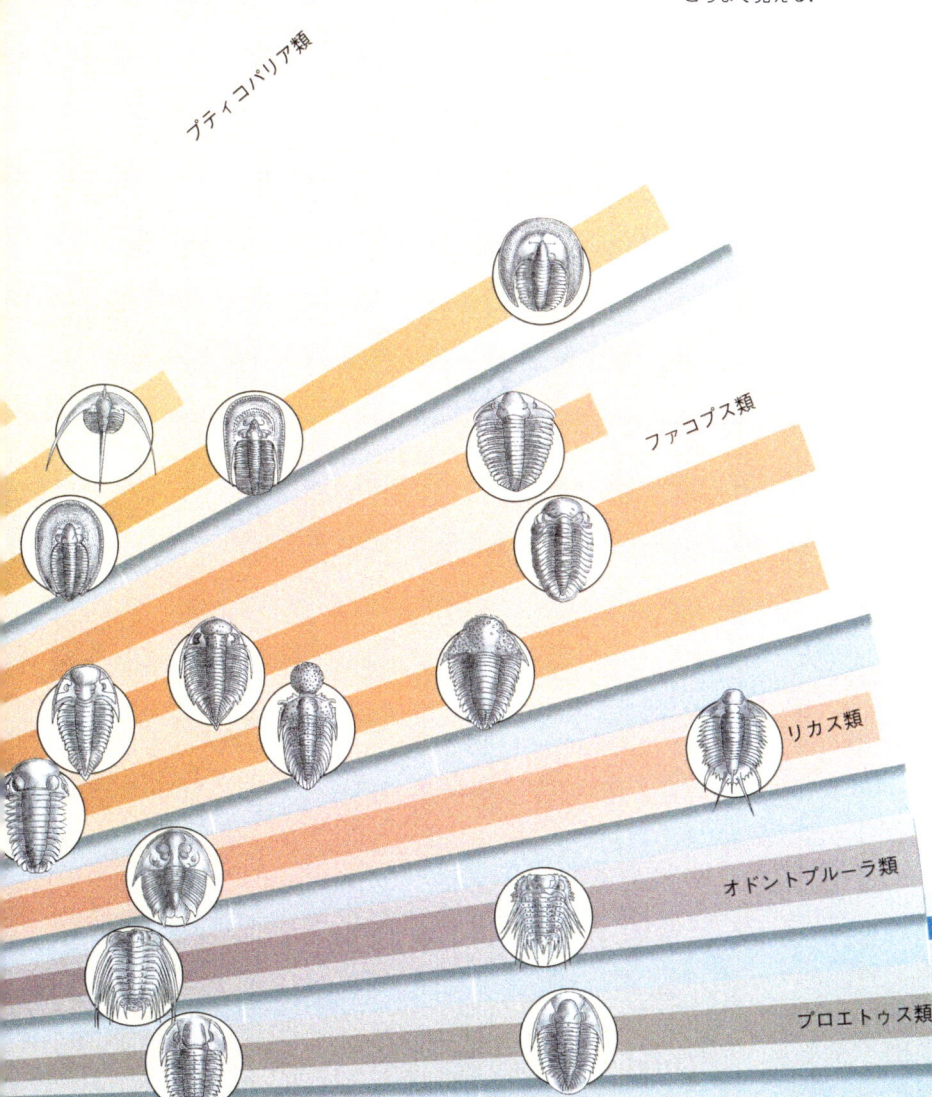

プティコパリア類

ファコプス類

リカス類

オドントプルーラ類

プロエトゥス類

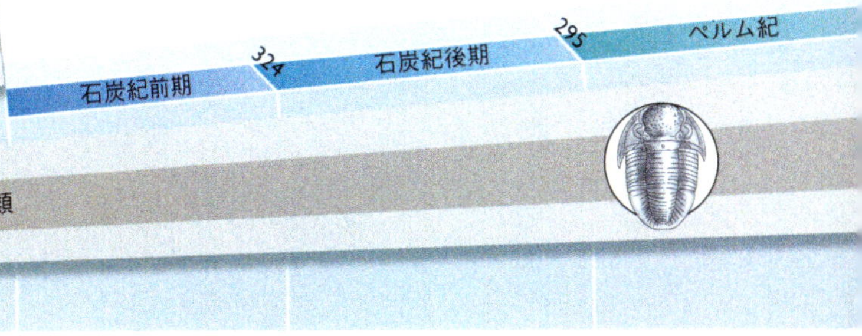

石炭紀前期　324　石炭紀後期　295　ペルム紀

オルドビス紀

シルル紀

4億4300万年前から
4億1700万年前

古生代前期も最後のシルル紀（Silurian）に近づくと，地球上で重要な移行が起きていた．オルドビス紀に始まったカレドニア造山運動により，ローレンシアがバルティカやアヴァロニアと合体して，巨大な北部大陸を作ったが，この大陸は白亜紀までほとんどそのまま存続する．この事件の影響で，後に北アメリカとヨーロッパ北西部になる陸地の縁にそって，よく似た見かけの山脈が生じた．極地から氷河がなくなって，海水準が上昇し，温暖で安定した気候が地球全体に広がった．海生の無脊椎動物が繁栄する一方で，重要な新しい生活形が出現した．そのなかには，様々な無顎脊椎動物や最初の魚類が含まれていた．この時代の終わりには，植物と無脊椎動物が陸上にすっかり定着していた．層孔虫類礁は巨大な大きさに成長した．

シルル系は，古生代の遷移岩層「オールド・グレーワッケ」の下位区分で三番目にあたる．これは，初期の卓越したイギリス人地質学者ロデリック・マーチソン（Roderic Murchison）によって，イングランドとウェールズの境界線上で確認された．1835年，マーチソンは「ロンドン・アンド・エディンバラ・フィロソフィカル・マガジン」に論文を発表し，昔この地域に住んでいた古代部族シルリア人（Silures）にちなんで，この地層をシルル系と命名した．彼が定義したシルル系下部はのちにオルドビス系と改名され，シルル系上部も分類し直されて，現在用いられているシルル系という定義に変わった．この系は化石の内容に明らかな特徴があるので，ヨーロッパのほかの国々や，アメリカ，ヒマラヤ山脈など，数多くの地域ですぐに確認された．チャールズ・ダーウィンはフォークランド諸島でシルル系化石を発見したと報告している．もっとも，その後これらはデボン系のものであることが判明したが．

> 化石に明確な特徴があるので，シルル紀の地層はほとんどの場所で同定しやすく，その年代はすぐに認められた．

キーワード

- カレドニア造山運動
- 脊索動物
- コノドント
- サンゴ
- 筆石類
- グレーワッケ
- 熱水
- 層孔虫類
- ウラル海
- 維管束植物
- 脊椎動物

シルル紀の地球はすみやすい惑星で，極地に氷冠はなく，気候は穏やかで，海水準は高く，大量絶滅に見舞われることなく，ほぼ地球全体に広がる動物相が存在した．たぶん，この気候の良さをきっかけに，適応性の高い動物である脊椎動物が，最初の適応放散を開始したものと思われる．シルル紀の終わりには，無顎の脊椎動物と魚類の主要グループすべてが存在していた．この時代にはもう一つ，画期的事件が起きている．それは，最初の陸上群集（land living community）の出現である．

シルル紀前期の始まりに氷冠が解けると海水準が急上昇したが，この時期の終わりには再び下降して，カンブリア紀以来最低の位置に達した．シルル紀後期に低地が拡大したせいで，以前は海生だった動植物が（彼らにとっては）不本意ながら乾燥した環境に適応させられたと思われる．地球の平均気温は現在

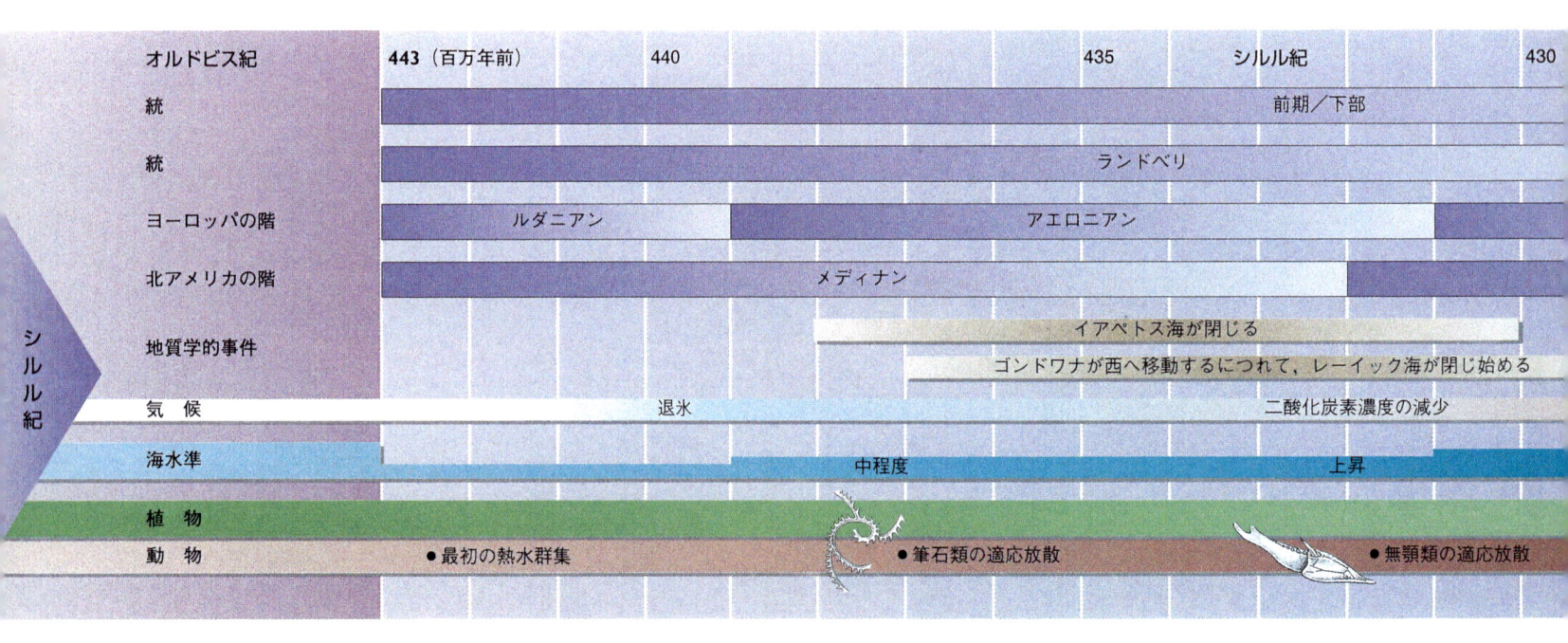

シルル紀	オルドビス紀	**443**（百万年前）	440	435	シルル紀	430
統					前期／下部	
統					ランドベリ	
ヨーロッパの階		ルダニアン		アエロニアン		
北アメリカの階			メディナン			
地質学的事件				イアペトス海が閉じる		
				ゴンドワナが西へ移動するにつれて，レーイック海が閉じ始める		
気候			退氷		二酸化炭素濃度の減少	
海水準			中程度		上昇	
植物						
動物		●最初の熱水群集		●筆石類の適応放散		●無顎類の適応放散

古 生 代 前 期

より4～5℃ほど高く，極地から赤道までの温度勾配は今ほど大きくなかった．このことに加え，極地を常に覆っていた氷冠の消失によって，海水の混合が妨げられ，比較的酸化の進んだ上層と無酸素の下層という成層構造が生じた．そして，深めの海盆で黒色頁岩が大量に沈殿した．

古生代前期の海洋環境は，海成堆積物に蓄積したリン酸塩化石と希土類元素を使って分析できる．酸素化環境のもとで堆積した現世の海成堆積物では，希土類元素のセリウム（Ce）は，同類のランタン（La）やネオジム（Nd）に比べてきわめてまれである．これに対して，古生代前期の生物起源のリン灰石（リン酸塩鉱物）はセリウムに富んでいる．この変則的な状態から，シルル紀を含む古生代前期の海洋は，無酸素状態が支配的だったことが裏づけられる．大きな変動の際に，酸素不足の水が大陸棚や内陸海へ移動したため，局地的な絶滅が起こり，黒色頁岩堆積物が広がっていった．無酸素の深海では筆石類が繁栄し，急速に進化した．

シルル紀が認められるとすぐに，ドイツ人地質学者アルバート・オッペル（Albert Oppel）は，漂泳性アンモナイト類をもとにドイツ南部のジュラ紀岩石を33帯に区分できることを示した．オッペルによると，個々の種の縦方向の存続範囲を調べた結果，このように細かく下位区分されたというのである．1878年，チャールズ・ラプワース（Charles Lapworth）がこの方法を古生代初期の筆石類に適用し，多くの種が非常に短い期間しか生息していなかったことに気づいた．ラプワースはこの新しい分帯を利用して，スコットランド南部の層序を地図に起こした．ラプワースの先駆的な分帯は，一世紀経った今日でもなお有効だが，これらの絶滅動物に関する最新の研究から，もっと細かな下位区分もできることが明らかになっている．一つの帯の持続期間は44万～143万年で，地質学的時間にすればほんの一瞬である．このように短く区切ることで，シルル紀全体を通じて，生物学的・地質学的事件の連続を詳細に観察できる．

スコットランド，アイルランド北西部，そしてスカンジナビアのカレドニア山地は，アヴァロニアとバルティカがローレンシアに衝突したときに盛り上がった．温度がわずかに上昇すると，地球的規模の火山活動と，ローレンシアとバルティカのあいだの造山運動はおさまってきた．のちにスコットランド高地（the Highlands）になるところにマグマが貫入し，堆積層を取り込んで，花崗岩として知られる粗粒の火成岩に変えた．このように目の粗い結晶構造ができるのは，地球の表面から数kmも10数km）も下で，溶けた物質がゆっくりと冷えたからである．イングランド東部では，カレドニア造山運動がイーストアングリア（East Anglia）の平坦地の下に隠されている．これとは対照的に，スコットランド高地では，長年にわたって雨が降り注ぎ，大量の氷河が通過したにもかかわらず，花崗岩が浸食に耐えたのでカレドニア山地の地形が保たれている．

> シルル紀以降，
> 連続した構造活動によって
> 一部の地層は埋没したが，
> 広く露出したままの
> 地層もあった．

これらの大陸は，塊の中心を南半球において，古赤道をまたいでいた．シルル紀のあいだ，ローレンシアは赤道にとどまっていたが，アヴァロニアとバルティカは北へ移動し続け，年に8～10cmほど横に流された結果，ついに大陸どうしがぶつかって融合した．イアペトス海は閉じ，その海盆の名残はシート状の大きな異地性岩体つまりナップに形を変えて，現在のヨーロッパ，北アメリカに残っている．まず最初に姿を消したのはイアペトス海の北部である．アヴァロニアとローレンシアのあいだにあった南部は，デボン紀中期まで存続した．

参 照
地球の起源と特質：大気の進化
ペルム紀：新赤色砂岩
第Ⅱ巻，石炭紀前期：アカディア-カレドニア造山運動，陸生生物

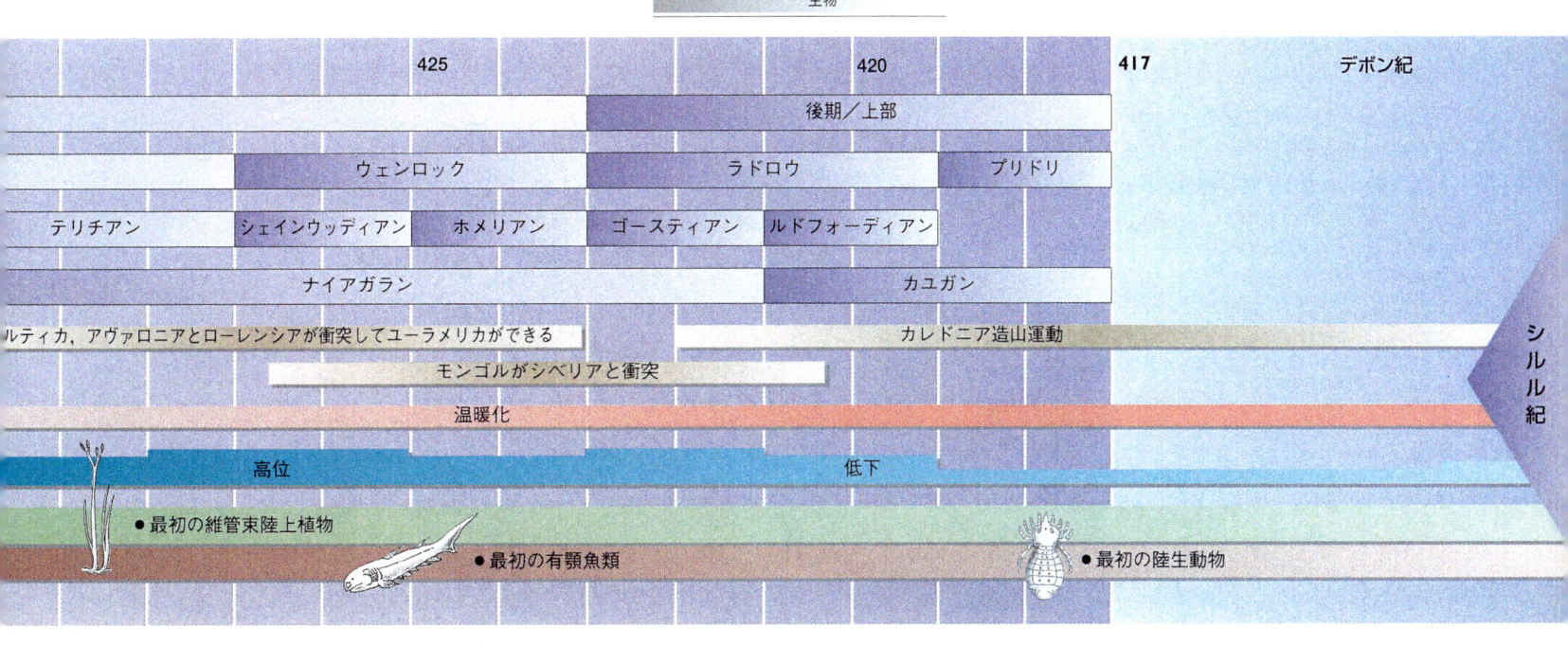

シルル紀の暑さ

シルル紀は地球史のなかで抜きんでて暑かった時期の一つであった．いくつかの大陸が衝突し，構造-火山プロセスを通して大量の熱が発生した．衝突事件の影響でマグマが貫入や噴出を起こし，ヨーロッパ北部のカレドニア山地を含めて，世界初の高い山脈が現れた．地球全体の平均温度は上昇し，極地の氷冠が解けた．海洋の深いところでは，蠕虫類が熱水のなかにすみ着いて，湯に浸っていた．温かい環境は，サンゴや層孔虫類の礁，浮遊性の半索動物である筆石類，そして遊泳性の真正脊索動物，すなわち有顎，無顎両方の魚類の発達を促した．

	425		420	417	デボン紀
		後期／上部			
	ウェンロック		ラドロウ	プリドリ	
テリチアン	シェインウッディアン	ホメリアン	ゴースティアン	ルドフォーディアン	
ナイアガラン				カユガン	

バルティカ，アヴァロニアとローレンシアが衝突してユーラメリカができる
カレドニア造山運動
モンゴルがシベリアと衝突
温暖化
高位　　　低下
● 最初の維管束陸上植物
● 最初の有顎魚類
● 最初の陸生動物

シルル紀

PART 2

カレドニア山地

カレドニア山地（左）は最初の高山の一部であり，シルル紀からデボン紀前期まで及ぶ造山（山の形成）時代全体の名前のもととなった．

現在のイングランドとスコットランドの境界は，アヴァロニアとローレンシアの衝突の記念碑であり，イングランドのミッドランドバレー（Midland Valley）と湖水地方（Lake District）からスコットランドの南部高地（Southern Uplands）のあいだの岩石組成を観察すると，類似性がだんだん高まって，シルル紀中期の地層では完全に一致することがわかる．スコットランドでは，イアペトス構造（Iapetus Suture）と呼ばれる構造上の特徴によって，太古のローレンシア・テレーンとアヴァロニア・テレーンを区別できる．アイルランド北西部とスコットランドの火成岩は，未成熟の砂岩からなるグレーワッケと，活発な造山運動や浸食によってできた礫や大礫，巨礫を含む赤色岩層に覆われている．

> アヴァロニアとローレンシアの衝突は，イングランドとスコットランドの境界にある岩石に記録されている．

地球化学的分析は，カレドニア山地の岩石の由来や，その形成に関係した事件のパターンを知るのに役立つ．たとえば，アルミナ（Al_2O_3）と二酸化珪素（SiO_2）の割合は，石英と粘土の相対比率を示す指標となり，また，酸化カリウム（K_2O）と酸化ナトリウム（Na_2O）の割合は，カリ長石と粘土の斜長石などに対する比率の尺度として利用できる．

長石は常用金属のアルミニウムや二酸化珪素に富んだ，白っぽい透明の金属で，花崗岩などの岩石では，カリウムが含まれていることが多い．長石は岩石圏全体の60％を占めている．斜長石（「斜めの裂け目」という意味）も，アルミニウムと二酸化珪素に富む鉱物であるが，色は黒っぽくて，ナトリウムをかなり含む．鉱物も化合物も岩石の起源によって異なり，その岩石がまた，プレートテクトニクス運動に基づく局地的マグマ作用や火山活動に左右される．とはいえ，オルドビス紀からシルル紀にかけて活動していたイアペトス海の北縁は，姿を消したあとも，その地球化学的指紋を，カレドニア山地のグレーワッケのなかから見つけだすことができる．

シルル紀のあいだ，北半球はまだ海洋中心で，ゴンドワナが南半球を占め，南アメリカもしくはアフリカ中央部分が南極の位置にあった．古テチス海（Paleothetis Ocean）が，ゴンドワナと，ローレンシアやバルティカを分けていた．中生代，ゴンドワナはどんどん分裂し，短命の超大陸パンゲアの一部だったアジアが成長していくが，このとき，古テチス海が両者のあいだに再び姿を現すことになる．

シルル紀の炭酸塩岩は，ローレンシア，アヴァロニア北東部（イングランド），バルティカ，赤道下のゴンドワナ（中国断片），シベリア，そしてカザフスタン・テレーンで堆積した．これらの大陸塊の最後の二つは，北方の温帯へと徐々に漂移していった．海水準が低下して，シベリアの広い海が外洋から分離し，ここで苦灰岩が蒸発岩とともに沈殿した．

高山と深い峡谷という激しい起伏を持つ広大なゴンドワナ大陸は，内陸海での堆積作用に影響を及ぼし続け，大量の珪砕屑物がここで蓄積された（アラビア，アフリカ北部，南アメリカ，オーストラリア）．ボヘミア地塊（Bohemian Massif）はゴンドワナから完全に切り離され，そのそばから遠ざかっていった．そしてシルル紀後期には，南緯およそ20度の位置に達し，バルティカの南縁に隣接していた．このテレーン上で炭酸塩と少量の珪砕屑物が形成された．

シルル紀の海盆では，動物相が均等に分布していた．ほとんどの浅海にサンゴ，層孔虫類（塊状の石灰海綿類），レセプタクリテス類，石灰藻類，コケムシ類，ウミユリ類などの棘皮動物，三葉虫類，腕足類，二枚貝，腹足類が生息していた．ただし，南方の温帯の海では動物相が貧弱で，コノドントと小錘類の二グループだけに多くの種類が見られた．

シルル紀

- アフリカと中東
- 南極大陸
- オーストラリアとニューギニア
- 中央アジア
- ヨーロッパ
- インド
- 北アメリカ
- 南アメリカ
- 東南アジア
- そのほかの陸地

古 生 代 前 期

海洋の半球

現在の地球表面では北極周辺に大陸が集まっているのに対して、シルル紀には北半球の大部分がパンサラッサ海という巨大な海洋に占められていた。

パンサラッサ海
シベリア
カザフスタニア
ウラル海
ローレンシア
北イアペトス海
カレドニア山脈
バルティカ
タコニック山脈
東アヴァロニア
古テーチス海
南イアペトス海
西アヴァロニア
レーイック海
ボヘミア地塊
中国
サムフラウ造山帯
ゴンドワナ

大陸の半球

シルル紀最大の大陸、ゴンドワナは、大陸中心の南半球を構成していた。のちに南アメリカ、南極大陸、オーストラリアになる大陸塊はこの時期、合体していて、その海岸に沿ってサムフラウ造山帯が延びていた。

シルル紀

PART 2

ブラックスモーカー

ブラックスモーカーという名称は，煙突状の構造から黒っぽい物質がもくもくと吐き出されるところから付けられた．このブラックスモーカーの発見は，20世紀末の地質学と生物学にセンセーションを巻き起こした．まさに深海の底からこれが見つかったことから，硫黄鉱石の起源と，生物エネルギーの源に関する既成概念は大きく揺るがされた．この鉱石の形成には硫黄を代謝するバクテリアが重要な役割を果たしており，また，どんな生物も住めないと思われていた深い海底に蠕虫類と二枚貝類が大量に存在することがわかったのである．

> ヨーロッパとアジアの境界線であるウラル山脈は，今は閉じてしまったが，古生代前期には主要な海路があったところである．

イアペトス海が閉じようとしていたとき，合体したばかりのユーラメリカとシベリアのあいだで，ウラル海は成熟期に達していた．ウラル山脈は，ヨーロッパとアジアの境界線そのものと考えられている．長く延びる山脈に沿って，2000 km 以上の鉱石帯が広がっている．ここでは銅が何世紀ものあいだ盛んに掘り出されており，南部地域の鉱石濃縮度はきわめて高い．この堆積物は急勾配の海丘だったときの外形を保っている．海丘は，硫黄と金属（銅，鉄，亜鉛）からなる鉱物，黄鉄鉱でできている．1979 年に，ロシア人の構造地質学者 Lev Zonenshain が驚くべき仮説を提唱した．黄鉄鉱の海丘は，海洋底の中央海嶺沿いにできたホットスポットの熱水噴出孔，「ブラックスモーカー」の化石であり，ウラル山脈の銅鉱石帯全体がかつての海底火山脈に相当する，というのである．こうした海丘のうち，年代が測定できた最古のものは，シルル紀にできたことがわかっている．

中央海嶺は，エベレストよりも高い山頂を含む山脈である．その全長にわたって，深い大地溝が海嶺に裂け目を入れている．水が海洋底に接触するところで，熱い 1200 ℃のマグマが上昇し，地球内部からの熱を運んでいる．海水は裂け目や割れ目を通してしみ込み，海洋底下 15 km のところでマグマと出会う．そこで海水は 250〜450 ℃まで加熱され，溶解した鉱物，特に金属や硫酸鉛，硫化物などの混合物を取り込んで，噴出する．この噴出物は，硫化物分子のせいで黒っぽく見えることから，「ブラックスモーカー」と呼ばれている．

熱水噴出孔（hydrothermal vent）の周辺には様々な温度帯があり，それぞれ独自の生物群集が存在する．蠕虫様のハオリムシ類（vestimentiferan）のリフティア（*Riftia*）は，長さ 3 m に及ぶ白い管にすみ，真っ赤な触手冠をのぞかせている．その体腔の大部分を占める特殊な器官には，1 g につき 100 億個の共生バクテリアが含まれている．これらの蠕虫類は温度が約 23 ℃のあたりに生息しており，なかにはもっと熱い場所を好むものもいる．多毛類のアルヴィネラ（*Alvinella*）（研究用潜水艇 Alvin にちなんで名付けられた）は，40〜80 ℃のあいだの温度で生存でき，体表にバクテリアをつけておくことを好むようである．

シルル紀

不動の存在

シルル紀のブラックスモーカー化石からわかるのは，硫黄細菌，(1) ハオリムシ類，(2) 多毛類の管生類，(3) 大型二枚貝類，(4) 微小な巻貝類からなる非常に似た生態系が，異なる帯間を移動し続けながらも，変化することなく地球史上の 4 億年を過ごしてきたということである．

地球の生態系の大半は光エネルギーと光合成に依存しているが，熱水生態系（hydrothermal ecosystem）は化学合成に伴うたった一つの熱貯蔵器によって全体が統合されている．熱水生動物全般に見られるもう一つの適応は，赤外線への感受性である．強い水流に流されても，この「第六感」を頼りに巣へ戻ることができる．だが，カメラのフラッシュを浴びると，永久に視力を失う．ブラックスモーカーが初めて発見されるまでは，高圧で光が届かず，常に冷たく，栄養素の供給が極端に少ない環境に，これほど多様で豊かな群集が存在するとは誰も考えなかった．ところが，硫黄細菌は，硫化水素分解のエネルギーを，熱水生態系全体を支える生命の源に変え，水深2500 m以上の環境に，靴ほどの大きさの二枚貝やハオリムシ類のからみ合った塊にとってのオアシスを作っている．そのほかの生物は，共生硫黄細菌を含むか（二枚貝類，ハオリムシ類，環形動物），そうした動物を餌にしている（カニ類，小エビ類，魚類）．

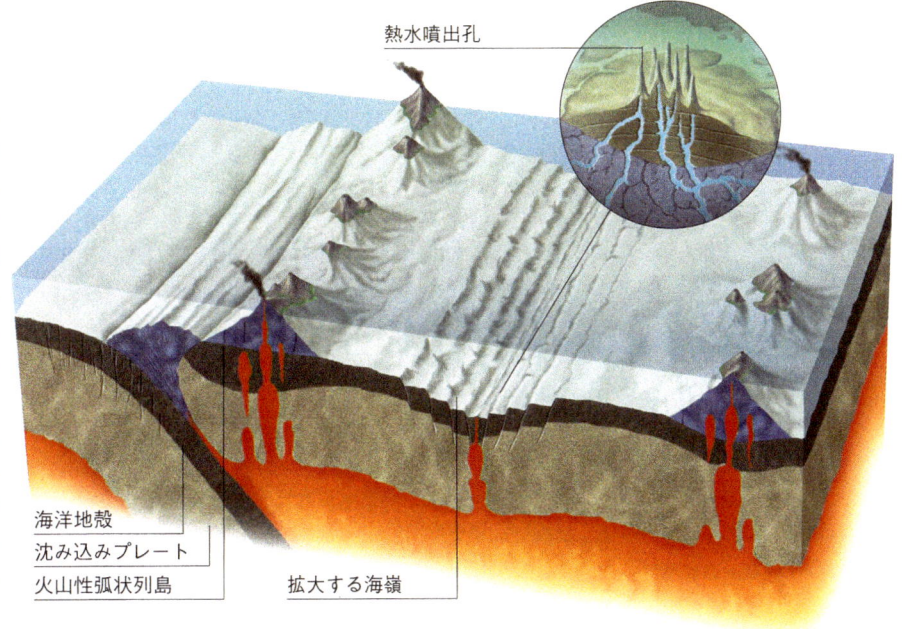

1977年にフランスとアメリカの合同調査隊が太平洋海底でブラックスモーカーを発見したあと，古代のブラックスモーカーやその動物相の研究が盛んになった．驚くべきことに，発見されたシルル紀群集の化石は，現在の熱水生物群集によく似ている．縦長のハオリムシの管や，環形動物と思われる主に横向きの短い管，二枚貝類，そして単殻軟体動物の殻などがある．共生バクテリアの遺骸は倍率の高い顕微鏡を使って確認されている．唯一の違いは，有関節腕足類の存在である．これらは，熱水噴出孔や冷湧水海域の群集を含めて，古生代生物群集によく見られるメンバーであった．

化石はすべて強い黄鉄鉱化作用を受けており，今日の煙突を思わせる形をした，硫化物の環にくっついている．このように見てくると，深海の化学合成生態系が地球最古の生態系の一つであることがわかる．

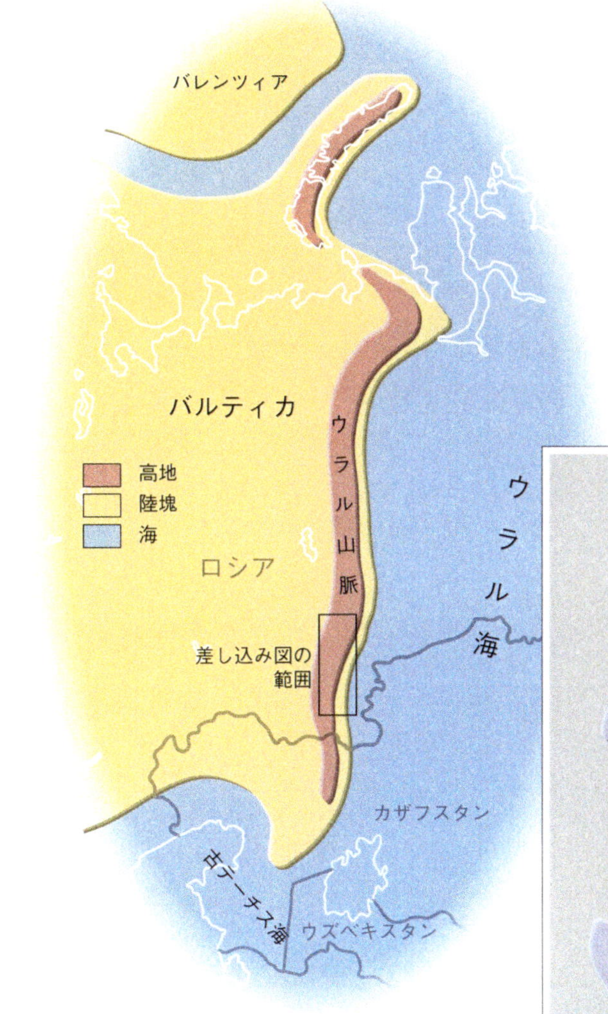

シルル紀の筆石類はもっぱら遠洋性であったが，その生活様式はやや深めで酸素が乏しい水域と結びついていた．筆石類の化石は薄っぺらな頁岩にとりわけ豊富に含まれ，岩石の表面に走り書きをしたように見える．（筆石類という名前は，ギリシア語で「字の書かれた石」を意味する．）筆石類は最初の分類では，鉱物の忍石のなかに入れられていた．その後，海洋植物，頭足類，腔腸動物，コケムシ類などと結びつけられたのちに，ようやく翼鰓類（よくさいるい）（pterobranchs，「翼と鰓」という意味）に近縁という位置づけにこぎ着けた．翼鰓類自体はかなり進んだ動物で，半索動物に属している．

筆石類の外形と生活様式は，ある程度は現生翼鰓類との比較を通して，またいくらかは化石そのもの（とりわけ，ポーランドのオルドビス紀チャートから産出する保存状態がきわめてよい筆石類）を研究することによって復元されている．筆石類はもっぱらコロニーを作る長さ数インチの動物であった．コロニーは個虫の集まりで，個虫はそれぞれが一つの個体であるが，ばらばらでは生きていけない．筆石類の個虫は，胞群（rhab-

熱水噴出孔

海洋地殻
沈み込みプレート
火山性弧状列島
拡大する海嶺

大地溝

深海の大地溝（上）にそって，溶けたマグマが水中に流出し，そこで固まって玄武岩の「枕」を作る．こうして次々と拡大し続けるうちに古い玄武岩の流れが新しいものに置き換わり，それと同時に，マグマの熱をエネルギー源としてブラックスモーカーから金属鉱石が生じる．

バレンツィア
バルティカ
ロシア
ウラル山脈
ウラル海
カザフスタン
古テーチス海
ウズベキスタン
差し込み図の範囲

高地
陸塊
海

ウラル山脈

ウラル山脈（主地図）は，かつてのウラル海に取って代わって，バルト台地の東側境界を形成している．ウラル海も2000 kmを超える幅があり，弧状列島と縁海に取り囲まれていた．ここの海盆はオルドビス紀に現れ，ユーラメリカとシベリアが衝突したあと，ペルム紀に閉じた．

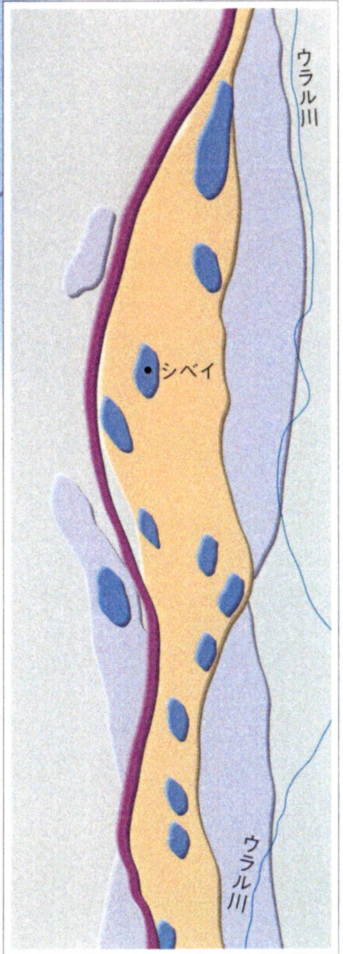

銅田

ウラル山脈の豊かな銅鉱石（差し込み図）は，砒素や亜鉛，鉄，硫黄と同様，ブラックスモーカー周辺のバクテリア群集の産物として生じた．

銅鉱石
オフィオライト
弧状列島火山岩
縁海堆積物

ウラル川
シベイ
ウラル川

オルドビス紀以降ありふれた存在になった筆石類は，個体が相互に依存し合うコロニーを作った．そのデザインはシルル紀に完成された．

シルル紀

dosome,「棒状の体」という意味）と呼ばれる，タンパク質でできた樹枝状の有機物外披を共有している．管のようにほっそりとした軟組織の走根が伸びて，個虫の連なりをつなぎ合わせ，胞群全体をはっている．走根は新しい個虫を出芽させ，それらを結びつけることによって，コロニーの拡大に役立っていた．

新しくできた個虫は，管の壁に穴をあけて，親の管から外へ姿を現さなくてはならなかった．それぞれの個虫は直径 0.05〜2 mm ほどのバルコニー状の室を作って占有しており，口のまわりには襟があって，その先が中空の腕になり，繊毛の付いた触手が生えていたと思われる．嵐でコロニーが壊れると，一部の断片が生き残り，まったく新しいコロニーが再生された．固着性筆石類の多くは，個虫に雌雄の別が見られた．コロニーが成長すると，古い雄が消されて，雌が両性個体の個虫に変わったと考えられる．どうやら，出芽が胞群の流体力学的性質に逆効果をもたらしたときに，有性生殖ができるようになったらしい．

こうした性質は，浮遊性プランクトンをあさる筆石類にとってきわめて重要であった．同じ胞群に居住するものは，触手のゆらめきを合わせて，動きを同調させることができたようである．もっとも，体が小さすぎるので，こうした行動をとってもそれほど大きな利益は得られなかったが．だからこそ，筆石類は共有住宅の胞群に変更を加えたのである．浮遊性筆石類の単純な模型を作っただけでも，様々な形の胞群が渦巻き状の動きを示すことがわかる．これはビデオカメラを使って観察記録されている．胞群形態は様々な面で測定可能な流体力学的機能を持っている．ここから，流体力学的効果が，いろいろな種類の筆石類の進化を左右する主要因だったことがわかる．たとえば，渦巻き‐円錐状のコロニーは水柱のなかで回転でき，トロール網のようにゆっくりと沈んでプランクトンをかき集めることができた．プロペラ状の胞群は，渦を巻き起こしてコロニーをプランクトンのなかに引き込むことができたので，同じ作業をもっとうまくこなせた．最も優れたデザインの胞群はシルル紀に現れた．彼らは幾重にもなった環の端をだらりと垂らしたような形をしていた．個虫が気泡を膨らませたり放出したりすると，こうした環を上下に動かすことができた．個虫は触手を伸ばしてあたりを探り，水柱をらせん状に通る路から食物を集めた．より多くの食物を手に入れたいときは，胞群から突き出た長い棘をよじ登った．

岩の筆跡

筆石類はたいてい，炭化した平らな化石として現れる（下）．その「走り書き」は，カンブリア紀中期から石炭紀前期までの海成堆積岩の歴史の重要な部分を記録している．筆石類の多様性は，急速に進化を遂げた結果であるが，浮遊性の習性によって広く分布したことから，貴重な示帯化石となっている．

筆石類動物

筆石類は，ほとんど同一の個体群が共通の組織で結びつけられたコロニーであった．個体はそれぞれ触手の襟を持ち，自身や近くの仲間のために餌をとった．コロニー全体を有機物の外骨格が包んでいた．

口
体を伸ばした個虫
摂食用の触手（ふさかつぎ）
コロニーの外被（胞群）
住房（苞）
体を引っ込めた個虫
成長線

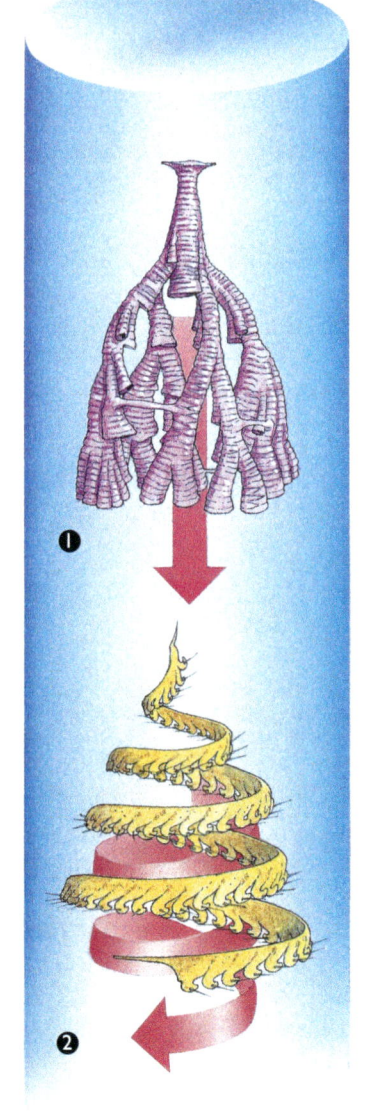

摂食戦略

筆石類コロニーの様々な形態は，幅広い摂食戦略を可能にした．最も初期の形態は海底に固着し，水の流れが食物粒子を運んでくるのを待っていた．オルドビス紀前期以降，ほとんどの筆石類はプランクトン性（自由浮遊性）のろ過摂食者になった．そしてトロール網や流し網のように水柱を移動し，一つ一つの個虫がすぐそばの水から餌をとって食べた．円錐型の種類（左）のうち，モノグラプトゥス・トゥリクラトゥス（*Monograptus turriculatus*）（2）は渦巻き状に動いたので，ラブディノポラ（*Rhabdinopora*）（1）の直線的な動きより効果的に餌を捕まえることができた．

シルル紀

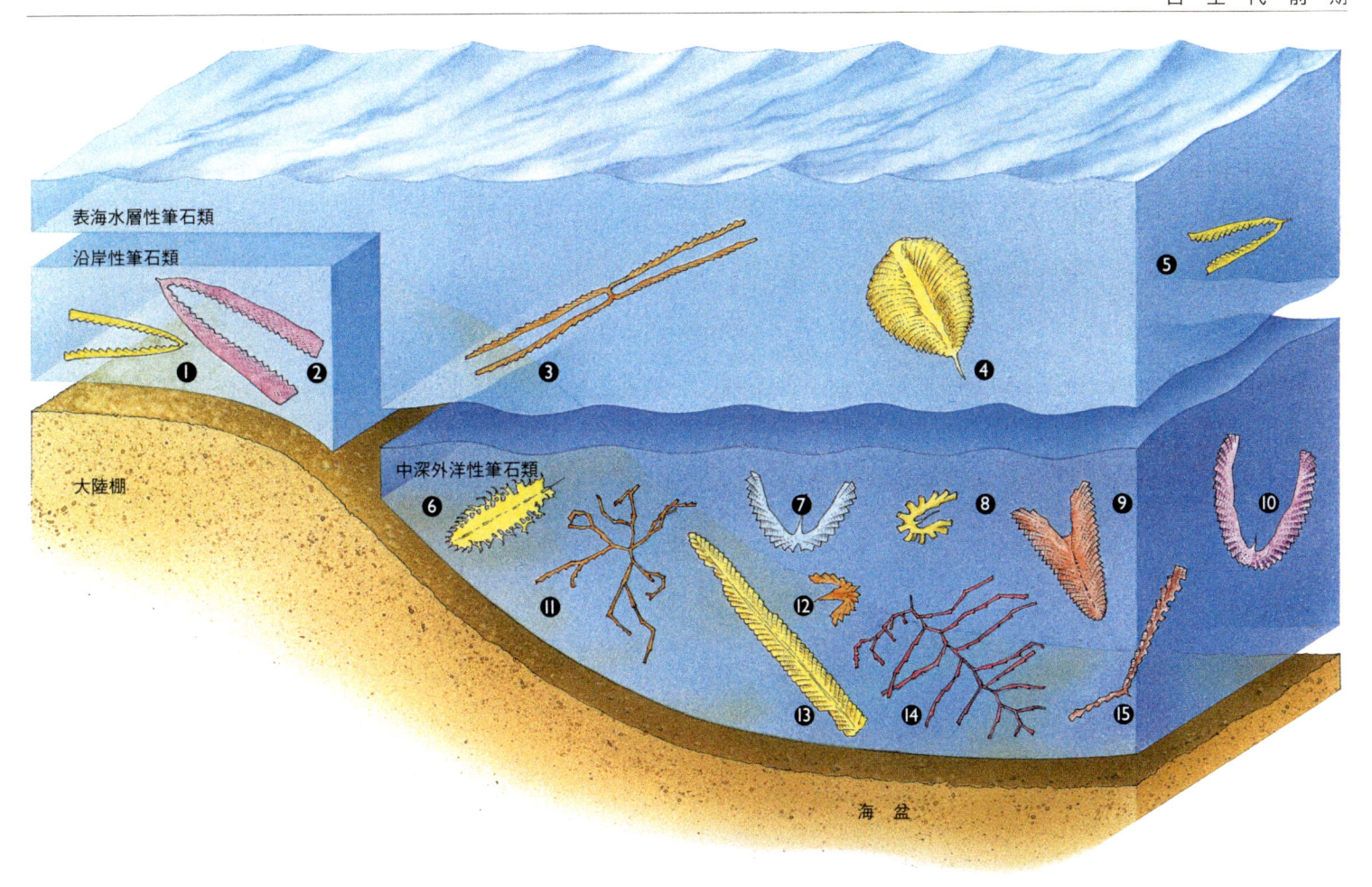

古生代前期

表海水層性筆石類
沿岸性筆石類
大陸棚
中深外洋性筆石類
海盆

浮遊性筆石類の最初の適応放散は，オルドビス紀の初めに起こった．かつては基質に縛られていた（固着性だった）筆石類が浮遊能力を発達させたのも，このときであった．浮遊性の筆石類は，オルドビス紀からデボン紀前期まで存在したが，その間，常に海洋全体に生息していたわけではない．（筆石類のなかでも固着性の樹形類は，石炭紀前期まで生き延びた．）筆石類は，ある限られた地域で特定の期間だけ，すなわち湧昇が起きた場所でその時期だけ繁栄した．こうした条件のもとで，どこかの大陸縁の沿岸で，低酸素だが窒素の豊富な水が表層に上昇する．こうして栄養が透光帯に運ばれることにより，主たる一次生産者である植物プランクトンと動物プランクトンの密度が高まるのが，現在の海洋に見られる比較的狭い湧昇水域の特徴である．もう一つの重要な食物源であるバクテリアは，湧昇水の下に生じる酸素の乏しい水域の周縁で増殖する．この水域で酸素が不足するのは，豊富な有機物の分解によって酸素が消費されるためである．湧昇水域とその下の水域では，栄養分のせいで，酸素含有量とプランクトン組成が上下で異なり，縦方向にグレーザー種の分化が生じる．

こうした分化の結果，浮遊性筆石類に様々な種類が生じた．海台の周縁を生息域とする表海水層性筆石類は，透光帯中のナノプランクトンを餌にし，中深外洋性筆石類は酸素極小帯の縁にすむバクテリアを食べていたと思われる．濃度の違いや縦方向への流れといった，水の物理的特性は，筆石類の浮揚性をさらに助けた．低酸素帯は層化した（混ざり合っていない）海洋に広がり，海が再び温かくなると，筆石類は多様化した．進化

筆石類は，栄養分が豊富で酸素に乏しい水が深みから湧昇したときに，特定の地域で大量に繁殖することがあった．

速度が速く，また浮遊性の生活様式のおかげで幅広く分布したことから，筆石類は，オルドビス紀とシルル紀の精密な生層序学にとって重要な道具となっている．

コロニーの形成は，建築のモジュール（構成する最小基準単位）を使った特殊例にすぎない．モジュール的生物は，共通の生息場所によって結びつけられている．しかし，（筆石類のような）コロニー中の個虫が通常の境界を越えて，分泌物を自由に交換するようであれば，多くのモジュール生物において個体を隔離するために骨格の仕切りが使われる．モジュール構造も，厳密な意味でのコロニーも，造礁の発達に重要な役割を果たしたが，古生代のあいだ，礁の形成を請け負っていたのは主としてモジュール生物であった．

シルル紀のサンゴと石灰海綿（長いあいだサンゴ類と勘違いされていた）は，現在のオーストラリア沖のグレートバリアリーフに匹敵する，大きな礁を築いた．

古生代前期の二大造礁生物グループは，シルル紀とデボン紀に全盛期を迎え，このとき，現在のグレートバリアリーフと同じ規模の礁が地球上の温かい海を取り囲んだ．これを作っていたのは，サンゴと石灰海綿であった．これらは現世の礁でも目に付くが，分類上は異なるグループに属しているか，あるいは中心的な造礁生物になる能力が衰えている．

実は，古生物学者たちは何世代にもわたって，古生代の石灰海綿や層孔虫類，ケーテテス類（chaetetids）をサンゴと間違えていた．層孔虫類（「穴だらけの毛布」という意味）は主としてドーム型のがっしりと石灰化した構造で，上面に星形溝（astrorhizae）が付いたパンケーキの山に似ている．ケーテテ

筆石類の多様性

多種多様な筆石類の形態は，異なる様式でコロニーが成長した結果である．胞群が湾曲したり輪を作ったり，たわんだり，相互に連結しあったりしながら，様々な筆石類コロニーを生み出した．また，その結果，水の濃度や主要な水流に合わせて水柱全体を利用し，植物プランクトンやプランクトン性バクテリアを食べることができた．いろいろな形にもつれた骨格は，舌のもつれそうな科学名に反映されている．

［筆石類］
1　ペンデオグラプトゥス
2　ディディモグラプトゥス
3　テトラグラプトゥス
4　カルディオグラプトゥス
5　アウログラプトゥス
6　グロッソグラプトゥス
7　シュードイソグラプトゥス
8　プシログラプトゥス
9　オンコグラプトゥス
10　イソグラプトゥス
11　クロノグラプトゥス
12　ディケログラプトゥス
13　グリプトグラプトゥス
14　シグマグラプトゥス
15　ティログラプトゥス

シルル紀

PART 2

シルル紀のサンゴ類

シルル紀のサンゴ（右）は、古生代の終わりまでに絶滅した主要な二グループに属していた。四放サンゴ類（皺皮サンゴ類）は主に単体で、分厚い外骨格の層におおわれた樹状型をしていた。床板サンゴ類は、数多くの個虫（サンゴ個体）からなる背の高いモジュール群体で、どっしりとした鎖状、扇状の骨格を形成した。サンゴ個体のなかは、たくさんの隔壁で縦に仕切られていて、同じ数の触手が伸びて食物をつかまえた。

イングランドの ウェンロック礁群集

肉食性のサンゴと、ろ過摂食性の枝状コケムシ類、大規模な層孔虫類は、典型的なシルル紀礁群集の核を形成した。その表面に、低い懸濁食者（腕足類）と、高い懸濁食者（ウミユリ類）が散らばっていた。泥食性の三葉虫類は海底をひっかき、餌を探す頭足類は水柱のなかを浮遊した。

ス類（「髪のような」という意味）は、髪の毛のように細い筒が縦に並んで束になった構造をしている。どちらもかなり大きく、直径 0.6 m 近くあるので、外見は海綿よりサンゴに似ている。浴用海綿は軟らかいが、ほとんどの海綿骨格は小さな骨片からできていて、いかにももろそうに見える。

20世紀初頭にカリブ海で現生種の層孔虫類やケーテテス類が採集されたが、なかなか信じてもらえなかった。こうした骨格が海綿動物のものであり、石灰質層と珪質骨片の両方からできていることが確かめられたのは、1960年代後半になってからである。薄いが丈夫な有機質の外披は、海綿動物が生きているあいだ、石灰質の塊のなかで骨片が溶けてしまうのを防いでいる。死後は、骨片の代わりに微小な腔が残る。星形溝が付いている点に注目すると、こうした骨格が海綿動物に近いことがわかる。なぜなら、このような構造はろ過摂食用のためだけに設けられているからである。

古生代の生物には、床板サンゴ類（tabulates）など、誤って海綿動物とされてきたものもいる。床板サンゴ類では、サンゴ個体の管に、骨格の仕切りが横にずらりと並んでいる。ケベック（Quebec）のシルル紀岩石から採集された標本には、化石化した生体組織が含まれており、こうしたハチの巣状骨格の管に、12本の触手を持つサンゴ個体が一匹ずつ入っていたことが証明された。このように、オルドビス紀からペルム紀の床板サンゴ類は、オルドビス紀からペルム紀の四放サンゴ類（tetracorals）（皺皮サンゴ類、rugosans）、そして現生種の六放サンゴ類（hexacorals）（イシサンゴ類、scleractinians）や八放サンゴ類（octocorals）（ウミエラ、sea pens）とは、はっきり異なっていた。層孔虫類、ケーテテス類、床板サンゴ類は大型のモジュール形態だが、皺皮サンゴ類は樹状になる傾向があった。皺皮サンゴ類の多くは単体性で、同心の粗い皺がついた分厚い外披におおわれていた。単体の皺皮サンゴ類はゆるい基質に宿り、活発な造礁生物ではなかった。

[床板サンゴ類]
1　ハチノスサンゴ
2　ヘリオリテス
3　クサリサンゴ

[四放サンゴ類]
4　ストレプテラスマ

[有関節腕足類]
5　レプタエナ
6　アトリパ
7　コケムシ類ハロポラ
8　層孔虫類 海綿動物アクチノストロマ
9　ウミユリ
10　頭足類オウムガイ類のオルソセラス類
11　三葉虫類ダルマニテス

古 生 代 前 期

シルル紀最大の礁

ウェンロック世のあいだに、ミッドコンチネンタル・ローレンシア（現在の北アメリカ）の、特にハドソン盆地とミシガン盆地に、広大な礁が数多く作られた。ミシガン礁は、地球史上最も広大で長い礁地帯の一つであった。幅約1100 kmにわたって広がり、連続する礁が覆う面積は約80万 km²にもなった。炭酸塩の瀬や、そのあいだにある盆地の縁にそって、何万個もの礁が発達した。

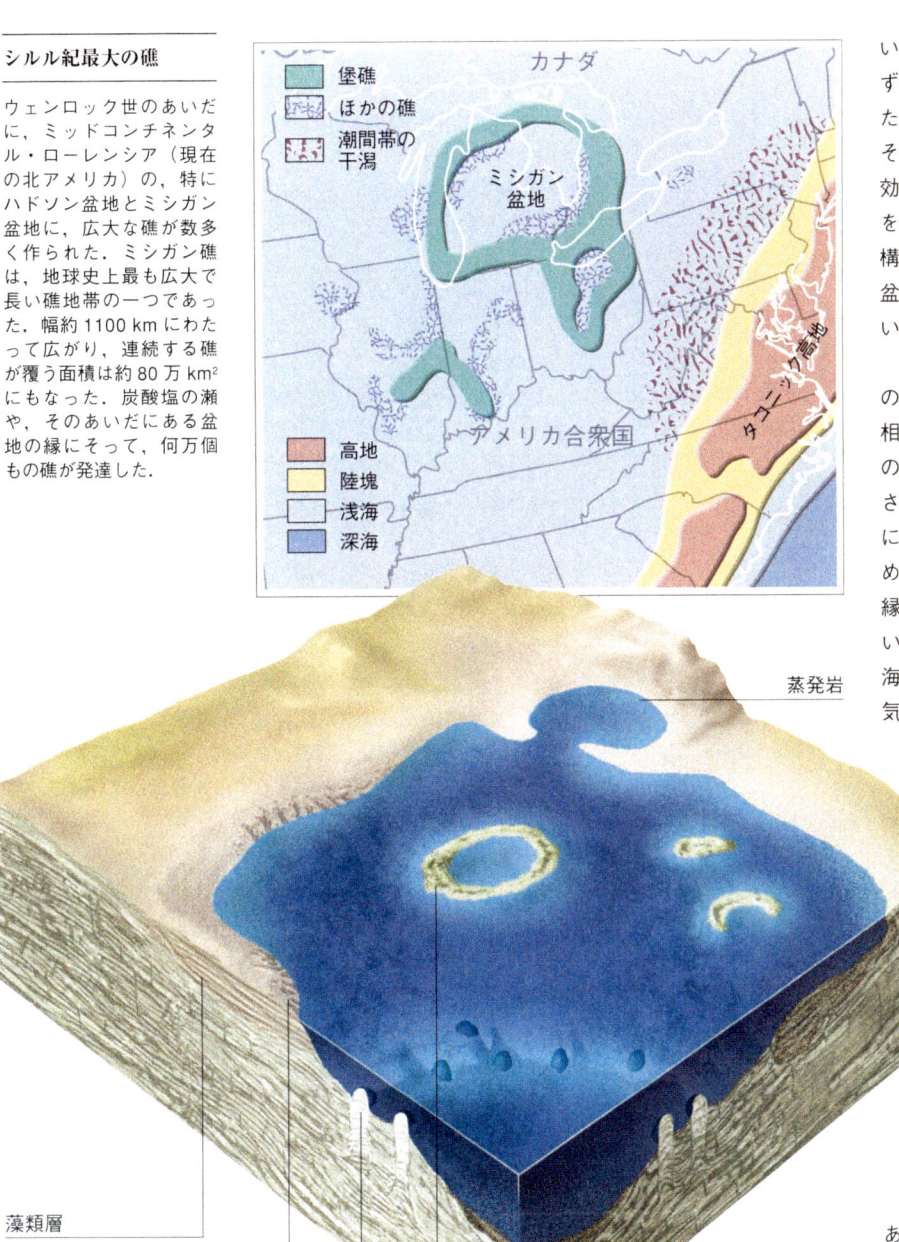

い水流や暴風作用で堆積した粒状の礁生物断片は石灰泥を含まず粒子支持のグレーンストーンに変わる。静かな環境で沈殿した石灰質泥は泥岩などに変化する。このように、炭酸塩構造はそれぞれ、ある岩石が形成されたときの環境を示す、かなり有効な指標となる。はっきりとした岩質が縦や横へ特徴的な連続をなして、前礁（fore-reef）や礁湖（lagoonal）といった相を構成する。その全体のパターンから得られた情報をもとに、海盆の歴史を復元したり、石油やガスなどの堆積物が蓄積されている場所を予測したりできる。

サンゴと層孔虫類動物相の進化放散と、関連した岩石の種類の改変によって、前礁、礁、陸礁側そして礁湖といった顕著な相が生じた。シルル紀中期のサンゴ-層孔虫類礁地帯は、現在の礁地帯より範囲が広く、亜熱帯と赤道気候帯に集中していた。さらに、体積の点からみると、温かい水域のシルル紀礁の多くにおいて、石灰シアノバクテリアと石灰藻類は重要な位置を占め、珪質の針状海綿は温帯の深海環境で塚を形成した。海浜を縁取る裾礁や礁湖を囲む離礁から、大陸棚縁の堡礁、環礁、深い傾斜の塚まで、多種多様な礁が次々とできた。最大級の礁は、海盆における水循環の障壁となり、同時代の広域堆積物や局所気候に影響を及ぼした。

蒸発岩

藻類層
ストロマトライトの塚
尖礁
層孔虫類／サンゴ離礁

狭い海の礁

砂漠に囲まれた狭い内陸盆地（上）に、様々な種類の礁ができた。バクテリア群集の働きで沈殿した、沿岸のストロマトライト塚、浅い海域に点在する、サンゴ-層孔虫類の殿堂（離礁）、環状の環礁などである。浅海の礁は盆地の縁でゆっくりと成長したが、海底がどんどん沈むところでは、生息地を同じ深さに保つために、サンゴは縦方向の枠組みを急いで作らなくてはならなかった。こうしてできた礁は柱に似ていた。

礁を作ったのはモジュール性の石灰海綿とサンゴであった。個々のモジュールは小さくても、モジュールの組織にすることで、個体での限界を大きく超えて成長できた。また、単体の仲間ほど好戦的ではないので、モジュール形態のものどうしは協調性がはるかに高い。そこで、互いに結びついて、（波浪作用などによる）劣化に耐える強固な枠組みを作り、これが礁の核となる。最後に、造礁生物の速い成長によって、枠組みの礁は巨大な大きさに達する。そして腔の名残を埋める海成セメント化作用によって強化される。

造礁生物に加えて、外殻形成者と破壊者（穿孔をあけたり、削り取ったりする者）まで含む礁群集は、全体が一つの炭酸塩工場になっていて、数多くの岩石粒子を生産している。硬くなった枠組みはバウンドストーンすなわち生物石灰岩になる。強

個々の動物の共同作用にある程度依存しながら造礁が進んだ結果、巨大な礁が築かれた。

どの礁にも、無顎類（むがくるい）などを含む様々な生物があふれていた。無顎類（jawless fishes）はクラゲ類（jellyfishes）やザリガニ類（crayfishes）、ヒトデ類（starfishes）などより、はるかに魚類に似ている。とはいえ、無顎類の英語名 jawless fish に含まれる fish という言葉には、この場合、水中に住む動物という意味しかない。脊索動物でかつ、頭蓋と脳を持つ頭蓋動物である無顎類は、軟骨魚類や硬骨魚類を含むほかの頭蓋動物すべてとは異なり、顎を欠いている。また、無顎類には骨盤もなく、ほとんどの場合、対鰭もない。生物学的分類の用語を用いると、無顎類は、ほかの顎口類（がくこうるい）（顎を持つ脊椎動物）すべて、すなわちほかの魚類、両生類、爬虫類、鳥類、哺乳類、に対して姉妹群を形成している。

無顎類は今日では珍しい存在であるが、シルル紀には、塩水でも淡水でも数多くの種が繁栄した。

現在の海水や淡水には、無顎類は数十種類しか存在しない。現生種の無顎類はメクラウナギ（hagfishes）とヤツメウナギ（lampreys）である。これら鱗のない蠕虫のような動物は、吸盤に似た丸い口を持ち、貪欲な寄生者として生きている。メクラウナギは石炭紀岩石の化石記録に残っているので、この頃からすでに、鋭く丈夫な歯の付いた舌を使ってほかの魚類の体に穴をあけ、寄生していたと思われる。

シルル紀

113

PART 2

コノドントは，どこのもの

1856年，ロシア人科学者クリスティアン・ハインリッヒ・パンダー（Christian-Heinrich Pander）が，バルト海沿岸のオルドビス紀地層から見つかった小さなリン酸塩質の歯を記載した．コノドントと名付けられたこの動物は，植物，軟体動物，環形動物，ヤムシ（arrow worms），そのほかの無脊椎動物などと分類されてきた．本当のところは，頭索類の脊索動物である．最初，コノドントは形の違いからいくつかの異なるグループに分類された．その後，アメリカ合衆国の石炭紀地層から，コノドントを含んだ魚類様の体が発見された．もっとも，これらは無関係であることがわかり，コノドントを含む器官は，コノドントを消化した器官として再定義された．

コノドント動物そのものは，スコットランド地方エディンバラの地質学協会で，石炭紀化石のコレクションのなかから見つかった．V字型の筋肉塊が規則正しく並んだ平べったい体，ふぞろいな尾鰭，そして頭部に多室の集合が見られるという特徴はすべて，無顎の頭蓋類にあてはまる．南アフリカで見つかった，眼の大きなシルル紀コノドントには，食物を砕いたりかみ切ったりするための歯が生えていた．このような敏捷で眼のいい動物の群れは，古生代前期の海を恐怖におとしいれたにちがいない．

しかし，さまざまな種類の無顎類（agnathans）が世界の海や礁湖，湖を泳ぐようになったのは，シルル紀とデボン紀であった．彼らは現生無顎類とは外見がまったく異なり，披甲で覆われていた．内骨格ではなく外骨格を判断基準にして，無顎類は長いあいだ節足動物と関係付けられていた．

このグループの知られるかぎり最古の例は，オルドビス紀中期のアストラスピス類（astraspids）とアランダスピス類（arandaspids）である（アランダ（Aranda）は，こうした遺骸が発見された場所の近くにすむ，オーストラリアの部族の名前である）．アランダスピス類は，ゴンドワナの浅海に生息した，細長い頭を持つ種類で，その頭部は節のある大きな骨質の披甲で覆われ，尾の両突縁には棒状の鱗が山形に並び，尾鰭が付いていた．口に付属する武器は小さな骨質板の列だけで，海底の泥を掘るためのスコップの役目を果たした．体の両側には，鰓孔が長く連なっていた．眼は頭の先端にあり，両眼のあいだに一対の鼻孔が開いていた．頭のてっぺんには，複式の「第三の眼」があった．現生種のヤツメウナギでは，このような眼に発達不十分な水晶体が付いていて，危険な影が迫ると感知できるようになっている．

アストラスピス類はローレンシアとシベリア周辺の海盆にすんでいた．彼らをアランダスピス類と区別する特徴は，8個の大きな鰓孔を持ち，頭の両側に眼が付いていて，「第三の眼」は単式で，尾の鱗がもっと幅の広いダイヤモンド型をしている点であった．アランダスピス類もアストラスピス類も，細胞のない，一種の骨からできた背甲に覆われ，対鰭は持っていなかった．頭と体には十分に発達した側線系が見られた．魚類が持つこのような系は，バランスを感知し，ほかの生物（歓迎すべき餌か，いやな捕食者）がまわりの水に起こす震動を察知するのに役立っている．

これら頭蓋類はほかのグループとのあいだに明らかな関係はなかった．最も近縁の仲間は異甲類であった．

歯の集合

コノドント動物

無顎類

無顎類（agnathans）は5億年以上前に存在した．最古の無顎類遺骸は，中国のカンブリア紀前期の澄江（チェンジャン）動物相から見つかった．オルドビス紀が終わるとすぐに，無顎類はあふれんばかりの異質性を獲得し，盾板や結節，密集した鱗などでできた，骨質の披甲で体をおおった．その化石は，シルル紀とデボン紀の堆積岩の時代決定に利用されてきた．異甲類（heterostracans），テロダス類（thelodonts），ガレアスピス類（galeaspids）や，骨甲類（osteostracans）はシルル紀のあいだに大きな適応放散を見せた．欠甲類もこの時期に出現した．デボン紀よりあとまで生き延びたのは，裸のヤツメウナギ類とメクラウナギ類だけである．

シルル紀前期の退氷以降，舌をかみそうな名前の，披甲を持つ無顎類が急に海をにぎわし始めた．たとえば，異甲類（heterostracans，「異なる板」），骨甲類（osteostracans，「骨質の板」），テロダス類（thelodonts，「乳首の歯」），欠甲類（anaspids，「披甲のない」），ガレアスピス類（galeaspids，「ヤツメウナギの披甲」）などである．これらのうち，シルル紀からデボン紀のテロダス類と欠甲類は比較的広く分布していたが，異甲類と骨甲類は北半球にすみ，ガレアスピス類の生息地は中国の海に限られていた．異甲類の口には小さな口板が数枚並んでいた．くちばし状の突起がそばについていたわけではないが，これで食物をすくい取ったと考えられる．吻部の下には幅の広い切れ込みがあった．先細の頭全体を一枚の板が覆い，大きなダイヤモンド型の鱗が体を保護していた．尾はへらのような形であった．

披甲は，無防備だった最初の魚類と魚類様動物で発達した．彼らの一部はのちに，捕食者となった．

ほとんどの骨甲類は，一対の肩鰭が付いた馬蹄型の頭甲を持っていた．体は細長い小さな鱗の列で保護され，背部に鰭があった．尾は，現生無顎類と同様，上を向いていて，下のほうに大きな膜があり，尾鰭の下部にそって奇妙な葉状突起が水平に

シルル紀

シルル紀

オルドビス紀

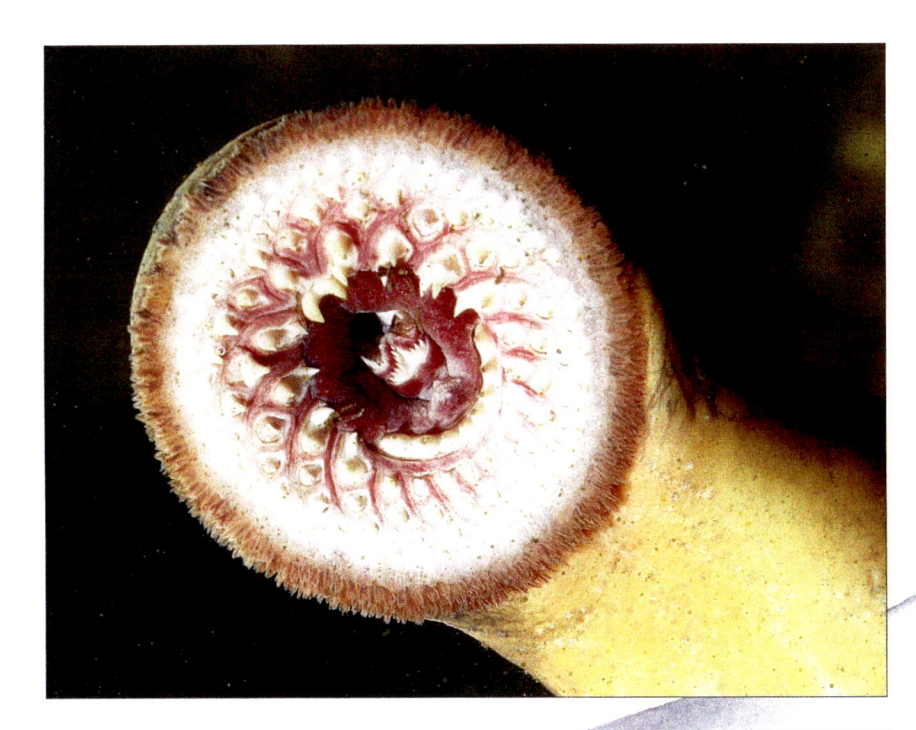

突き出ていた．骨甲類の特徴は，頭甲の上面を縦横に走る奇妙な浅いくぼみである．頭甲は小さな多角形の骨板でゆるやかに覆われ，分枝管によって迷路腔につながっていた．ここには，よく発達した電気感知器官か，側線系と結びついたほかの種類の感知器が入っていたと思われる．

テロダス類は厚みのある体をした魚類で，ちょっと見ると現生サメ類のものに似た微小な鱗で全身を覆われていた．また，鰓孔の上には対になったフラップがあり，眼は大きく離れ，枝分かれした尾と，発達した背鰭と尻鰭が付いていた．

細身で左右の幅が狭く，頭の両側に大きな眼を持った欠甲類は，現生ヤツメウナギ類の近縁である可能性が高く，ほかの無顎類とは違って披甲で覆われていなかった．頭にはごく小さな鱗と，数枚の大きな板が付いていて，体は山形に並んだ細長い鱗に包まれていた．尾は下へ向かって傾き，上部に鰭葉が突出していた．口は丸く，上下の唇に板が付いていたので，普通の顎とそっくりの方法で，上下にかみ合わせることができたと思われる．

シルル紀の礁や礁湖，そのほかの海洋群集は目がくらむほど多様であったが，陸上は逆に，この時期の大半にわたってほとんど不毛の状態であった．まれに鉱物化して見つかることがあるので，陸生微生物が初めて地表に膜を作った時期は，始生代にまでさかのぼれると考えてよい．その後，バクテリアと地衣類（緑藻類もしくはシアノバクテリアと菌類の共同体）が陸地を飾った．カンブリア紀の初めには，海草が丈夫な外被とバネ状の器官を獲得した．

> シルル紀に，植物がついに上陸し，不毛の荒れ地だったところに点々と緑を加えていった．

この外被のおかげで水の助けがない空気中に身をさらすことができ，ねじれたバネをほどくと胞子を放出できた．ただし，放出できるのは空中に限られていたが．こうして未開の土地でだんだんと生活形が発達していった．ニューヨークのカンブリア紀後期の砂浜には，正体不明の動物たちが残した生痕があり，大きさといい模様といい，一匹狼のバイク乗りが走ったあとのタイヤ痕に似ている．イギリス湖水地方では，一時的に浮上したオルドビス紀の環境で，海生ではない節足動物の足跡が軟らかい火山岩につけられた．こうした生痕を残した動物たちは，数対の脚でおおよそまっすぐな道筋をたどっていた．

歯のリング

ヤツメウナギ類の口には環状の歯が生えていて，強力な武器になる．この歯で獲物にくっついて，肉を削り取り，血を吸う．

デボン紀

[アストラスピス類／アランダスピス類]
1　サカバンバスピス
2　アストラスピス
[骨甲類]
3　ノルセアスピス
4　グスタヴァスピス
5　パラメテロラスピス
6　ベロナスピス
7　ボレアスピス
8　マカイラスピス
[異甲類]
9　ザスキナスピス
10　ドリアスピス
[テロダス類]
11　トゥリニア
[欠甲類]
12　エンデイオレピス
13　ユーファネロプス

無顎類の分類

メクラウナギ類は，最も原始的な無顎類の特徴を備えている．ヤツメウナギ類は欠甲類の祖先だったのか，それとも逆か，といった問題はともかく，彼らが生き延びた理由は不明である．ほかの無顎類は重々しい披甲を発達させて身を守るという進化をした．テロダス類と骨甲類は有顎の魚類と関係がありそうに思える．テロダス類には（サメに似た）鱗があり，骨甲類には対鰭，眼のまわりに骨化が見られる．これは魚類の胚における下顎の発達と関係している．

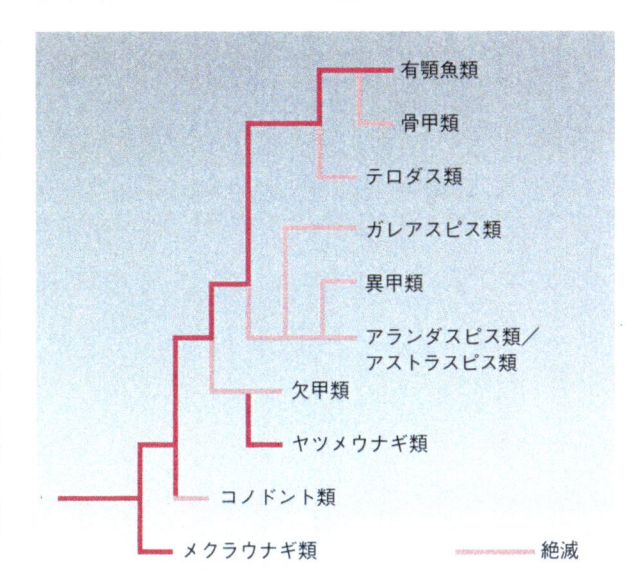

PART 2

　一般に認められている陸上植物最古の化石証拠は，オルドビス紀中期の非海成および沿岸の海成堆積物から発見されたもので，ばらばらの胞子（spore）と植物断片が含まれている．胞子は無性生殖を行うための細胞である．胞子細胞には，乾燥したり紫外線を浴びたりしても耐えられる細胞壁がある．胞子を獲得したことは，植物が陸上に定着するための重要な第一歩であった．オルドビス紀の胞子は，陸上植物のものと解釈されている．大きさや全体の形が陸上植物の胞子に似ていて，壁構造が原始的な現生陸上植物の胞子に近いからである．さらに，ややのちの堆積物から産出し陸上植物と断定されたものから，そっくりの胞子が見つかっている．小さくて豊富に見つかるところから，大量に作られて風に吹き飛ばされた結果，遠くまで分散することができたと推測される．最古で最も単純な胞子は，コケ，より正確に言えば苔類（たいるい）に似た植物のものであった．オルドビス紀の後期には，主として現在のシダ類で見られる形の胞子が出現した．

　最古の陸上植物の正確な類縁関係はまだはっきりわかっていない．しかし，緑藻類の一種から進化したように思われる．オルドビス紀の植物断片は，管状構造と蝋質の外被を持ち，類縁関係がわからない正体不明の陸上植物ネマトフィテス類（nematophytes，「糸状の植物」という意味）のものであるらしい．ネマトフィテス類は病原体もしくは分解者だった可能性があり，菌類か，ひょっとすると地衣類と関係があったのではないかと考えられる．

維管束植物の発達

過去に見つかったシルル紀とデボン紀前期の植物はすべて，最近まで古生マツバラン類（psilophytes）と呼ばれるグループに入れられていた．今では，初期の陸上植物のなかに，幅広い種類の形が認められている．たとえばゾステロフィルム類（zosterophyllophytes）や，トリメロフィトン類（trimerophytes），リニア類（rhyniophytes）は現在，いくつかの進化系統（左下）に下位区分される．これを見ると，陸上生活への適応が多くの植物グループで別々に起きたことがわかる．

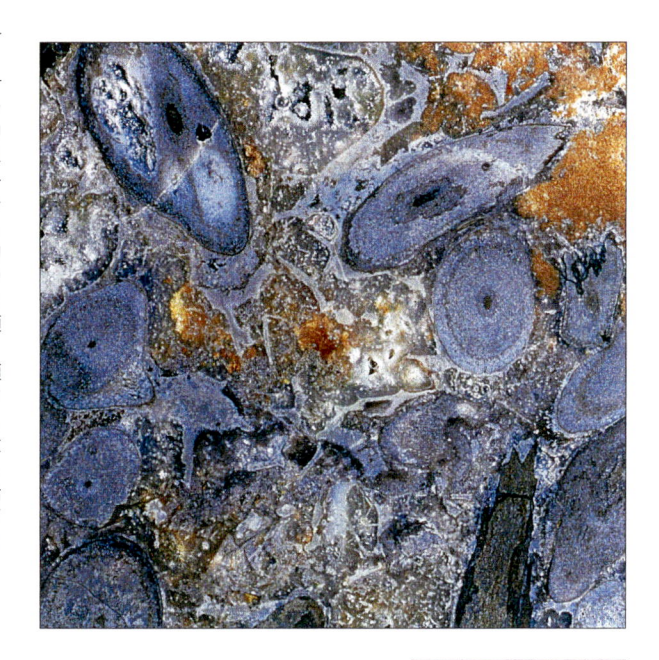

　植物本体で最古のものは，陸上植物の胞子が出現してから3000万年ほどのちの，シルル紀前期の化石記録で初めて確認された．この時期に，陸上植物はどんどん数を増やしていった．ヨーロッパ北部，ボリビア，オーストラリア，そして中国北西部の，初期の陸上群集には，ヒカゲノカズラ類，近縁の初期植物（ゾステロフィルム類（zosterophylls）とリニア類（rhyniophytoids）），そのほか，サロペラ（*Salopella*）など，類縁関係の不明な様々な植物遺骸が含まれている．

化石植物

ライニー・チャートのような珪化泥炭堆積物からは，保存状態がきわめてよい植物化石が見つかっている．岩石の薄い切片を顕微鏡でのぞくと，植物組織と細胞を観察できる（上）．

　シルル紀後期のあいだ，ゴンドワナとローレンシアで優勢を誇ったのはリニア類であった．リニア類は，スコットランドのライニー・チャート（Rhynie Chert）から産出するリニア（*Rhynia*）に似た植物をまとめた呼び名である．リニア類は枝分かれした植物で，枝の先には球形から腎臓形の胞子嚢（胞子を生じる器官）が付いていた．ゾステロフィルム類（「花冠の葉」）では，あまり規則正しくない，まさに花冠に見える分枝軸に，棘状の突起と複数の胞子嚢が直接付いていた．サロペラは，ヒカゲノカズラ類（clubmoss）のものに似た軸を持っていた．これらの植物はどれも，茎，葉，根に分化していなかった．

> 初期の陸上植物は小型で，湿った低地に育った．その後，丈が高くなったおかげで，乾燥した環境へと生息地を拡大できた．

　こうした初期の陸上植物は多様ではあったが，概して小型の生物（背丈は通常10 cm足らず）で，生息地は湿った低地に限られていた．とはいえ，維管束植物である点に間違いはない．つまり，細長い円筒細胞からなる管状組織を持ち，水分を含む基質に接した器官から，水やそのほかの栄養素を植物のてっぺんまで導いたということである．この画期的な変化により，陸上植物の背丈は高くなり，やがてもっと乾燥した場所に生息域を広げることができた．蝋質の外被に開いた小さな孔（気孔）は，ガス交換を可能にし，蒸散と水蒸気の損失を調整した．最後に，大気中から直接窒素を固定できるバクテリアとの共生によって，維管束植物は栄養素供給にほとんど頼らずに生きていけるようになった．

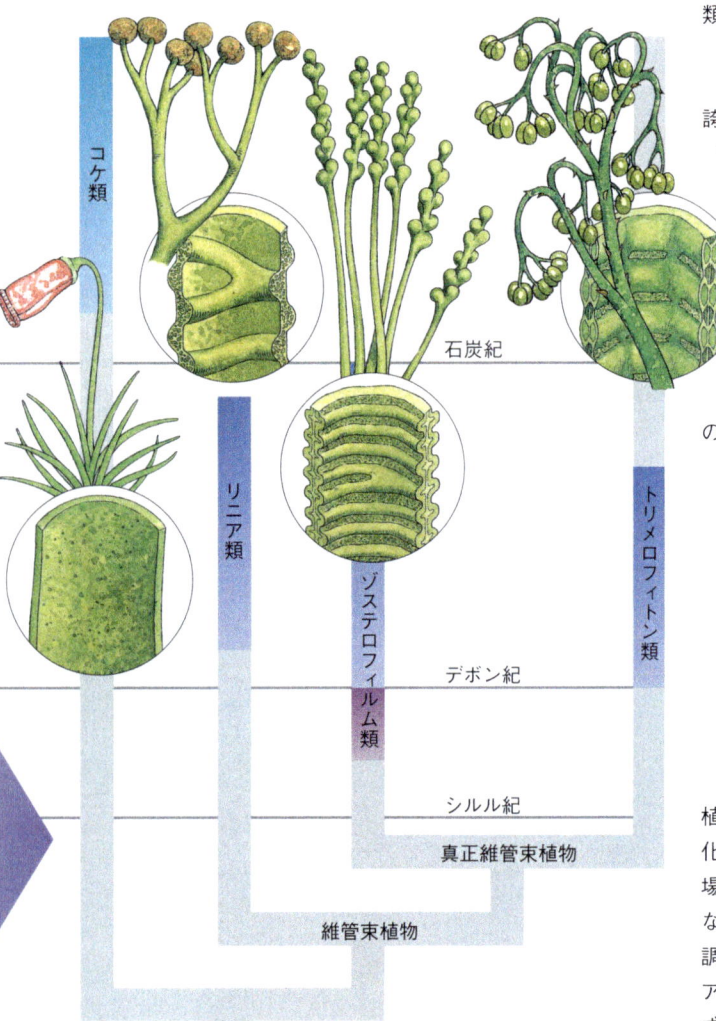

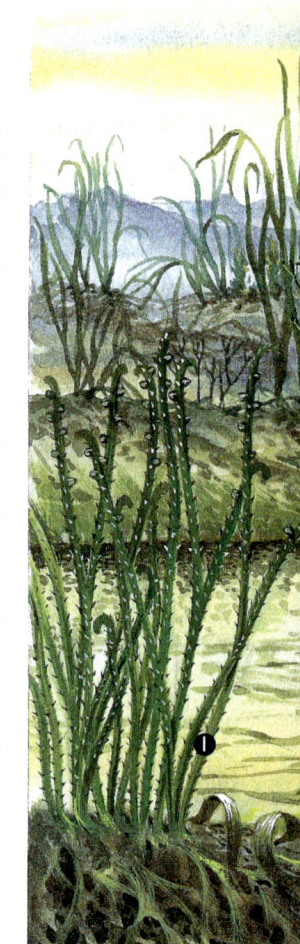

古生代前期

陸上植物の到来は，落葉落枝を生じ，栄養素の流れと排水を変更し，土壌の形成を助けることを通じて，大気や地球環境のほかの側面に大きな影響を及ぼした．根の進化は，機械的破壊や土壌の酸性化によって鉱物の風化作用を増大させ，大気中の二酸化炭素濃度を減らすのに重要な貢献をしてきたと考えられる．維管束植物が蒸発散に果たす役割は，ほかの生物ではまねができず，降雨や平均温度，大気の循環を左右する主要因となっている．シルル紀の終わり以降，陸上生態系の進化は（さらに，海洋生態系の進化までも）植物，とりわけ維管束植物（vascular plant）によって押し進められてきた．

典型的なシルル紀の風景はサーレマー（Saaremaa）に見ることができたであろう．サーレマーは現在のエストニアにある低地の島で，今はヒースが生い茂っている．この島は，もっぱらシルル紀の苦灰岩と石灰岩からできていて，ここから切り出された石は13世紀以来，バルト海諸国のいたるところで建築用石材として利用されている．シルル紀後期の初め（ラドロウ世）に海退が進み，サーレマーは広々とした温かい浅海で，平坦な低地に囲まれた海盆の縁に位置するようになった．現在の地理にあてはめると北から南へ向かって，海盆はいくつかの帯に分かれていた．北には半ば隔離された礁湖があり，そこに苦灰岩泥が沈殿して，乾燥した気候のなかでストロマトライトが発達していた．南へ下ると，標準波浪限界より上の潮の影響を受ける瀬で，すっかり浸食されたウーライトの砂が礁のあいだに堆積し，固着性の底生生物（層孔虫類や床板サンゴ類，石灰藻類）と，さらに運動性の動物たち（貝形虫類，多毛類，無顎類）が繁殖していた．瀬の先の沖合には潮下帯の大陸棚が続いていた．標準波浪限界より下のこの場所で泥岩が蓄積し，多種多様な層孔虫類，床板サンゴ類，腕足類，貝形虫類，コノドント，珍しい三葉虫類，そして様々な魚類に生息地を提供していた．大陸棚の向こうは急斜面になっていて，泥の多い穏やかな環境下で，放浪性の三葉虫類と貝形虫類，それに腕足類が優位を占め，キチン質浮遊性微生物や筆石類，テロダス類が水柱のなかを漂っていた．斜面の終わりには深い海凹があり，ここで瀝青質の黒いシルト岩が形成され，遊泳性の（自由に泳ぎ回る）棘魚類（acanthodians）やコノドント，筆石類の遺骸が海底に沈んだ．

汽水性の礁湖に生息した群集はとりわけ興味深い．腕足類と比較的大きめの（長さ0.5 cmになる）貝形虫類が盛んに繁殖していた．腕足類はろ過摂食者で，貝形虫類は浮泥から食物を集めた．ろ過摂食者の二枚貝様甲殻類，コノハエビ類（phyllocarids，「葉の脚」という意味）は体長5 cmにまで成長した．少数のコケムシ類や層孔虫類，床板サンゴ類は，海底のやや硬くなった地域にしがみついていた．環形動物の顎化石であるスコレコドント（scolecodonts）が見つかっているところから，肉食性の多毛類がいたと推測され，また密集した生痕化石から，浮泥食者の活動を知ることができる．

> 現在のエストニアに近い温かい浅海で，脊索動物が中心的な役割を担うものとしては，知られているかぎり最初の群集が生息していた

オーストラリア風庭園

ユーラメリカの堆積物では，初期のリニア類植物相が代表的な種類であったのに対し，同じシルル紀後期のオーストラリアの植生ははるかに進化していた．バラグワナチア（*Baragwanathia*）は，葉と根に似た器官を持っていた．また，温かく乾燥した気候の，不安定な氾濫原で，初期のゾステロフィルム類 サウドニア（*Sawdonia*）や，分類がはっきりしない別の植物 サロペラ（*Salopella*）などとともに，高さ2 mにまで生い茂った．サウドニアの軸には腎臓に似た形の胞子嚢が付いていたが，サロペラは末端に小さくて丸い胞子嚢を持っていた．

1　サウドニア（ゾステロフィルム類）
2　ブトトレピス（「葉状植物」）
3　サロペラ（類縁関係は不明）
4　バラグワナチア（ヒカゲノカズラ類と思われる）
5　多足類
6　広翼類の生痕

シルル紀

PART 2

サーレマーの骨甲類は小型で、体長 5〜10 cm ほどであった。その生活様式は実に様々である。オリーブ形の頭を持つ種類は、分厚い披甲に閉じこもり、対鰭はなく、尾を動かしてゆっくりと泳ぐことしかできなかった。ほとんどの時間を泥に隠れて過ごし、消極的に浮泥をあさって食物を得た。そのほかの種類はもっと活動的な遊泳性生物であった。なぜなら、軽い造りの骨格を持ち、長く柔軟な尾によく発達した筋肉が付いていて、尾の下葉を使って浮上できたからである。さらに、頭甲が滑走にぴったりの外形になっていて、下向きに開いた細長い孔から水を噴射すると楽に海底を離れられた。対をなす肩鰭は機動性を高めた。披甲の腔から分泌される粘液を体に塗りつけて、この骨甲類は海底より上をなめらかに泳ぎ、軟らかい小型無脊椎動物を見つけた。

> 多毛類から巨大な広翼類まで、多くの捕食者がサーレマー海盆に生息していた。

欠甲類もテロダス類も自由遊泳性のプランクトン食者で、海底よりかなり上の位置を保つことができた。断面が丸いテロダス類は、体の下側が明るい色、上は暗い色という典型的な遊泳者のカムフラージュ色を示し、前方を向いた大きな口を持っていた。力強い鰭と鱗に刻まれた細い縦溝は水の抵抗を少なくするのに役立っていた。横に付いた眼と発達した側線系によって、上からも下からも同じように情報を得ることができた。これは、体長 2 m の広翼類（タイコウチ類，water scorpions）や、発達した顎と円錐型もしくは三角形の大きな歯を持つ棘魚類など、情け容赦のない捕食者がいるところでは、とりわけ重要な機能であった。細身の棘魚類は、棘を持つ小型のサメに似ていて、尾葉をのぞく各鰭の前に長い骨質の棘が付いていた。

栄養網は単純で、海底の腐食動物と底生や遊泳性の捕食者だけでほとんど成りたっていたが、捕食者の連鎖は長かった。広翼類が優勢を誇っていたにもかかわらず、エストニアのシルル紀礁湖では初めて、脊索動物の存在が形成に大きく関与した群集が出現する。

1 リンギュラ（腕足類）
2 トレマタスピス（骨甲類）
3 ミクソプテルス（広翼類）
4 ティエステス（骨甲類）
5 ケラチオカリス（コノハエビ類甲殻類）
6 ノストレピス（棘魚類）
7 フレボレピス（テロダス類）

シルル紀

古 生 代 前 期

シルル紀

PART 2

脊索動物の進化

最初の脊索動物

ナメクジウオ（amphioxus, Branchiostoma）（左）は，中国のカンブリア系下部化石産地チェンジャンで発見されたカタイミルス（Cathaymyrus）に似たところがあり，すべての脊椎動物（背骨を持つ動物）の祖先と考えられている．

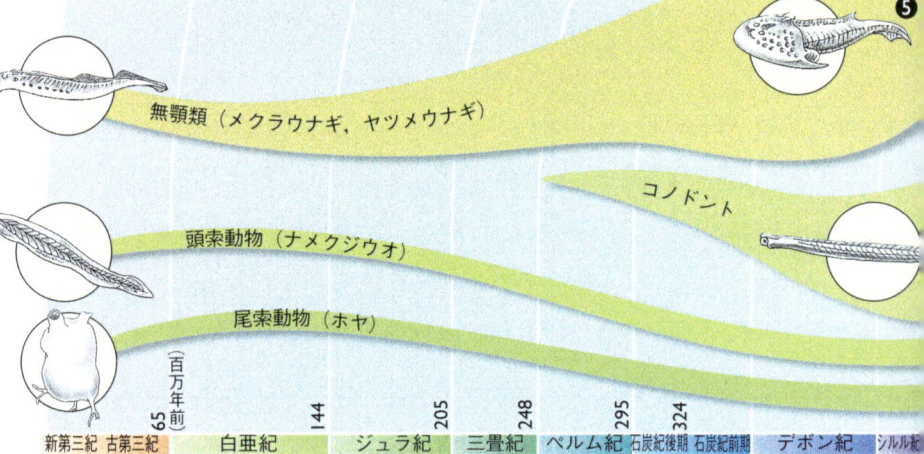

　三葉虫類やアノマロカリス類，そのほかの大型肉食動物がいるカンブリア紀の海で，小さくて軟らかい無防備な生物が生き延びた．頭の両側に裂け目があって，体のなかに繊維質の棒を持つ，ウジ虫に似たこの動物は，脊索動物すべての祖先であった．

　脊索動物（chordates），半索動物（翼鰓類と筆石類），棘皮動物はみな新口動物（deuterostomes，「別の口」という意味）である．つまり，胚にあった最初の開口部とは異なる場所で，成体の口が発達するのである．脊索動物では体の背側にそって神経索が走っているが，左右相称動物の大半で，神経索は腹側を通る．脊索動物はまた脊索を持っている．脊索とは軟骨質の棒で，筋肉の動きを支える抗圧縮装置として機能する．ナメクジウオ類やヤツメウナギ類では終生存在するが，ホヤでは遊泳性幼生にしか生じない．脊椎動物においては，脊索が成長して脊柱になる．脊索動物の第三の特徴は，生活史のある段階で喉に鰓裂が現れる点である．

　カンブリア紀の海にはナメクジウオや無顎類に似た脊索動物が生息していた．オルドビス紀に入ると，ここに真の無顎類が加わり，シルル紀とデボン紀のあいだ広く分布し続けた．脊椎動物のものと言われる鱗や棘がカンブリア紀の岩石に含まれていたという報告は数多く，今でもときどき耳にするが，これらは節足動物や頭吻動物の遺骸にすぎない．

　確かな証拠はないが，オルドビス紀には有顎の脊椎動物が存在していた可能性がある．最初の脊椎動物は淡水で機能する腎臓を持たなかったので，沿岸の海生生物であった．シルル紀になると，脊索動物が汽水や淡水の盆地へと生息域を拡大する．汽水と完全な海水性の環境のあいだを行き来することが刺激になって，脊椎動物の進化速度が速まったのかもしれない．顎は，前方の鰓のアーチ状骨格から発達し，もともとは食物をかむというより保持するために使われたと考えられる．

　シルル紀のあいだに，原始的なサメ類（軟骨魚類，chondrichthyans），板皮類（placoderms，披甲を持つ魚類）やたぶん硬骨魚類（osteichthyans）も含む，有顎の頭蓋動物グループが数多く出現した．ここに登場する硬骨魚類は，現生ニシン類（herring）やタラ類（cod）を含む大きなグループのなか

ほんの数歩でいろいろな道

脊索動物の重要な進化はカンブリア紀前期に始まったが，それは一本のまっすぐな道ではなかった．カンブリア紀前期の脊索動物は，尾索動物や頭索動物，はては無顎類の特徴まで備えていたが，発達の度合いは様々であった．魚類の一部で葉状鰭と肺状器官が発達し，爬虫類では哺乳類や鳥類の特徴が現れた．このような並行現象から，進化には独自のパターンと方向性があることがわかる．

で，知られているかぎり最古の種類である．棘魚類は硬骨魚類と類縁関係にあるかもしれない．棘魚類はペルム紀前期に絶滅したが，現在の水生脊椎動物群の大半はシルル紀の終わりまでには存在していたようである．

　デボン紀の最後に，総鰭類（そうきるい）（lobe-finned fishes）の子孫である四肢動物が陸上への第一歩をしるした．ここからほんの数歩のところに，しわがれ声で鳴き，羽毛を持ち，体毛で覆われた，より高等な脊椎動物の世界があった．古生前期が終わるとき，かつては餌食にされた脊索動物が，最も力強い捕食者になった．こうして古生代後期が幕を開けたのである．

古 生 代 前 期

1 祖先型の脊索動物
2 ユンナノゾアンとカタイミルス
3 無顎類ミロクンミンギアで鰭が発達
4 対鰭と胃の発達
5 細胞質の骨と側線系の発達
6 顎の進化
7 浮き袋の出現
8 葉状鰭と肺の発達
9 趾の付いた四肢動物の肢が出現
10 胚に羊膜があり，殻が硬い卵を発達させたことで，四肢動物は自立できた
11 体の恒温性を支えるシステムが進化

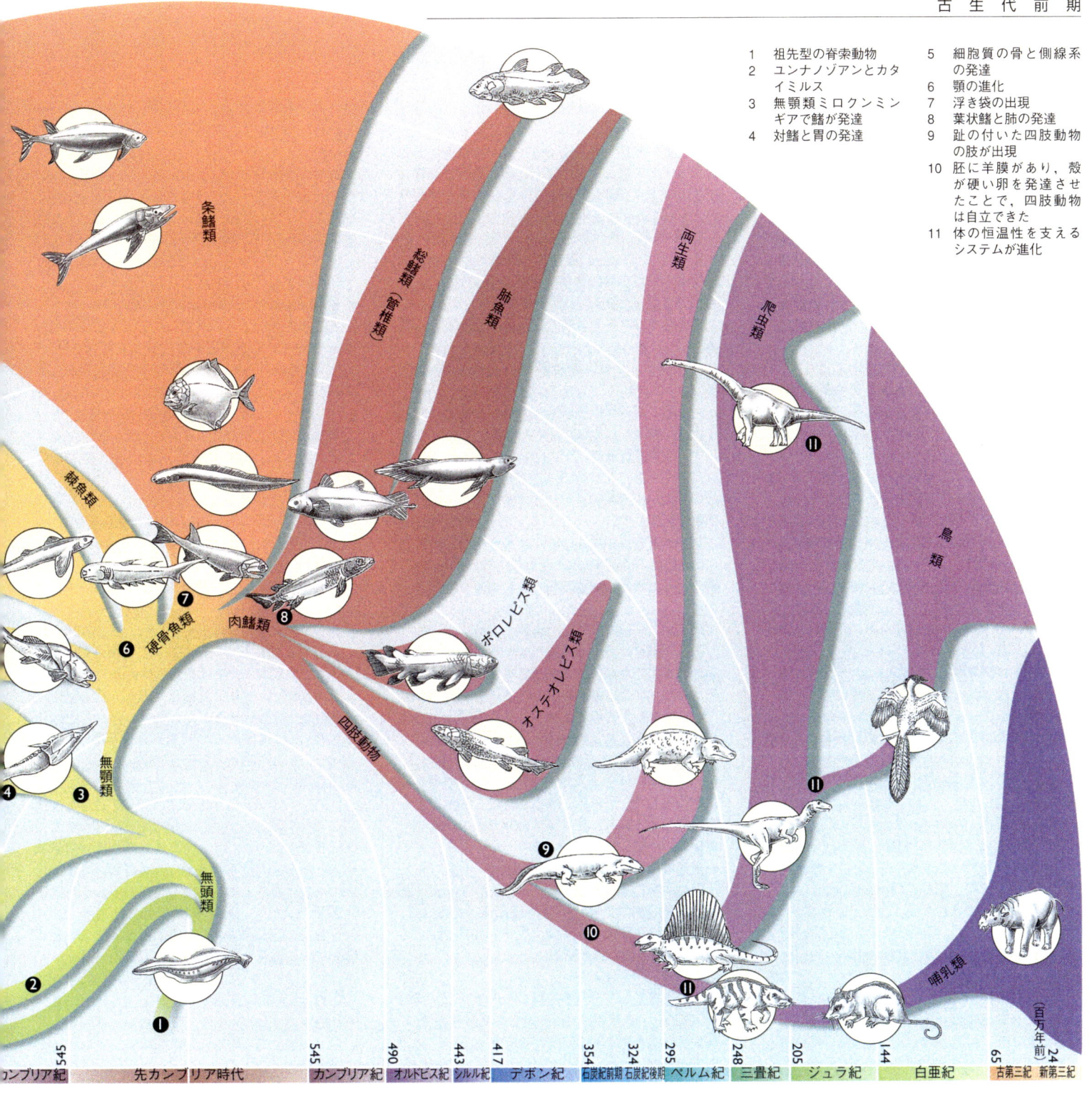

条鰭類
棘魚類
硬骨魚類
肉鰭類
総鰭類（腔椎類）
肺魚類
ポロレピス類
オステオレピス類
四肢動物
両生類
爬虫類
鳥類
哺乳類
無顎類

(百万年前)
545 545 490 443 417 354 324 295 248 205 144 65 24
カンブリア紀 先カンブリア時代 カンブリア紀 オルドビス紀 シルル紀 デボン紀 石炭紀前期 石炭紀後期 ペルム紀 三畳紀 ジュラ紀 白亜紀 古第三紀 新第三紀

脊索動物の解剖学的構造

典型的な脊索動物の特徴——体を前後に走る柔軟な脊索，背側神経索，対をなす筋肉塊——はすべてナメクジウオに現れている．現生脊索動物のもう一つの基グループである尾索動物と違って，脊索が頭部のなかまで延びているところから，頭索動物という名前が付いた．

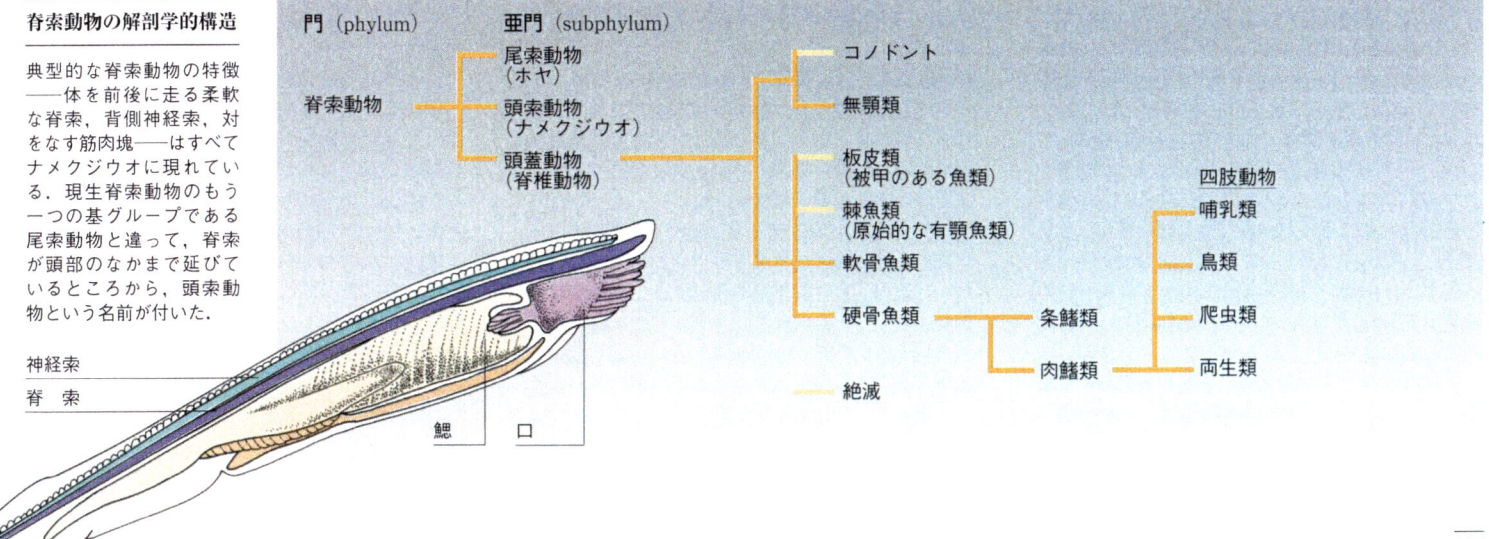

神経索
脊索
鰓
口

門 (phylum) — 亜門 (subphylum)

脊索動物 — 尾索動物（ホヤ）
　　　　　　頭索動物（ナメクジウオ）
　　　　　　頭蓋動物（脊椎動物）

コノドント
無顎類
板皮類（被甲のある魚類）
棘魚類（原始的な有顎魚類）
軟骨魚類
硬骨魚類 — 条鰭類
　　　　　　肉鰭類

四肢動物 — 哺乳類
　　　　　　鳥類
　　　　　　爬虫類
　　　　　　両生類

絶滅

シルル紀

用語解説

[あ]

アイソスタシー isostasy
密度の違いによって生じる地殻・マントル間の釣り合い．地殻の岩石は下方にあるマントルの岩石の上に「浮いている」という理論に基づく．海洋地殻は高密度の玄武岩でできており，それに対して，上部の大陸地殻は主として低密度の珪長質岩で，その軽さを補整するために深い「根」を持っている．

アヴァロニア Avalonia
古生代初期に合体し，古生代後期にローレンシアとバルティカに結合した大陸．その構成要素には現代のニューファンドランド東部，アヴァロン半島とノヴァスコシア（北アメリカ），アイルランド南部，イングランド，ウェールズおよびヨーロッパ大陸のいくつかの断片──フランス北部の一部，ベルギー，ドイツ北部──が含まれた．

アウストラロピテクス類 australopithecine
鮮新世～更新世に生息した，解剖学的にはサルとヒトの中間に当たるヒト科のグループの一員．

アカディア造山運動 Acadian orogeny
主にデボン紀にアパラチア山脈北部を形成した造山事件．ヨーロッパではカレドニア造山運動として知られる．

アカントーデス類 acanthodian →棘魚類

アクリーション accretion →付加

アクリターク acritarch
原生代から新生代まで存在したプランクトン性微小藻類で，通常は装飾のある外膜があった．おそらく，大部分のアクリタークは渦鞭毛藻類に類縁だった．

アジア古海洋 Paleoasian Ocean
原生代最後期と古生代初期にシベリアとゴンドワナ東部を隔てていた海洋．

アシュール文化 Acheulean Culture
更新世中期から存在した，荒削りの石刃から成る，石器加工文化．初期のホモ・エレクトゥス（*Homo erectus*）またはホモ・ハビリス（*Homo habilis*）のものとされている．

アステロイド asteroid →小惑星

アセノスフェア asthenosphere →岩流圏

アダピス類 adapiforme
第三紀初期に生息した原始的なキツネザル類の一員．

アノマロカリス類 anomalocaridid
カンブリア紀に生息した捕食性の海生無脊椎動物．大きな頭部の上面に一対の複眼があり，下面には2本の棘状の付属器のある円い口部があった．

アパラチア造山運動 Appalachian orogeny
ローレンシア（北アメリカ），バルティカ（ヨーロッパ北部），ゴンドワナ間の長期にわたる衝突で生じた，古生代後期の継続的な造山事件．アパラチア山脈を形成したタコニック，アカディア，アレガニー各造山運動が含まれる．

アフリカ起源仮説（出アフリカ仮説） Out of Africa hypothesis
人類はアフリカで進化し，それから世界中に広がったとする，広く認められた学説．人類は既に広く行きわたっていた先祖の系統から進化したとする説（ほとんど認められていない「多地域起源仮説」）とは全く異なる．

アミノ酸 amino acid
蛋白質の基礎，したがってすべての生物の基礎をなすアミノ基とカルボキシル基に基づく有機化合物．アミノ酸には約20の異なったタイプがある．

RNA（リボ核酸） ribonucleic acid
RNAは全細胞中に存在する核酸である．DNAが細胞内の蛋白質の合成を支配する仕組みに，数種類の異なったRNAが役割を果たす．

アルケオシアトゥス類 archaeocyath →古杯動物

アルタイ・サヤン褶曲帯 Altay Sayan Fold Belt
シベリア南部とモンゴルがシベリア北部に付加した際に隆起した中央アジアの山系．

アルプス造山運動 Alpine orogeny
主として第三紀に起こったヨーロッパとアフリカの衝突．両者間のテーチス海が閉じ，アルプス山脈が隆起した．

アルベド albedo
天体から反射される光の量ないしは強さの比．特に，地球の異なった地域あるいは月や惑星からのもの．

アレガニー造山運動 Alleghenian orogeny
古生代後期に3つの大陸がローレンシアに突入した時に起こり，太古のアパラチア山脈を形成したアカディア造山運動の続き．この事件のヨーロッパに拡大したものがヘルシニア造山運動として知られている．

アンガラランド Angaraland
ペルム紀にカザフスタニアとシベリアの個々の島が衝突したことにより形成された大陸．ウラル海が閉じると共に，今度はアンガラランドとローラシアが合体した．

アンキロサウルス類 ankylosaur
四足歩行の鳥盤類恐竜の1グループで，背中を覆う装甲があり，尾に骨質の棍棒か，あるいは，尾の両側に防御用の棘が並ぶという特徴がある，よろい竜類あるいは曲竜類．

安山岩 andesite
主に灰曹長石などの長石類から成る灰色で細粒の火成岩．アンデス山脈に特に豊富で，英名andesiteはこれに因んで命名された．

安定地帯 stable zone
地球の地殻のうち，造山運動やその他の変形過程にさらされない地帯．安定地帯が典型的に見られるのは縁部や変動帯から離れた大陸内陸部である．

アントラー造山運動 Antler orogeny
デボン紀後期と石炭紀前期に，北アメリカの現代のネヴァダ州からアルバータ州などに及ぶ地域を生み出した造山事件．

アンモナイト類 ammonite
中生代によく見られたアンモノイド類のグループで，大部分は巻いた殻と非常に複雑な縫合線を持つ．その分布と急速な進化により，理想的な示準化石になっている．

アンモノイド類 ammonoid
ゴニアタイト類，セラタイト類と共にアンモナイト類が属した，頭足類の絶滅グループ．

[い]

イアペトス海 Iapetus Ocean
ローレンシア，アヴァロニアとバルティカが合体してユーラメリカ（Euramerica）を形成する以前に，これらの大陸間に存在した海洋．現在の北アメリカとヨーロッパにあたる陸地の間にあったため，原大西洋として知られることもある．

維管束植物 tracheophyte（vascular plant）
独特な組織と器官，特に養分と水を運ぶ維管束系を発達させた多細胞の陸生植物．蘚類（せんるい）より進歩したすべての植物は維管束植物である．

イグアノドン類 iguanodontid
植物食の鳥脚類恐竜の1グループ．

イシカイメン lithistid demosponge →石質普通海綿

イシサンゴ類 scleractinian
古生代以来，大部分のサンゴ類が属する目（イシサンゴ目）の一員．現代のサンゴ類を含む．

異節類 xenarthran
アルマジロ類，アリクイ類とナマケモノ類を含む哺乳類の目の一員．

遺存種個体群 relict population
より広く分布していたが，現在は限られた地域のみに生き延びる動物または植物の集団．

異地性テレーン exotic terrane（allochthonous terrane）
大陸の縁に結合した「外来の」岩石圏（リソスフェア）の比較的小さい断片．

遺伝子 gene
生物体の形質を支配する遺伝形質の基本的な単位．極めて特有な様式で組織化されたDNAの特定の長さとみなすことができる．遺伝子は突然変異し，再結合し，変異を生む．自然選択は変異に基づいて作用する．

遺伝子プール gene pool
生物体の繁殖個体群内における遺伝物質の混合物．

[う]

ヴィヴェラヴス類 viverravine
食肉類のネコ類の分枝．第三紀初期にミアキス類（広義）から進化した原始的な肉食哺乳類のグループで，この系列からハイエナ類，マングース類，ジャコウネコ類とすべてのネコ科の動物（ネコ類）が進化した．

ウィリストンの法則 Williston's law
歯や脚など，動物で一連の配置を持つ構造は，新しい種が進化すると共に数が減り，新しい機能を持つようになるという進化法則．例えば，哺乳類の肋骨の数は祖先である魚類より少ない．

ウィワクシア類 wiwaxiid
絶滅したコエロスクレリトフォラ類．

ウォレス線 Wallace's line →ワラス線

ウシ類 artiodactyl →偶蹄類

渦鞭毛藻類（うずべんもうそうるい） dinoflagellate
プランクトン性または共生の藻類によく見られるように，膜が境界になった核と長さが異なる2本の鞭毛を持つ，水生または淡水生で単細胞の真

核生物．渦鞭毛藻類はシルル紀に生じた．

ウミグモ類 pycnogonid (sea spider)
デボン紀に登場した，関節でつながった体節を持つ海生無脊椎動物．身体は細く，脚に関節があった．

ウミユリ crinoid (sea lily)
ヒトデ類に類縁の，棘皮動物グループの一員で，通常，茎で海底に固着している．

ウーライト（魚卵岩） oolite
海水から沈澱した方解石の小さい粒子で形成される石灰岩．

ウラル海 Uralian Ocean
古生代初期にシベリアとバルティカを隔てていた海洋．

ヴルパウス類 vulpavine
食肉類のイヌ類の分枝．第三紀初期にミアキス類から進化した原始的な肉食哺乳類のグループで，クマ類，キツネ類，オオカミ類，イタチ類，アザラシとトド類，パンダ類とすべての真のイヌ類（イヌ科の動物）に多様化した．

［え］

永久凍土 permafrost
地球の北極・亜北極地域の永続的に凍った表土と下層土．

栄養網 trophic web
種が鎖状に連続した体系で，個々の鎖環である種は上位の種に消費される．この網が生態系内のエネルギーを転換する．

エスカー esker
氷床の下を流れる流れによって取り残された氷堆石の曲がりくねった尾根．

エディアカラ動物相 Ediacara fauna
オーストラリアのエディアカラ地域から最初に知られた先カンブリア時代後期化石群集で，蠕虫状やウミエラ状の生物体から成る．

塩 salt
酸の水素が金属元素に置換される時に形成されるような，金属元素と塩基から成る化合物．食塩NaClは塩酸のナトリウム塩である．

縁海 marginal sea (epicontinental sea)
大陸に付随する島や半島で不完全に区画された海．地溝形成と初期の拡大の間に形成される．

塩基対 base pair
DNAの2本鎖とRNAの一部を結合し，水素結合でつながっている対になったヌクレオチド塩基．構成単位はピリミジン塩基（チミン，シトシンあるいはウラシル）とプリン塩基（アデニンまたはグアニン）で，これらは核酸の構成要素である．

［お］

オイルシェール（油頁岩，油母頁岩） oil shale
泥の石化作用で形成された細粒の堆積岩．有機物質に富み，薄い層すなわち薄片に簡単に割れ，可燃性である．

黄鉄鉱 pyrite
黄金色をした硫化鉄の鉱物で，硫黄と鉄の重要な源である．

オウムガイ類 nautiloid
アンモナイト類やゴニアタイト類に類縁の，直錐ないし曲錐から渦巻状の殻を持つ頭足綱の亜綱の一員．古生代前期には豊富だったが，今では，ほとんど絶滅に近い．

オストラコーダ ostracode →貝形虫類

オゾン層 ozone layer
オゾンガスに特に富む気圏の層．太陽からの紫外線を吸収し，地球温暖化や温室効果を防ぐ．大気汚染に弱い．

オナガザル類 cercopithecoid
第三紀後期から存在する原始的な狭鼻猿類の科の一員．

オビク海 Obik Sea
ウラル山脈の東，ロシアの一部に第三紀初期に存在した陸棚海．

オフィオライト ophiolite
大陸衝突と造山運動の間に陸に押し上げられた海洋地殻の遺物を表す岩石の集まり．主として玄武岩，斑れい岩と碧玉．

オモミス類 omomyid
第三紀初期に存在した，原始的なメガネザルの科の一員．

オルドヴァイ峡谷 Olduvai Gorge
タンザニア，東アフリカのグレートリフトヴァレーにある遺跡．1970年代以来，「ルーシー」を含むヒト科化石の重要な発見が多数なされている．

オルドビス紀の放散 Ordovician radiation
オルドビス紀前期から中期のサンゴ類，コケムシ類，腕足類，三葉虫類，貝形虫類，その他の無脊椎動物と脊索動物の新しいグループの登場，および動物の多様性，生物量，大きさの急増．

オルドワン文化 Oldowan culture
更新世初期にアフリカのオルドヴァイ峡谷（タンザニア）に存在した石器文化．

温室効果 greenhouse effect
気圏下方での気温の漸進的な上昇．二酸化炭素，オゾン，メタン，亜酸化窒素やクロロフルオロカーボンなどのガスの蓄積によると考えられている．これらの気体が地表で吸収され，輻射された太陽放射を捕え，宇宙に漏れ出るのを防ぐので地球の気温が上昇する．

［か］

階 stage
統すなわち年代区分の世に対応する層序区分より小さい層序学上の単位．

貝殻層 shell bed
貝化石から成る炭酸塩またはリン酸塩の層．

貝形虫類（オストラコーダ，貝虫類） ostracode
カンブリア紀に出現し，オルドビス紀以後に繁栄する微小な水生甲殻類．

海溝 ocean trench
海洋の最も深い部分．プレートテクトニクスの過程で，あるプレートが別のプレートの下に滑り込むと共に引きずり下ろされた長く延びた凹地．通常，海溝の縁に沿って弧状列島が形成される．

外骨格 exoskeleton
昆虫類または類似した動物の堅い外皮．

海山 seamount
高さが1000 m以上ある，海底の孤立した隆起部．

外翅類 exopterygote
一連の脱皮によって成長するため，幼虫の形態が成体と似ている昆虫類の亜綱の一員．例えば，孵化したばかりのバッタは成体の小型版のようである．→内翅類

海進 transgression
海による陸域への漸進的な侵入．

貝虫類 ostracode →貝形虫類

海綿動物 sponge
原始的で固着性の水生多細胞動物．水路系を持ち，身体は皮層ですっぽり包まれている．海綿動物は原生代最後期に登場した．

外洋性生物（漂泳生物） pelagic organism
外洋に住む生物体を記述する用語で，自由に泳ぐもの（遊泳生物）と受動的に浮遊するもの（浮遊生物）を含む．

海洋地殻 oceanic crust
海洋の下にある，玄武岩質の比較的重い岩石で，平均の厚さは8 km．主な成分はマグネシウムと長石で，下部層はモホロビチッチ不連続面を境に斑れい岩とかんらん岩質の岩石に取って代わられる．

海洋底拡大 seafloor spreading
新しい地殻が現れると共に，海洋底が成長し，中央海嶺から外側に分離していく過程．1960年代に行われた海洋底拡大の観察と大陸漂移説が結びつき，プレートテクトニクスの考えが生まれた．

海嶺 ocean ridge →中央海嶺

化学合成 chemosynthesis
エネルギー源として化学的な酸化還元方式を用いる有機物質の生産過程．バクテリアは主要な化学合成生物である．

核（コア，中心核） core
マントルの下にある，地球表面からの最深部で，深度は2900 km以上．主として鉄から成り，中心は固体で，まわりを溶けた層が囲んでいると考えられている．

核脚類 tylopod
偶数の蹄を持つ有蹄類のグループの一員で，ラクダ類を含む．

隔壁 septum
骨格内の中空部を室に分離する骨または殻の仕切り板．

角礫岩 breccia
角ばった砕片でできた粗粒堆積岩．

花崗岩 granite
主に石英と長石から成り，雲母または他の有色鉱物をしばしば伴う，硬くて粗粒の火成岩．一部の花崗岩は他の既存岩石の変成によって形成されることもあるが，花崗岩の大部分は溶けたマグマの結晶化に由来する．噴出性の相当物が流紋岩である．

火砕岩 pyroclastic rock
火山物質の砕片から成る堆積岩．

火山弧 volcanic arc →弧状列島

火成岩 igneous rock
溶けたマグマが凝固して形成されたあらゆる岩石．2つの主要なタイプ——地下で形成された貫入性火成岩と地球の表面で噴出した溶岩から形成された噴出性火成岩——がある．花崗岩などの前者は粗粒で，一方，玄武岩などの後者は細粒である．

火成コア igneous core
極めて高温で形成され，山脈の中央にある，凝固した溶融物質．

化石　fossil
岩石中に保存されて発見された，かつて生きていた生物の遺物．化石は生物の一部であった場合，生物の形が石に変わった場合，足跡や虫の巣穴のように単なる痕跡であった場合さえある．

化石層序学　biostratigraphy　→生層序学

顆節類（かせつるい）　condylarth
第三紀初期に哺乳類の大部分を形成した，植物食の有胎盤哺乳類の1目．

滑距類（かっきょるい）　litoptern
第三紀に生息した南アメリカの絶滅有蹄類の1グループで，一部のものはウマに似ていた．

褐炭　lignite
軟らかく，褐色の石炭の種類．

釜状凹地（氷河釜，ケトル）　kettle hole
後退する氷河に取り残された岩屑から成る氷堆石地域に形成される凹地．取り残された氷河の氷塊が最終的に溶け，この構造を残す．

カール　cirque (corrie, cwm)
かつては氷河の発生する元となった場所で，氷の重さで広がり深くなった，山腹にある肘掛け椅子状の凹地．

カルクリート　calcrete
方解石に富む地下水の蒸発で生じた，土壌の表面上あるいは表面下に形成される石灰岩の層．

カルスト　karst
石灰岩地域の景観で，著しい乾燥と深い雨裂（溶解空隙）でひとつひとつの塊に浸食された露出岩石で特徴づけられる．石灰岩中の方解石の化学分解に起因する．

カレドニア造山運動　Caledonian orogeny
デボン紀にバルティカとローレンシアが衝突した際に，スコットランド北部の高地とノルウェーの山脈を形成した造山事件．

岩塩ドーム　salt dome
塩から形成されるダイアピル．岩塩の層は圧縮されるにつれ塑性変形し，上にある層を通って上昇し，その層を上方にねじる．

環形動物　annelid worm
筋肉質の袋が相同器官を持つ体節に分かれた，長い体形の無脊椎動物．環形動物はカンブリア紀から存在した．

間欠泉　geyser
地面からの熱水の噴出．地下水が火山作用による熱によって地表下で沸騰し，加熱されて膨張しつつある蒸気が水を噴出口から押し出す．これによって圧力が開放され，水柱の残りの部分が爆発的に沸騰し，再び水が空中高く噴射される．

岩石圏（リソスフェア）　lithosphere
地球の外側にある固体層．深さは約100 kmで，地殻およびマントルの最上部から成る．岩石圏はより流動性のある岩流圏（アセノスフェア）の上に浮き，プレートに分裂される．

環太平洋地震・火山帯　ring of fire
日本列島，伊豆・マリアナ，インドネシア，北・中央・南アメリカの西縁は，太平洋の地震的に活発な縁部で，地震の頻度と多数の火山で示される．太平洋プレート，ココスプレートとナスカプレートなどの沈み込みで生じるベニオフ帯に起因する．

間氷期　interglacial
氷河時代には，より穏やかな気候の間氷期と，より寒冷な気候の氷期が，交互にみられる．

カンブリア紀の爆発的進化（カンブリア爆発）　Cambrian explosion
カンブリア紀に起こった海生動物の驚異的な放散．カンブリア紀と先カンブリア時代の境界は，ほぼすべての動物門および認められているどの門にも当てはまらない独特な多数の絶滅生物の出現で特徴付けられた．

緩歩多足類　tardipolypod
カンブリア紀に生息した，蠕虫様の海生無脊椎動物で，体節に分かれた身体と伸縮自在の多数の疣脚（いぼあし）を持っていた．

緩歩類（クマムシ類）　tardigrade
カンブリア紀に進化した微小な無脊椎動物．堅いクチクラで覆われた4つの体節を持ち，各体節に伸縮自在の1対の疣脚（いぼあし）があった．

岩脈　dike
既存の層を貫く，小さくて薄板状の火成岩の貫入体．割れ目を押し進んできた溶けた物質がそこで凝固して形成される．

岩流圏（アセノスフェア）　asthenosphere
地表下約50～250 kmにある地球内層の可動部で，この上を構造プレートが移動する．

[き]

鰭脚類（ききゃくるい）　pinniped
アザラシ類とセイウチ類を含む肉食哺乳類のグループの一員．

気圏（大気）　atmosphere
地球を取り巻く気体の被いで，生物が生きる上で十分な暖かさを地球に保ち，太陽からの有害な紫外線を取り除く．最も多い気体は窒素（78％）で，生物にとって最も重要なのは酸素（21％）と二酸化炭素（0.03％）である．

キチン　chitin
昆虫類の堅い外皮やヒトの指の爪を形成する有機物質．

キチン質浮遊性微生物　chitinozoan
オルドビス紀～石炭紀に生息し，分類に問題があるプランクトン性微生物で，レトルト状の個体が鎖状になったキチン質の外皮を持つ．海生動物の卵である可能性がある．

奇蹄類　perissodactyl
足指の数が奇数の有蹄類．

希土類元素　rare earth elements
地球の地殻にはほとんど見られないイットリウム，ランタンやランタンドなどの化学的に活性のある金属元素．

揮発性元素　volatile element
気体状態になりやすいすべての元素で，水素，窒素，炭素，酸素，不活性ガス（ヘリウム，アルゴン，ネオン，クリプトン，キセノンなど）を含む．

旧口動物（きゅうこうどうぶつ）　protostome
「最初の口」．初期胚に形成された原口が成体の口に発達する動物．左右相称の無脊椎動物の大部分を含む．

旧赤色砂岩　Old Red Sandstone
デボン紀に，隆起したばかりのアカディア－カレドニア山脈から堆積した陸成の堆積岩の累重で，厚く，繰り返し現れる砂岩層を形成した．

旧石器時代　Paleolithic age
「初期の石器時代」．最も初期で最も原始的な石器で代表される更新世初期の文化．→オルドワン文化

鋏角類（きょうかくるい）　chelicerate
オオサソリ類，クモ類，ダニ類やカブトガニ類などの節足動物．鋏角類はオルドビス紀に出現し，身体は6対の付属肢――最初の対はしっかりつかむ顎のような鋏角――がある頭部端と尾部に分断されていた．

恐角類　dinocerate
第三紀初期に生息したサイのような哺乳類の目の一員．最も目立つものには3対の角と1対の牙があった．

共生者　symbiont
別の生物体と共存して，それに依存する，あるいは相互に利用する生物体．

狭鼻猿類　catarrhine
そこからヒトが系統を引いた，幅が狭い鼻を持つ旧世界サル類のグループ構成員．→広鼻猿類

恐竜類　dinosaur
中生代に存在した大型爬虫類の1グループ．恐竜類は腰の骨の配置が鳥類状（鳥盤類）と爬虫類状（竜盤類）とによって区別され，直立姿勢だった．

極移動　polar wandering
大陸移動とプレートテクトニクスによる，地球の磁極の位置の僅かな変化．

棘魚類（アカントーデス類）　acanthodian
シルル紀～石炭紀に栄えた顎のある魚類．頭部は短くて太く，個々の鰭の前に顕著な棘があった．

極性反転　polarity reversal
地球の磁場の反転は，海底の岩石中に磁気を帯びた縞を残す．→古地磁気学

棘皮動物　echinoderm
棘がある殻を持つ新口動物の海生無脊椎動物の1グループ．5つの部分が放射状に相称，石灰質の内骨格または骨格の甲，吸盤を備えた水力推進の「管足」が特徴である．棘皮動物にはヒトデ類，クモヒトデ類，ウニ類，ウミユリ類などが含まれる．

魚卵岩　oolite　→ウーライト

魚竜類　ichthyosaur
中生代に生息した，外見がイルカに似た海生爬虫類の1グループ．

偽竜類　nothosaur　→ノトサウルス類

菌類　fungus
中隔を有する細い管（菌糸）として胞子を形成し，生活環の間に自発運動能力のある段階を持たない真核生物．菌類は原生代から存在する．

[く]

偶蹄類（ウシ類）　artiodactyl
足指の数が偶数で，割れた蹄を持つ，植物食の有蹄類．ブタ，シカやウシなど．→奇蹄類

苦灰岩（ドロマイト）　dolomite
炭酸マグネシウムの一種である同名の鉱物から成る堆積岩．

草（草本）　grasses
長い小舌片状の葉と地下茎が特徴である，新生代の被子植物グループ．

くさび状砕屑岩層　clastic wedge
近くの隆起で生じた砕屑岩堆積物の広い堆積物．くさび状の層の厚い方の端の堆積物は源により近く，薄い方の端は離れた所にある．

クシクラゲ類　ctenophore　→有櫛動物

鯨鬚(くじらひげ)　baleen
歯の無いクジラ類の口にある角質の櫛状構造．海水から小型動物をろ過するのに使われる．

クジラ類　cetacean
ヒゲクジラ類，イルカ類やネズミイルカ類などを含むクジラ目の哺乳類の一員．

クチクラ　cuticle
昆虫類など多くの無脊椎動物に見られる，硬くて非細胞性の保護表面層．筋肉が付着し，水分損失を減らし，防御機能を提供する外骨格としての役割を果たす．

苦鉄質地殻　mafic crust
海洋の下にある比較的重い岩石物質．主な成分はマグネシウムと長石である．

クビナガリュウ類　plesiosaur　→長頸竜類

クマムシ類　tardigrade　→緩歩類

クラトン　craton
大陸の中心にあり，あまりに歪み圧密されているため，それ以上変形できない太古の変成岩塊．クラトンは大陸の安定した中心部である．

グリーンストーン　greenstone
大気中の酸素が不十分だった先カンブリア時代に，地球の表面で形成された堆積岩．緑色は低酸素条件下で形成する鉱物に由来する．

グレーザー(草を食う動物)　grazer
栄養網の中で，地表沿いの草などを一括して食べる植物食消費者．

グレーワッケ(硬砂岩)　greywacke
あまり淘汰されておらず，暗色の極めて硬い粗粒堆積岩で，角張った粒子を伴う．

グロッソプテリス　*Glossopteris*
古生代末にゴンドワナ生物地理区の特色となった，種子を持つシダ類の属．

クロロフィル(葉緑素)　chlorophyll
植物の持つ緑色色素．二酸化炭素と水から栄養物として利用する炭水化物を生産する機能を持つ．

クロロフルオロカーボン　chlorofluorocarbon
慣用名はフロン．塩素，フッ素，炭素，時に水素を含む，合成された非毒性の不活性ガス．冷却材に利用され，大気上方に蓄積してオゾンを破壊する．

群集　community　→生態群集

[け]

系　system
地質学上の紀(period)の間に堆積した，または形成されたすべての岩石から成る層序学的単位．

珪砕屑性堆積物　siliciclastic sediments
主に風化しつつある陸地が起源の珪酸塩と鉱物の堆積物．

珪酸塩　silicate
珪素と酸素を伴う金属元素の化合物としての鉱物．

傾斜不整合　angular unconformity
層序学上の上位と下位の地層面で走行・傾斜が異なる不整合の型で，例えば上部の水平な岩層と，下部のより古く，傾きができ，浸食された層が区別される．

珪長質地殻　felsic crust
大陸を形成する，長石と二酸化珪素の含有量が高く，明色で低密度の火成岩．花崗岩は地殻内に豊富な珪長質岩石である．

系統発生　phylogeny
進化の過程で，ある特定の種または他の分類群に生じる一連の変化．

KT境界事件　KT boundary event
約6500万年前の白亜紀・第三紀境界で，他の生物と共に恐竜類が絶滅した大量絶滅で特色づけられる．メキシコ湾に180 kmのクレーターを残した隕石の地球との衝突が原因という説もある．

ケーテテス類　chaetetid
オルドビス紀に初めて登場した，石灰質の硬い骨格を持つ普通海綿類．

頁岩　shale
泥の固結で形成される細粒堆積岩で，簡単に薄層あるいは薄片に割れる．

欠甲類　anaspid
シルル紀とデボン紀に生息した無顎類の目の構成員で，多くの初期魚類が持つ重装甲の頭部を持っていなかった．

欠歯類　tillodont　→裂歯類

ケトル　kittle hole　→釜伏凹地

ケファラスピス類　osteostracan　→骨甲類

ケラトプス類　ceratopsian　→角竜類

ケルゲレン陸塊　Kerguelen Landmass
インド洋南部の水没した大陸性の海台．

原猿類　prosimian
霊長目の主要な一員で，メガネザル，キツネザルなどを含む．

原核生物　prokaryote
遺伝物質が核に限られず，細胞構造中に広がっている極めて単純な細胞．原始的なバクテリアとシアノバクテリアだけが原核生物で，他のすべての生物体は真核生物である．

顕花植物　flowering plant　→被子植物

原鯨類　archaeocete　→古鯨類

懸谷　hanging valley
谷側面の途中から，氷結したU字谷に入る支谷．

原始ウミユリ類　eocrinoid
古生代前期に生息した，茎を持つ固着性の棘皮動物で，ウミユリ類の祖先の可能性がある．

原始鯨類　zeuglodont　→ジュウグロドン類

犬歯類　cynodont
イヌのような歯を持つ，肉食哺乳類型爬虫類の1亜目．

原生生物　protoctist
原生生物界(Protocristaまたは Protista)の一員．バクテリアでも動物でも植物でもない(一部の科学者によれば，菌類でもない)生物体．つまり，藻類，原生動物と変形菌類(と一部の菌類)．

顕生代　Phanerozoic (Phanerozoic era)
肉眼で比較的容易に同定可能な最初の化石が形成された古生代の初めから，それ以降の地質学上の累代．

原生動物　protozoan
単細胞の生物体で，最も初期の真核動物．

元素　element
より単純な構成要素には分けられず，原子構造が一定の物質．

現存量　biomass　→生物量

玄武岩　basalt
海洋地殻の暗色の火成岩で，主として斜長石，輝石と，ガラス質物質から成る．

[こ]

コア　core　→核

甲殻類　crustacean
甲殻綱の水生で鰓(えら)呼吸をする節足動物の構成員．甲殻類はカンブリア紀に進化し，カニ類，ウミザリガニ類，テッポウエビ類，ワラジムシ類や蔓脚類を含む．分節した身体は通常，頭部，胸部，腹部が明瞭で，炭酸カルシウムで硬化された蛋白質とキチン質でできた外骨格で保護されている．

光合成　photosynthesis
植物が日光のエネルギーを抽出し，これを利用して大気中の水分と二酸化炭素から栄養物を作る過程．

硬骨魚類　osteichthyan
骨格の軟骨が部分的または完全に骨化した，顎のある魚類．硬骨魚類はデボン紀には登場していた．

硬砂岩　greywacke (graywacke)　→グレーワッケ

後生動物　metazoan
細胞が有機的に組織として構成されているすべての多細胞生物体——すなわち，原生動物以外のすべての動物．後生動物は原生代最後期に登場した．

構造プレート　tectonic plate
プレートテクトニクスで単一体として移動する岩石圏の区分．通常，プレートは中央海嶺のある縁部沿いで成長し，海溝の他の縁部沿いで破壊される．

腔腸動物　coelenterate　→刺胞動物

硬皮　sclerite　→骨片

広鼻猿類　platyrrhine
新世界サル類の一員．広い鼻，および，通常，巻尾を持つ特徴がある．広鼻猿類は人類の進化に関係がなかった(→狭鼻猿類)．

鉱物　mineral
特定の化学組成を持つ，自然に形成される無機化学物質．岩石は数種類の異なった鉱物の結晶から成る．

鉱物化骨格　mineralized skeleton
鉱物でできている骨格．主として炭酸塩，リン酸塩と酸化珪素．

広翼類　eurypterid
オルドビス紀からデボン紀に生息した，現代のタイコウチに似た水生の鋏角類．

コエロスクレリトフォラ類　coeloscleritophoran
鱗状あるいは棘状の中空の骨片で体部が覆われた，カンブリア紀の海生動物．環形動物，軟体動物や腕足類の祖先である可能性がある．

古鯨類(原鯨類，ムカシクジラ類)　archaeocete
第三紀前期に生息した初期クジラ類の科の一員．大きさの違う異形の歯を持ち，大部分のものはヘビのように長い身体を持つ．

コケムシ類　bryozoan
総担(ふさかつぎ)にある触手で食物粒子を捕え，コロニーをつくる固着性海生無脊椎動物．

コケ類(蘚苔類)　bryophyte
蘚類(せんるい)や苔類(たいるい)のような，葉

と茎はあるが維管束系を持たない単純な陸生植物．

ココスプレート Cocos plate
太平洋東部にある小さい構造プレートで，ガラパゴス海嶺，東太平洋海膨と中央アメリカ大陸が境界となる．

弧状列島 island arc
海溝の縁で発達する鎖状の火山列島．海溝の縁で，沈み込みつつあるプレート（→沈み込み）が溶けることによって火山が生まれる．

古生代 Paleozoic（Paleozoic era）
5億4500万〜2億4800万年前の，地質時代の代．カンブリア紀，オルドビス紀，シルル紀（古生代前期）とデボン紀，石炭紀，ペルム紀（古生代後期）を含む．

古生代動物相 Paleozoic fauna
オルドビス紀の放散とそれに続く多様化で生まれた動物．それらの大部分（三葉虫類，筆石類など）は古生代末までに消滅したが，一部（頭足類，棘皮動物）は現代まで生き残った．

古生マツバラン類 psilophyte
太古の維管束植物に対する古い名称．現在は，異なった起源を持つ多数の原始的な維管束植物に対して使われる．すなわち，リニア類，ゾステロフィルム類とトリメロフィトン類．

古太平洋 Panthalassa Ocean →パンサラッサ

古地磁気学 paleomagnetism
地球磁場の条件およびその地質履歴中の特性の研究．磁場はその当時に形成された岩石に影響を残し，これが歴史上の極や大陸の位置に関する手がかりになる．

固着性生物 sessile organism
海底に住み，移動しない生物体．

個虫 zooid
群体を構成する単位になる個体（1つの基本単位の動物）．

骨甲類（ケファラスピス類） osteostracan
古生代初期に生息した，明確な骨格と，その多くは背鰭と対になった鰭を持つ，初期の無顎類のグループ構成員．

骨片 ① sclerite 硬皮ともいう．骨格の覆い（スクレリトーム）の鱗状または棘状の中空の要素．② spicule 小さく，針状で，石灰質または珪酸質の構造．無脊椎動物の骨格の一部を形成する．

古テーチス海 Paleothetis Ocean
テーチス海の前兆の水域で，古生代中期と後期にパンゲアに入り込む広大な湾として存在し，ローラシアをゴンドワナからほぼ分離していた．

ゴニアタイト類 goniatite
現代のオウムガイ類に似た頭足類グループ（アンモノイド類）のほぼ古生代後半の構成員で，特徴的に大きなぎざぎざ模様の縫合線を持つ．

コヌラリア conulariid →小錐類

コノドント conodont
古生代〜中生代に生息した，ウナギ様で，泳ぐ，原始的な海生脊椎動物で，リン酸塩化した円錐形の歯が多数あった．

古杯動物（アルケオシアトゥス類） archaeocyath
カンブリア紀に生息したカップ状の固着性海動物．普通海綿類の縁戚だった可能性がある．

コープの法則 Cope's law
アメリカの古生物学者エドワード・ドリンカー・コープ（Edward Drinker Cope, 1840–1897）が著した法則で，時が経つにつれ，すべての生物は身体が大型化する進化傾向を持つとする．

コマチアイト komatiite
始生代に広く行きわたり，地球の地殻の玄武岩岩石に先立ったかんらん石で構成される噴出性の火成岩．

コルディレラ山系 Cordillera
平行に走る一連の褶曲山地の連なり．

混濁流 turbidity current
懸濁した堆積物を含む海水の流れ．周囲の海水より密度が高く，海底沿いの深い所を流れる原因となる．

昆虫類 insect
デボン紀後期に登場した，空気呼吸する節足動物の1グループ．身体は頭部，3対の脚を伴う胸部，腹部と1〜2対の翅に再分されている．

ゴンドワナ Gondwana
古生代と中生代に，今日の南方諸大陸——アフリカ，南アメリカ，オーストラリア，南極——および，インド，マダガスカル，ニュージーランドが合体していた超大陸．

［さ］

細菌プランクトン bacterioplankton
細菌類の浮遊生物．

サイクロスフェア psychrosphere
海洋最深部の凍る寸前の海水．冷たい海水が両極で沈み込む対流によって形成される．

サイクロセム cyclothem
周期的に堆積したことを示す堆積岩層の順序．例えば，海で石灰岩が形成され，河川が浸食するにつれて堆積した砂岩が続き，河岸で植物が生長するにつれて石炭が続き，海が再び侵入するにつれて石灰岩が続く．

歳差運動 precession
天文学における，天球の極の見かけ上のゆっくりした動き．主に太陽と月の引力によって引き起こされる地球自転軸の揺れによる．軸は約2万6000年周期で徐々に方角が変化し，これが春分が年々早く起こる理由になる．→ミランコビッチ・サイクル．

砕屑物 clastic
すでに存在していた他の岩石あるいは他の鉱物（石英など）の砕片でできた岩石．

最氷期 glacial maximum
氷河時代において氷河作用が最も広範囲の期間．

砂丘 dune
砂の塚．通常は浜辺か砂漠で見られ，風によって造られ移動する．

砂丘層理 dune bedding
砂漠で砂丘が形成される間の，風の堆積作用による斜交層理．

砂漠化 desertification
気候変化あるいは人為的な過程によって砂漠が造られること．後者には，過放牧，森林帯の破壊，肥料使用または不使用に伴う集中農耕作による土壌疲弊，管理を誤った灌漑による土壌の塩化が含まれる．

サバンナ savannah
散在する木を伴う，熱帯の大草原の景観．地球の赤道付近の熱帯多雨林と熱帯の砂漠帯との間の地域で典型的である．

サブダクション subduction →沈み込み

サンアンドレアス断層 San Andreas Fault
カリフォルニア州の海岸沿いにあり，その地域に多くの地震を起こすトランスフォーム断層．この継続する活動によって，おそらく，今後数百万年の間にカリフォルニア州のその部分は断ち切られ分離し，漂移するだろう．

山間流域盆地 cuvette
堆積岩層が蓄積する山間の内陸流域の範囲．

産業革命 industrial revolution
産業における機械使用の増加で，英国では18世紀後期に始まった．

サンゴ coral
刺胞動物門花虫綱の海生無脊椎動物のグループのすべてと，ヒドロ虫綱（ヒドロ虫）の数種．サンゴは水から抽出した炭酸カルシウムの骨格を分泌する．サンゴは暖かい海の，十分に光の届く適度な水深に生息する．サンゴは藻類と共生（相利）関係で生き，藻類はサンゴから二酸化炭素を入手し，サンゴは藻類から栄養分を得る．カンブリア紀に登場した初期のサンゴ同様，単生のサンゴ類も数種あるが，大部分のサンゴは大きなコロニーを形成する．サンゴの蓄積した骨格は礁や環礁を造る．

三重会合点 triple junction
3つの岩石圏プレートが接する点．海嶺が三重会合点に接していることがしばしばあり，これが大陸縁部の，しばしば，鋭く曲がった性質の説明となる．

酸性雨 acid rain
二酸化硫黄などの溶解物質が存在することで酸性になった雨．火山噴火や現代では産業公害で起こることがある．

三葉虫類 trilobite
古生代に生息し，浅海底で腐食していた海生節足動物．三葉虫類に特有の装甲を持ち体節に分かれた身体にはY字型の多くの脚があり，一見したところ現代のワラジムシに似ていた．ペルム紀末に絶滅したが，化石は古生代の岩石中に豊富にある．

三稜石（ドライカンター） dreikanter
風によって削り磨かれ，3つの面を持った石．

［し］

シアノバクテリア（藍藻類） cyanobacteria（blue-green algae）
構造的にはバクテリアに類似した原始的な単細胞生物体．群体または糸状体になることがある．シアノバクテリアは35億年以上前から存在した，知られる最古の生物の1つで，モネラ界に属する．シアノバクテリアが光合成を発達させ，大気中の酸素増加の一因となったことで地球が変化し，進歩した生物が発達できるようになった．シアノバクテリアは生息域としての水中，岩石や樹木の湿気のある表面や土壌中に広く分布する．名前は葉緑素とフィコシアニン色素によって生じる色に由来する．

四肢動物 tetrapod
魚類でないすべての脊椎動物．名前は「4本足」を意味するが，この分類は祖先がデボン紀に起源

四射サンゴ類 rugosan →四放サンゴ類

示準化石 index fossil
その存在が岩石の年代を示す化石．有用な示準化石になるのは生息期間が短く，広域に分布する種である．筆石類とアンモナイト類が例である．示準化石は示帯化石としても知られる．

地震学 seismology
地震および地球内の振動の伝わり方の研究．

地震波 seismic waves
地震が出す振動．地震波は多数の型をとり，最初の小刻みな揺れであるP波（縦波），次の大きい揺れであるS波（横波），地表を伝わり損害を引き起こすL波を含む．

沈み込み（サブダクション） subduction
ある岩石圏プレートが別の岩石圏プレートの下を滑ってマントルに入り，消滅する際の岩石圏プレートの動き．この過程はプレートテクトニクスに不可欠な部分である．

沈み込み帯 subduction zone
岩石圏の沈み込みが起こる，傾斜のある地帯．

始生代（太古代） Archean（Archean era）
地質時代の最初の累代で，地球の歴史の約45％（45億5000万～25億年前）を含む．（訳注：地球上に直接の記録が残されていない時代（46億～40億年前）を冥王代として区別するのが普通．）

自然選択（自然淘汰） natural selection
チャールズ・ダーウィン（Charles Darwin）によって最初に唱えられた，進化の主たる仕組み．自然選択によって集団の遺伝子頻度が特定の個体を通して変化し，他の個体より多くの子孫を生じる．大部分の環境はゆっくりだが絶えず変化しているため，自然選択は好ましい特質を持つ個体の繁殖の成功を高める．その過程はゆっくりで，突然変異による生物体の遺伝子における偶然な変異および有性生殖中の遺伝子組み換えに依存する．

始祖鳥 Archaeopteryx
ドイツのジュラ系上部の岩石から発見された，知られる最古の鳥類で，祖先に当たる恐竜類の持つ多くの解剖学的特徴を保持していた．

示帯化石 zone fossil →示準化石

シダ種子類 seed ferns
胞子よりもむしろ種子で繁殖した，石炭紀前後の多様な植物の中で，絶滅した裸子植物のグループ．しかし，シダ種子類は専門的には「シダ類」ではなく，外見がシダ類に似ているだけである．

四放サンゴ類（四射サンゴ類，皺皮サンゴ類） tetracoral（rugosan）
オルドビス紀～ペルム紀に生息した絶滅サンゴ類．単体型または分岐した角状の群体型があった．

刺胞動物 cnidarian
触手に刺す細胞（刺胞）がある，クラゲに似た原始的な水生無脊椎動物．刺胞動物は原生代最後期から存在し，ヒドラ類，サンゴ類，イソギンチャク類やクラゲ類を含む．クシクラゲ類を除いた腔腸動物のすべて．

縞状鉄鉱石 banded ironstone
先カンブリア時代の，鉄に富んだ層と鉄の乏しい層が交互になった岩石．

蛇頸竜類 plesiosaur →長頸竜類

斜交層理（斜交成層） cross-bedding（current bedding）
堆積中の強い水流または風で生じた堆積岩の傾斜面．例えば，典型的な三角州では，流れている河川が海の水がより深い所に達し，運んでいた堆積物を降ろす所には，だいたい水平か極めてゆるい勾配の頂置層，傾斜した前置層（三角州の前面），および，ゆるやかに傾斜し三角州の前で平坦な海底と接する底置層がある．水流は下方に傾斜した層の方向に流れる．類似の様式（砂丘層理）は風が砂漠に砂丘を形成する所で発達する．

種 species
分類学上の類別の基礎単位．交配して繁殖力のある子孫を産出できる生物体の集団で，種相互は生殖的に隔離されている．類縁種は共に同属に分類される．

獣脚類 theropod
肉食の竜盤類恐竜のグループの一員．

獣弓類 therapsid
進化した哺乳類型爬虫類のグループの一員．

褶曲 fold
造山によってねじ曲げられた，本来は水平な堆積岩層．褶曲はアルプス山脈やアパラチア山脈の場合のように，圧縮変形によって山塊を形成することがある．

褶曲衝上断層帯 fold-and-thrust belt
褶曲と衝上断層の特徴がある山脈の内陸帯．

褶曲帯 fold belt
激しい変形と褶曲の発達があった，地殻の長くて細い地帯．このような地帯は，通常，収束境界に付随する大陸縁部沿いに発達する．褶曲帯は金星でも認められている．

周極流 circumpolar current
地球の極の周りを流れる海流．現在，南極の周りに重要な周極流がある．

ジュウグロドン類（原始鯨類） zeuglodont
初期のクジラ類のように，アーチ状の歯を持っている．

従属栄養生物（有機栄養生物） heterotroph
消費者である生物体．自身は単純な無機物から有機化合物を合成できないため，食物として有機化合物を摂取する生物体．従属栄養生物はバクテリア，菌類，原生動物とすべての動物を含む．独立栄養生物（生産者）である植物は主な例外である．

収束境界 convergent plate margin
岩石圏のプレートが押し集められ，地殻表面域が失われる岩石圏地帯．岩石圏がマントル内に消滅する沈み込み，あるいは，岩石圏の一部分が衝上断層のスライスとして互いに積み重なり，地殻が短縮または厚化することによって生じることもある．

収斂進化 convergent evolution
近い時点に共通祖先を持たない動物が適応を通して類似の形や習性を進化させ，類似の環境で同じ生活様式で生きられるようになる現象．魚竜類（爬虫類），サメ類（魚類）とイルカ類（哺乳類）は類縁ではないが，収斂進化を通して同じ体形を発達させた．

種形成 speciation
新しい種が出現し，時が経つと共に変化する過程．

主竜類 archosaur
ワニ類，恐竜類，翼竜類と鳥類を含む双弓類爬虫類のグループの一員．

礁 reef
サンゴ類などの骨格が集まって形成され，海の重要な生息地を形成する炭酸塩堆積物．裾礁は大陸や島の磯にでき，生きている動物は主に外縁部を占める．堡礁は塩水の礁湖によって岸から幅30kmも隔てられる．環礁は礁湖を囲み，死火山が沈下した所に形成される．

条鰭類（じょうきるい） actinopterygian
放射状の支持物を伴う鰭のある魚類の亜綱の一員．現生魚類の大部分は条鰭類である．

衝撃石英 shocked quartz
石英や長石などの，間隔が密で微小な層を内部に伴う鉱物．隕石が地球に衝突する時のような，衝突の衝撃による巨大な圧力に起因する．

衝上断層 thrust fault
圧縮で生じた低い角度の断層．造山運動では，衝上断塊（岩石の大きなスライス）が下にある岩石上を長距離にわたって水平に滑ることがある．

小錐類（コヌラリア） conulariid
原生代最後期に生息した固着性の海生動物で，側面が4つあり，細長いピラミッドのような硬化した骨格と，折れ曲がる4つのふた状の折れ襟を持っていた．

蒸発岩（蒸発残留岩） evaporite
湖または海の入江が干上がると共に，水から沈澱した鉱物で形成された堆積岩または単層．

床板サンゴ類 tabulate
古生代初期～後期に存在したサンゴ類の種類．クサリサンゴ，ハチノスサンゴなど群体型．

消費者 consumer
生産者あるいは他の消費者を食べる動物．

小翼 alula
鳥類の翼で親指の位置にある一群の羽根で，飛行中の操縦性に寄与する．

小惑星（アステロイド） asteroid
太陽を回る軌道にある小型の惑星．大部分は火星の軌道と木星の軌道の間にあり，直径は約16～800km以上までと幅がある．

礁陸側 back reef
礁の陸側で，礁原の背後陸側と礁湖の地域を含む．

植物食動物 herbivore →草食動物

植物プランクトン phytoplankton
藻類のようなプランクトン．植物プランクトンは主に藻類から成り，海洋でのほぼすべての光合成を遂行する．植物プランクトンは食物連鎖の基礎である．

食物網 food web
より複雑な食物連鎖．各段階に数種がいるため，生産者と消費者がそれぞれ複数いる．

食物連鎖 food chain
主に植物である，底部に位置する主要な生産者で始まり，一連の消費者——植物食動物，肉食動物，分解者——までの，ある生態系中の栄養段階を通じてのつながり．

シル sill
堆積岩層の間にほぼ平行に板状に貫入した火成岩の進入岩体．

真猿類 anthropoid
古第三紀に出現した高度に派生した霊長類の1グループ．無尾または短尾のサル，尾のあるサルとすべてのヒト上科を含む．

進化 evolution

生物体が祖先とは異なってくる生物学的変化の過程．漸進的な進化という考え（創造説とは全く異なる）は19世紀に賛成されたが，多くの伝統的な宗教の信条を否定するため，21世紀に入っても相変わらず議論があった．英国の自然史研究家チャールズ・ダーウィン（Chareles Darwin, 1809-1882）は進化上の変化における重要な役割を自然選択（すなわち，資源を求めての競争内に働く環境圧力）に帰した．最近の進化論（新ダーウィニズム）はダーウィンの理論とグレゴール・メンデル（Gregor Mendel）の遺伝学的な理論およびヒューゴー・ド・フリース（Hugo de Vries）の突然変異の理論を結合させる．進化上の変化は長期間にわたって比較的安定し，時々，急速な変化の期間があったのかもしれない（断続平衡説）．

深海平原 abyssal plain
海面下3〜6 kmで広い平坦地を形成する海洋底．

真核生物 eukaryote
DNAを持ち，核膜で他の細胞構造から分離されて明らかに限定された核と，ミトコンドリアのような特殊化した細胞小器官を伴う，複雑な細胞構造を持つ生物体．真核生物は原核生物であるバクテリアとシノバクテリアを除くすべての生物体を含む．

新口動物（後口動物） deuterostome ("last mouth")
成体で別の口が発達するにつれ，原口が肛門になる動物．棘皮動物，半索動物と脊索動物はすべて新口動物である．

真骨類 teleost
骨質の骨格，小さく円い鱗，左右相称の尾を持つ魚類のグループ．現代の大部分の魚類は真骨類である．

深成岩体 pulton →プルトン

新生代 Cenozoic（Cenozoic era）
6500万年前に始まった，地質時代の中の最も新しい代．第三紀，第四紀を含み，現在も含む．

新世界サル類 new world monkeys →広鼻猿類

新赤色砂岩 New Red Sandstone
ペルム紀と三畳紀にローラシア超大陸に堆積累重した陸源性堆積岩．

新石器時代 Neolithic age
「新しい石器時代」．進歩した石器の使用と農耕の発達が特徴となる，更新世の氷河時代の終わり頃の文化．

親鉄元素 siderophile element
金属相に親和力を持つ化学元素．例えば鉄あるいはニッケル．地球形成中，親鉄元素は核の方に沈んだ．

真反芻類 pecoran
シカ類やキリン類を含む，偶数の足指を持つ有蹄類のグループの一員．

心皮 carpel
そこから果実と種子が育つ，顕花植物の雌の生殖器．

針葉樹（球果植物） conifer
球果で繁殖するモミ類やマツ類などの裸子植物の樹木．

[す]

水圏 hydrosphere
地球の構造で水から成る部分．水圏は海洋，氷冠や気圏のガスを含む．

彗星 comet
主として水，氷と岩石片から成る惑星的な天体．軌道で太陽に接近すると氷からの水が蒸発し，尾を形成する．

水柱状図 water column
海または湖の垂直柱状図で，異なった層準にある水の特性の違いを強調する．

水平ずり断層 strike-slip fault →走向移動断層

水平堆積の原理 principle of original horizontality
すべての層は水平に堆積するという地質学の原理．

スクレリトーム scleritome
孤立した骨片から成る骨格の覆い．

スチリノドン類 taeniodont →紐歯類

ストロマトライト stromatolite
糸状体の藻類の層が堆積物粒子（主に炭酸塩）を捕える時に，静かな水中で形成される薄板状の構造．藻類の別の層がこの堆積物表面上に育ち，別の層を捕え，その結果，ドーム形または円柱になる．ストロマトライト化石はストロマトライトの生長を妨げる他の生物がいなかった先カンブリア時代から知られる．

[せ]

斉一観 uniformitarianism
現代の岩石と地形を形成する自然の法則と過程は時代を通して一様だったとする原理．そのため，太古の地質学上の形成と過程は，現在の世界における類似した形成と過程を観察することで解釈できると考える．この原理は「現在は過去への鍵である」として表現される．しかし，その過程が機能した速度は遠い過去では異なっていたかもしれず，また，その相対的な重要性も変化したであろう．

生痕学 ichnology
足跡や巣穴の化石の研究．

生痕化石 trace fossil
化石化した匍跡，歩行跡，穿孔，巣穴や足跡．古生物の生活の痕跡で，卵や排泄物，他者により破壊された殻なども含む．

生産者 producer
光を変化させること（光合成）や化学物質を改変させること（化学合成）によって有機物を生産する生物体．

生殖体 gamete →配偶子

生層序（位）学（化石層序学） biostratigraphy
含有する化石に基づき岩石を層準に分け地域間の対比を行い時代を決める学問．

生態学 ecology
動植物の生態群集間およびその環境との関係の研究．

生態群集（群集） community
限られた地域に生息する，相互関係の実在する生物体の集まり．

生態系 ecosystem
ある地域における生物体と自然環境（生物学的および非生物学的要素）から成る結合した生態的単位．生態系は大規模なことも小規模なこともあり，地球は1つの生態系で，1つの池も1つの生態系である．生態系中のエネルギーと栄養分の移動が食物連鎖である．

生態的地位（ニッチ） niche
種の生態的位置，つまり，種が適応している全環境要素の組み合わせ．生物学用語では，特定の生物がその生活様式のために占める，特定の環境中の場所と役割．

生物群系 biome →バイオーム

生物圏 biosphere
生物を支える地球の部分で，気圏の下方で始まり，表面（陸と水）を通り，地殻の上部に及ぶ．

生物体量 biomass →生物量

生物多様性 biodiversity
地球に生息する種，種内の遺伝学的な差異，および，これらの種を支える生態系の多様性の程度．

生物地理区 biogeographic province
隣接する動植物相の混入を妨げる地理的な障壁によって生じた，性質の異なる一連の動植物を伴う地域．現代ではオーストラリアにしか生息しない有袋類などの変わった生物の分布によって，地理区が認められることもある．

生物発生説 biogenesis →続生説

生物量（生物体量，現存量） biomass
一定の地域にいる生物体の総量．

セヴィア造山運動 Sevier orogeny
白亜紀，カリフォルニア州北部での火成活動と褶曲衝上活動の事件．

石英 quartz
地球の大陸地殻中で最も広く行きわたった珪酸塩鉱物の1つで，砕屑性の堆積岩の主成分．主として二酸化珪素である．

石化作用 lithification
岩石を形成するまでの堆積物の硬化固結の過程．

脊索 notochord
特定の蠕虫様動物の身体の全長にわたる屈性のある支持物．脊索は脊椎動物の脊柱の原始形である．

脊索動物 chordate
前方に神経索，より高度な脊索動物では脊柱に置き換わる軟骨の棒状器官（脊索），喉部に鰓の細長い孔を持つ新口動物．脊索動物はカンブリア紀から存在する．

石質普通海綿（イシカイメン） lithistid demosponge
硬い骨格を伴う海生の普通海綿類．石質普通海綿はカンブリア紀から存在する．

赤色岩層 redbed
空気にさらされることで酸化し，鉄成分が赤錆色になった陸成堆積岩層．赤色岩層はしばしば砂岩と関連がある．

石炭 coal
主として（50％以上）植物素材の炭素遺物から成る，有機物の堆積変成岩．酸化と腐敗を防ぐために，これは水中に蓄積するか急速に埋まる必要がある．岩層中に石炭が埋まる深度，およびその結果としての圧力により，軟らかく低品質の石炭（泥炭，褐炭）とか硬く高品質の石炭（無煙炭）を生じる．

脊椎動物 vertebrate
背骨を持つすべての動物．約4万1000の脊椎動物の種があり，哺乳類，鳥類，爬虫類，両生類，

石油　petroleum
トラップと呼ばれる岩石構造中に凝縮して発見される，腐敗した有機物から形成される原油．産業用原料として採取される．

石灰岩　limestone
主として方解石から成る炭酸塩堆積岩．海水の無機化学的沈殿が由来の場合や，動物の殻の蓄積による場合がある．

舌形動物　pentastome
カンブリア紀に登場した寄生性の甲殻類ないしはクモ類．節足動物門に近縁の独立した一門とする考えもある．環状の柔らかいクチクラで覆われた扁平で軟らかい身体のため，舌虫類としても知られる．

節足動物　arthropod
分節した身体を覆って関節した外骨格を持つ無脊椎動物．分節した体部には対になり関節した一連の付属肢がある．節足動物はカンブリア紀に初めて出現し，現在まで生き続けている．クモ類，ダニ類，甲殻類，ムカデ類，昆虫類などが含まれる．

絶滅　extinction
1つの種または他の生物群が完全に姿を消すこと．繁殖率が死亡率を下回ると起こる．過去の大部分の絶滅は，種が環境中の自然の変化にすばやく適応しきれなかったために起こった．今日では，主として人類の活動のためである．

前縁海溝　foredeep
弧状列島の海側にある深い地域．

前弧海盆　forearc basin
弧状列島と，その背後のくさび形の付加帯との間にある細長い堆積盆地．

扇状地　alluvial fan
浸食された物質が高地地方から流れ下り，谷口を扇頂とする平坦な平原状に堆積した扇形の面状地形．

染色体　chromosome
生物の細胞内にあり，内に遺伝子を含み，糸を撚ったような形のDNAのひも．

蘚苔類（せんたいるい）　bryophyte　→コケ類

[そ]

相（層相）　facies
場所的につながりを持ち，同一の地質学的事件に関連する異なった堆積岩の集まりで，そのためその地方の条件が表される．

層位学　stratigraphy　→層序学

双弓類　diapsid
爬虫類の主要な1亜綱の構成員．双弓類は頭骨の眼窩後方に2つの開口部があることで定義される．トカゲ類，ヘビ類や主竜類は双弓類である．

双牙類　dicynodont　→ディキノドン類

総鰭類（そうきるい）　lobe-finned fish
総鰭亜綱に属する硬骨魚．総鰭類は鰭を支える肉質の葉によって条鰭類と区別される．総鰭類は両生類の祖先で，したがって全陸生脊椎動物の祖先と考えられている．肺魚類と併せて肉鰭類とも呼ぶ．

走向移動断層（横ずれ断層，水平ずり断層）　strike-slip fault
ある岩体が，すぐ隣の岩体に対して垂直方向というよりはむしろ横方向に移動する断層．

造構海面変動　tectonoeustasy
中央海嶺が成長すると共に海水量の絶対的な変化が原因で起こる世界的な海水面変動．

層孔虫類　stromatoporoid
礁を形成した，石灰化した海生海綿動物の絶滅グループの1つ．かつてはヒドロ虫類に近縁と考えられる場合が多かった．

造山運動　orogeny
褶曲山脈や地塊山地ができる運動．プレートの衝突や沈み込みで，断層・褶曲帯をつくる作用．

層序学（地層学，層位学）　stratigraphy
地球の表面または表面付近にある岩層の関係・分類・年代・対比の研究．これらの岩石の順序により，科学者たちは地球の地質学史を確立できる．

草食動物（植物食動物）　herbivore
植物を食べる動物．肉食動物と異なり，この用語は特定グループの動物に限定されない．

槽歯類（そうしるい）　thecodont
三畳紀に生息した，恐竜類の祖先にあたるものを含むワニ状の爬虫類．槽歯類をなしていた動物は，現在ではいくつかの分類群に入れられ，したがって槽歯類という分類群はない．

層相　facies　→相

創造説　creationism
聖書に書かれているように，世界は神によって創造され，それは6000年以上前ということは無く，種は個々の起源を持ち不変であるとする理論．ダーウィンの進化論に対抗して展開されたが，大部分の科学者は事実に基づくとは考えていない．

相同体制　homologous structure
異なった種における類似の体制．共通祖先を示唆はするが，腕と翼のようにそれぞれ異なった機能を果たす．

草本　grasses　→草

層理面　bedding plane
堆積岩の1つの単層を，隣接した単層から分ける面．

藻類　alga（複数形：algae）
植物の最も原始的な型で，1つの細胞あるいは細胞の集団から成り，維管束系は無い．海藻は藻類の一例である．

属　genus
リンネ式生物分類法での6番目の区分で，多数の類似または近縁の種から成る．類似の属は科に分類される．

側系統　paraphyly
複数の祖先から進化したグループ（単系統の逆）．恐竜類は2つの主要なグループ（竜盤類と鳥盤類）が独立に進化したかもしれないため，側系統かもしれない．分岐分類学では，祖先的形態を共有することを指す．

続成作用　diagenesis
埋まった堆積物からの低温での堆積岩の形成．2つの過程が含まれ，最初に堆積物粒子が圧縮され，次いでその粒子が鉱物で固結される．

続生説（生物発生説）　biogenesis
自然発生的に創造されたり，他のものから変容したのではなく，生物は自身のような生物からしか進化しないとする原則．

側方連続の原理　principle of original lateral continuity
渓谷などの浸食地形で分離された類似の岩層は，当初は一緒に堆積したとする地質学の原理．

ソテツ類　cycads
中生代によく見られ，外見がヤシ類に似た，種子植物の多様なグループ．

ソノマ造山運動　Sonoma orogeny
東に移動しつつあった弧状列島が北アメリカの太平洋縁部と衝突した際の，ペルム紀・三畳紀境界の造山事件．

[た]

帯　zone
地質学で用いられる最短の時代を表現する生層序単位．

ダイアピル（褶曲）　diapir
上部層を通り押し上げられた岩石層によって形成されるドーム状の岩石構造．ダイアピルは，その層が圧力下で塑性を持つ岩塩類などの岩石から成っている時にしか生じない．

体管　siphuncle　→連室細管

大気　atmosphere　→気圏

太古代　Archaean　→始生代

第三紀　Tertiary
中生代の白亜紀と新生代の第四紀との間の地質時代の時期．最後の約200万年を除く，地球の歴史の最後の6500万年を含む．

堆積岩　sedimentary rock
破砕物の層が累積して固結することで形成される岩石で，固い塊体を形成する．堆積岩には次の3つの型がある．砂岩などの砕屑岩の破砕物は既存の岩石が起源，石炭などの生物起源の破砕物はかつての生物が起源，岩塩などの化学作用の破砕物は水溶液から沈殿した結晶で形成される．

堆積間隙　non-sequence　→ノンシーケンス

大地溝（リフト）　rift
平行に走る断層系の間での，陸の一地域の下方への動きで形成される，長く延びた凹地．地溝は地殻が伸びる地域に生じ，そこでは岩石圏プレートが分かれつつあり，大陸が分離しつつある．地溝は渓谷を形成する傾向がある．

太陽系星雲　solar nebula
ビッグバン後，そこから最終的に太陽系が凝縮した，塵とガスの雲．

大洋中央海嶺　mid-ocean ridge　→中央海嶺

第四紀　Quaternary
更新世と完新世を含む地質時代の時期．したがって，最後の氷河時代と人類の歴史全体を含む．

大陸　continent
比較的浮揚性のある陸の地殻の塊．地球の大陸は平均して海洋底から4.6 km上にあり，厚さは20～60 kmの範囲内で変化する．これまでに発見された最古の大陸性岩石は約38億年前のものである．個々の大陸の中心にはクラトンまたは楯状地と呼ばれる太古の岩石の塊が1つあるいは複数あり，連続的に時代が新しくなる褶曲山地の変動帯に取り巻かれている．大陸縁部は氾濫し，大陸棚を形成することがある．

大陸移動（説）　continental drift　→大陸漂移（説）

大陸棚　continental shelf
海岸線から大陸斜面の上縁まで伸びる大陸周縁のゆるい勾配で，浅海を形成する．大部分の堆積は海洋底のこの部分で生じる．

大陸漂移(説)(大陸移動説) continental drift
最終的には分裂した単一の超大陸がかつて存在したが，約2億年前に分裂漂移し始め，その構成要素である諸大陸は依然として漂移していると仮定する学説で，通常，ドイツの気象学者アルフレッド・ウェゲナー(Alfred Wegener)が唱えたとされている．現代の研究により，これは地球のマントル内の対流で動く海洋底拡大の結果であることが立証されている．

対流 convection
熱による流体の動き．熱い流体は冷たい流体より密度が低いため，熱い流体は上昇し，冷たい流体は下降する．対流はプレートテクトニクスと同様に世界の風系をも動かしている．

大量絶滅 mass extinction
地球の生物体の，短期間で広域にわたる重大な規模の絶滅．

ダーウィニズム(ダーウィン説) Darwinism
英国の自然科学者チャールズ・ダーウィン(Charles Darwin, 1809-1882)が提唱した進化論に対する一般名．今では自然選択説として知られる彼の主要な主張は，性によって繁殖する個体群の構成員間に存在する変異に関するものだった．ダーウィンによれば，環境により適応した変異を持つ個体が生き延びて繁殖し(適者生存)，その後，その形質を子孫に受け渡す可能性が高くなる．時の経過と共に個体群の遺伝学的構成が変化し，十分に時が経つと新しい種が生じる．したがって，存在する種はより古い種からの進化によって起こる．→創造説

多雨湖 pluvial lake
雨で形成された湖．

多殻類 polyplacophoran →多板類

多丘歯類(たきゅうしるい) multituberculate
中生代と第三紀初期に生息した，齧歯類(げっしるい)に似た原始的な哺乳類の目の一員．多丘歯類は最初の植物食哺乳類だったかもしれない．

タコニック造山運動 Taconic orogeny
アパラチア造山運動の初期段階で，オルドビス紀に弧状列島がローレンシアに付加した際に起こった．

脱ガス過程 degassing
物体あるいは物質からガスが漏れ出る過程．始生代初期，地球は熱せられて溶融し，大量のガスを宇宙に失った．

楯状地 shield
カンブリア紀以前に安定化した大陸地殻の一部に対する別の用語．広大な面積の基盤岩類が低平な陸地として露出．

多板類(多殻類) polyplacophoran (chiton)
左右相称で石灰質の殻板を多数持つ，多殻の海生軟体動物．多板類はカンブリア紀に進化した．

多毛類 polychaete
カンブリア紀に登場した，主に海生の環形動物．各体節に剛毛(刺毛)の束を持つ一対の肉質の疣脚(いぼあし)がある．

単殻類 monoplacophoran →単板類

単弓類 synapsid
爬虫類の主要な1亜綱の構成員で，哺乳類型爬虫類を含む．両側頭部に1つの特別な開口部があり，特徴的な頭骨を持つ．子孫の哺乳類では，開口部がさらに大きくなり，顎のかみ合わせを強化した．→双弓類

単系統 monophyly
単一の共通祖先の子孫すべてを含むグループ．

単孔類 monotreme
卵を産む哺乳類の目の一員．ハリモグラとカモノハシのみが現生単孔類である．

単細胞生物 unicellular organism
身体全体が単一の細胞から成る生物体．

炭酸塩 carbonate
炭酸の塩．炭酸塩は鉱物中によく見られ，石灰岩などの堆積岩の主要構成要素である．最も広く行きわたった炭酸塩鉱物は方解石，霰石，苦灰石である．

炭酸塩補償深度 carbonate compensation depth
炭酸塩の沈澱速度が溶解速度と等しくなる海の深度．

単肢動物 uniramian
分枝していない単純棒状の付属肢を持つ節足動物などをいう．

単層 bed
上下にある層とは性質の異なる堆積岩の層．

断層 fault
1つの岩塊が他の岩塊に対して動いた所に沿う岩体の割れ目．典型的な断層は地殻の伸長に起因し，一組の地溝を形成することがある．断層は衝上——地殻が短くなる所(逆断層)や，接した岩塊が垂直方向には僅かしか動かず，もしくは全く動かずに横方向に動く所(走向移動断層またはトランスフォーム断層)——沿いにも生じる．

断続平衡 punctuated equilibrium
比較的安定した期間に，形態変異の増大と突発的に急激な新種形成が散在する進化の型．個々の期間の存続期間は異なった環境条件下で大きく異なる．

炭素循環 carbon cycle
それによって炭素が生態系内を循環する化学反応の連続．炭素は石灰岩の主要成分で，生物の殻として沈積することがしばしばある．二酸化炭素中の炭素を植物が光合成過程で吸収し，炭水化物を造り，大気中に酸素を放出する．炭水化物は呼吸の際に植物に直接使われ——あるいは植物を食べる動物に使われ——大気中に二酸化炭素として戻される．

蛋白質 protein
アミノ酸から成る複雑な有機化合物で，生物の大部分を形成する．

単板類(単殻類) monoplacophoran
帽子状で左右相称の石灰質の殻を持つ，縁膜が1枚の，初期の海生軟体動物．

[ち]

地衣植物 lichen
菌類とシアノバクテリアすなわち藍藻類から成る共生生物体．現生種しか知られていない．

地殻 crust
マントルの上，地球の岩石圏(リソスフェア)の最も外部．密度の高い海洋地殻，つまり苦鉄質地殻と，より軽い大陸地殻，つまり珪長質地殻の2種類がある．

地球温暖化 global warming
総体的な気温上昇を含む，地球の気候変化．自然な過程での結果であることもあるが，現在では主として温室効果に原因があるとされている．変化は規則的ではなく，永続的な氷冠と世界の他地域のより温暖な条件との間の気温勾配が増大することによって生じた，予測不能の気象条件として現れることがある．国連環境計画(UNEP)の予測では，2005年までに，地球温暖化が原因で世界の平均気温は1.5℃上昇し，極の氷が溶ける結果として海水面は20cm上昇する．

地圏 geosphere
気圏または生物圏とは性質が異なり，地球の固体部分．

地溝 graben
岩石の一部が平行な断層間に下降した地質学上の構造．地表では地溝帯として現れることがある．

地層 strata (単数形：stratum)
堆積岩の複数の単層．

地層学 stratigraphy →層序学

チャート chert
非結晶質の二酸化珪素で形成された岩石．

チャンセロリア類 chancelloriid
古生代前期に生息した固着性のコエロスクレリトフォラ類で，その骨格は袋様の体部を取り巻く，バラの花冠状で棘があり中空の骨片から成る．海綿に類似した動物．

(大洋)中央海嶺 mid-ocean ridge
新しい海嶺が現れる所にある，海洋底の隆起した地勢で，両側で外側に広がる．中央海嶺は火山を伴う長い隆起，熱水，地殻沿いの地溝帯を形成する．このような海嶺は，マントルが岩石圏プレートの砕けやすい縁部を「曲げ」ようとする働きを助けるトランスフォーム断層によって，しばしば隔離される．海嶺はマントルの対流セル上に発達する可能性がある．

紐歯(ちゅうし)**類**(スチリノドン類) taeniodont
第三紀最初期に生息した原始的な哺乳類グループの一員．

中深外洋性 mesopelagic
水中の中間帯およびそこに住む生物体．

中心核 core →核

中生代 Mesozoic (Mesozoic era)
2億4800万～6500万年前の，地質時代の代．三畳紀，ジュラ紀と白亜紀を含む．

鳥脚類 ornithopod
鳥盤類の系統を引き，ジュラ紀～白亜紀に生息した二足歩行の植物食恐竜の系列．鳥脚類はカムプトサウルス(*Camptosaurus*)，ハドロサウルス(*Hadrosaurus*)とイグアノドン(*Iguanodon*)などを含んでいた．

超苦鉄質地殻 ultramafic crust
苦鉄質地殻同様に重い地殻だが，二酸化珪素の含量はさらに少ない．

長頸竜類(クビナガリュウ類，蛇頸竜類) plesiosaur
中生代に生息した肉食の泳ぐ爬虫類．長頸竜類にはカメのような身体，ひれ状の足と長い頸があった．

超新星 supernova
恒星の構造が崩壊する結果として生じる爆発．

長石 feldspar
アルミノ珪酸塩の造岩鉱物グループのすべて．

超大陸 supercontinent
複数の大陸塊が集まってできた大陸．

鳥盤類 ornithischian

植物食で「鳥類のような骨盤」を持つ，恐竜類の主要な2グループの1つ．しかし，始祖鳥や鳥類が進化した系列ではない．

チョーク chalk
殻で覆われた微小な動物の堆積物から形成された，純粋な種類の石灰岩．

地塁地塊 horst block
地溝とは逆に，2つの断層間で岩石の一区画が隆起している地質学上の構造．地塁地塊の表面の特徴は頂が平坦な丘になることだろう．

[つ]

角竜類（ケラトプス類） ceratopsian
装甲した盾状部があること，および，頭部の角の配置が特色となる四足歩行の鳥盤類恐竜の1グループ．

粒雪（フィルン） firn
部分的に凍っても，氷を形成していない，氷河の上に積った雪．

ツンドラ tundra
冬は雪で覆われ，夏は氾濫する，生長を妨げられた季節的な植生を持つ景観で，永久凍土に起因する．はるか北方の大陸域に典型的である．

[て]

DNA（デオキシリボ核酸） deoxyribonucleic acid
染色体の主要な化学的構成要素．

泥岩 mudstone
泥の圧密によって形成される細粒の堆積岩．頁岩と似ているが，独特な細かい層理を欠く．

ディキノドン類（双牙類） dicynodont
1対の顕著な犬歯を持つ種類が多かった哺乳類型爬虫類の一下目の一員．

底生生物 benthic organism
水底に生息する水生の生物体．

ティタノテリウム類 titanothere →ブロントテリウム類

低地 lowland
集積の過程が破壊にまさる陸部．

底盤 batholith →バソリス

テーチス海 Tethys Seaway (Tethys Ocean)
パンゲア大陸中に広大な湾として存在した海洋域で，ゴンドワナからローラシアをほぼ分離していた．テーチス海はアフリカとインドがヨーロッパとアジアに近づくと共に無くなり，地中海，黒海，カスピ海，アラル海を残した．

適応 adaptation
進化の上で，特定環境で特定の生活様式で生きられるように，生物体の構造あるいは習性の変化すること．水かきを持つアヒルの足など．

適応放散 adaptive radiation
ある系列が異なった型を進化させ，構成員が異なった環境の異なった生活様式に適応することを可能にする過程．

テレーン terrane
地球上で周囲の地殻とは性質が異なる，地殻の比較的小さい塊．

[と]

統 series
世（せい）の間に堆積した，または迸入した岩石から成る層序学の単位．

同位体 isotope
核内の陽子は同数だが，中性子数が異なるために物理的性質の異なる，化学元素の型の1つ．

頭蓋動物 craniate
脊椎動物の別名．この用語は，脊椎は無いが，このグループに特有の頭骨の形質を備えているメクラウナギ類などの動物を含む．

透光帯（有光層） photic zone
そこまで日光が海中に届く領域（海面下約200m）．光合成が可能な深度（多光帯）は約100mまで．

頭索動物 cephalochordate
ナメクジウオ類．小型で，鱗がなく，魚類のような原始的な脊索動物で，脊索と神経索はあるが脳は無い．頭索動物はカンブリア紀に現れた．

頭足類 cephalopod
カンブリア紀に進化した，大きな脳と目を持つ，進歩した海生軟体動物．足は発達してジェット推進器官と触手になった．

頭部 cephalon
三葉虫類の頭の部分．

動物地理学 zoogeography
動物の分布，特定地域の動物集団および個別の生物地理界間の障壁の研究．

動物プランクトン zooplankton
プランクトンの動物性構成要素．主に，原生動物，小型甲殻類および軟体動物とその他の無脊椎動物の幼生段階．

トクサ類 Sphenopsid (Equisiophyta)
巨大な維管束植物カラミテス（*Calamites*）などの胞子植物のグループ．古生代後期によく見られた．

独立栄養生物（無機栄養生物） autotroph
栄養物を生産するあらゆる生物体．すなわち植物や細菌．

突然変異 mutation
DNAの交替によって生じる，生物体の遺伝子構造の変化．進化の素材とも言える突然変異はDNA複製（複写）中の誤りの結果として起こる．したがって，有益な誤りだけが自然選択に有利である．

トモティア類（有殻微小化石動物） tommotiid
カンブリア紀に生息した，分類に問題のある海生無脊椎動物で，肋のあるリン酸塩の硬皮で覆われていた．

ドライカンター dreikanter →三稜石

トラップ trap
玄武岩質の継続的な溶岩流で形成される階段状の構造．デカントラップやシベリアトラップで見られるように広域に及ぶ．

ドラムリン drumlin
氷河によって堆積された堆積物から成る，長く伸びた小丘．その長軸は氷河の流れに平行である．

トランスフォーム断層 transform fault
中央海嶺を横切って生じ，近接した構造プレートが滑って互いにすれ違う際に形成される地質学上の断層．この断層には，末端が海嶺またはリフトで終わるもののほかに，島弧－海溝系あるいは弧状山脈で終わるものがある．

ドローの法則 Dollo's law
ベルギーの古生物学者ルイ・ドロー（Louis Dollo, 1857-1931）によって提唱された進化に関する法則で，ある構造がいったん消失または変化すると，その構造は新しい世代で再出現しないとする．

ドロマイト dolomite →苦灰岩

トーンキスト海 Tornquist Sea
古生代初期にバルティカの西部を占めた海．

[な]

内翅類（ないしるい） endopterygote
幼生の形態が成体の形態と極めて異なる昆虫類の亜綱の一員．幼虫がイモムシで成体に翅のあるチョウ類が例である．→外翅類

内陸海 epeiric sea
広大な浅い内海．

ナノプランクトン（微小浮遊生物） nanoplankton
微小なプランクトン．主に藻類，原生動物，菌類．

軟骨魚類 chondrichthyan
顎を持つ魚類で，最初のものはシルル紀から知られる．その骨格はすべてが軟骨から成っている．サメ類が例である．

軟体動物 mollusk
貝やイカなどを含む門に属する無脊椎動物のすべて．軟体動物はカンブリア紀に登場した．

南蹄類 notoungulate
南アメリカの原始的な蹄を持つ絶滅動物．

[に]

肉鰭類（にくきるい） sarcopterygian →総鰭類

肉食動物 carnivore
一般的には肉を食べる動物．専門的には，この用語はネコ類，イヌ類，イタチ類，クマ類やアザラシ類を含む食肉目の哺乳類にしか適用されない．

肉歯類 creodont
第三紀初期に生息した大型肉食哺乳類の目である肉歯目の一員．肉歯目は現生の食肉目の姉妹群である．肉歯類には2つの主要な系列オキシエナ類とヒエノドン類があった．

二足歩行（二足性） bipedalism
2本足で歩く能力．

ニッチ niche →生態的地位

二枚貝 bivalve
石灰質の2枚の殻で覆われ，明瞭な頭部の無い水生軟体動物で，カンブリア紀から存在する．

[ね]

ネアンデルタール人 Neandertal
ホモ・サピエンス・ネアンデルタールエンシス（*Homo sapiens neanderthalensis*）亜種の一員．現代の人類（*H. sapiens sapiens*）に近縁で，更新世の大部分にわたって，現代の人類より先行した．発見された場所であるドイツのネアンデル渓谷に因んで命名された．

ネヴァダ造山運動 Nevadan orogeny
ジュラ紀〜白亜紀前期の，北アメリカ西海岸沿いの造山事件．西コルディレラ山系形成の一因と

なった．

熱雲 nuee ardente
火山噴火と関連する高温の火山灰，細かい塵，溶けた溶岩片と高温のガスから成る，移動の速い「白熱したなだれ」．

熱水 hydrotherm
海の深い所にある高温（500〜4000℃）の鉱水の水源．しばしばブラックスモーカーの現場．

年層 varve →氷縞粘土

粘土 clay
極めて細粒の堆積物の構成粒子で，通常は塑性を持つ．

[の]

農業革命 agricultural revolution
18世紀後期から19世紀初頭にかけての，ヨーロッパでの農業慣習の変化．科学的な実践が広域の農村に応用され始め，食糧生産量が劇的に増大した．

ノトサウルス類(偽竜類) nothosaur
三畳紀に存在した，泳ぐ爬虫類のグループの一員で，陸上を動き回ることもできた．長頸竜類の先駆者．

ノンコンフォーミティー(無整合) nonconformity
岩層を下位の結晶片岩などから分離する層序上の不整合の型．

ノンシーケンス(ダイアステム，堆積間隙) non-sequence
特定の時代の堆積物が一度も堆積しなかったため，あるいは，堆積物がその後完全に浸食されたために生じた層序学的連続の間隙．間隙の存在は他の古生物学的証拠に証明される．

[は]

バイオーム(生物群系) biome
植生と気候の共通様式で具体化した動植物の広い生物群集．草原，砂漠，ツンドラや多雨林が例である．

配偶子(配子，生殖体) gamete
有性生殖の間に，別の生物体の生殖細胞と癒合する，生物体の生殖細胞．

背弧海盆 back arc basin
地球のプレートが別のプレート上に乗り上げる際の火山活動で形成された弧状列島の背後にある海．

配子 gamete →配偶子

胚珠 ovule
いったん受精すると種子に発達する，種子植物の生殖構造．

ハオリムシ類 vestimentiferan
シルル紀に登場した蠕虫様の海生無脊椎動物．

ハクジラ類 odontocete
歯のあるクジラ類．

バクテリア bacterium
菌類に類縁の，単細胞原核生物の微生物の1グループ．バクテリアは38〜35億年前に出現し，地球で最も成功している生物の1つである．

薄嚢シダ類 leptosporangiate ferns
「真」のシダ類．「シダ類」という一般用語には，単系統起源ではない，外見の似たいくつかのグループが含まれる．

バージェス頁岩 Burgess Shale
カンブリア紀のラーゲルシュテッテンの最も有名なもので，カナダ西部のカンブリア紀中期の岩石中にある．

バソリス(底盤) batholith
露出面積が100 km²以上の，広く，典型的には不規則な形を持ち，しばしば花崗岩化した火成岩の貫入体．

爬虫類 reptile
脊椎動物爬虫綱の全構成員で，ヘビ類，カメ類，アリゲーター類やクロコダイル類を含む．爬虫類は石炭紀に両生類から進化した．長頸竜類や魚竜類などの太古の一部の種類は海に生息した．現代の爬虫類は陸に生息する．爬虫類は冷血動物で主に硬殻卵で繁殖する．硬殻卵は爬虫類が陸にコロニーをつくることを可能にした工夫である．

パックアイス pack ice
互いに密集して固体状の海表を形成する浮氷の塊．

発散境界 divergent plate margin
2つのプレートが離れつつある所にある岩石圏プレートの境界．マントル起源の物質が噴出し，新しい地殻を造る．中央海嶺，その中央の深い谷である中軸谷，活発な海底火山活動などと関連がある．

ハドロサウルス類 hadrosaur
白亜紀に生息した鳥脚類恐竜グループの一員で，幅の広いアヒルのような嘴が特徴である．

バーブ varve →氷縞粘土

パラテーチス海 Parathys
第三紀後期に黒海とカスピ海の地域にあった浅海．

ハルキエリア類 halkieriid →鱗甲類

バルティカ Baltica
古生代と中生代に存在した大陸で，バルト海を取り囲むヨーロッパ東部と北部を含んでいた．

パレイアサウルス類 pareiasaur
ペルム紀に生息した植物食爬虫類のグループの一員．パレイアサウルス類は大型で重量級の動物で，カメ類の祖先に近縁だったかもしれない．

パンゲア Pangea
すべての主要な大陸塊から成り立った，古生代後期〜中生代初期の超大陸．

半索動物 hemichordate
脊索を持つ，原始的で蠕虫状の海生新口動物．身体は頭甲，襟，鰓の切れ込みで穴のあいた体幹に区分される．半索動物はカンブリア紀に登場した．

パンサラッサ(古太平洋) Panthalassa Ocean
古生代と中生代初期に北半球を覆った単一の海洋．パンサラッサは太平洋の前身だった．

板歯類 placodont
三畳紀に生息した海生爬虫類の1グループ．主に，動きの鈍い貝類食者で，一部のものにはカメのような甲があった．

反芻動物 ruminant
食い戻しを噛む，ウシなどの動物．

板皮類(ばんぴるい) placoderm
シルル紀〜デボン紀に生息し，石炭紀前期には絶滅した，硬い骨質の装甲で覆われた頭を持ち，顎のある軟骨魚類．

盤竜類 pelycosaur
最も原始的な哺乳類型爬虫類のグループ構成員で，その多くのものに背中の帆があった．

斑れい岩 gabbro
組成は玄武岩に似ているが，地球の表面下で形成した，粗粒の火成岩．長石を含む．

[ひ]

ヒオリテス類 hyolith
古生代に生息した，2つの弁を持つ海生無脊椎動物．二枚貝類の類縁である可能性がある．

ヒカゲノカズラ類(小葉植物類) clubmoss (lycopod/lycopsid)
シダ類に類縁の原始的な維管束植物．今日では小さく取るに足らないが，古生代後期には高さ100 mの木として生えていた．

尾索動物(尾索類) urochordate
ホヤ類など．主に固着性で袋状の海生脊索動物．成体では索と脊索の両方を欠く場合が多い．尾索動物は石炭紀に初めて登場した．

被子植物 angiosperm
顕花植物に対する専門用語．莢や果実などの保護ケース内に種子を持つ植物．

微小浮遊生物 nanoplankton →ナノプランクトン

ビッグバン big bang
約150億年前に非常に高温で密度が高い物体が爆発した際に，森羅万象全体（宇宙，物質，エネルギー，時間や物理法則を含む）が始まったとする理論．爆発で生じた破壊物の破片は発生源から放射状に拡がり離れ，冷え，最終的に銀河と恒星を形成した．

ヒト科 Hominid
直立歩行（二足歩行）の特徴を持つ後期のヒト上科の一員で，約500万〜400万年前，そこから現代人類が進化した．

ヒト上科 Hominoid
小型類人猿（ギボンやフクロテナガザル），大型類人猿（オランウータン，ゴリラやチンパンジー）と人類などの霊長類．

ヒト属(ホモ) Homo
人類が属する属．ホモ・サピエンス（*Homo sapiens*）の他に2種が認められている．最初に石器を作ったホモ・ハビリス（*Homo habilis*）と，初めてアフリカから世界中に広がったホモ・エレクトゥス（*Homo erectus*）である．

尾板 pygidium
三葉虫類の尾部．

ヒプシロフォドン類 hypsilophodont
速く走ることに向いた造りを持つ，小型鳥脚類恐竜の1グループ．

漂泳生物 pelagic organism →外洋性生物

氷河 glacier
ふもとの方へゆっくり移動し，100年に及んで1年中存続する，厚い氷の塊と圧縮された雪．

表海水層生物(表層水生物) epipelagic organism
水柱の上方（透光）帯に住む生物体．

氷河釜 kettle hole →釜状凹地

氷河時代 ice age
氷河と氷冠の表面積が増加し，寒冷気候の長期にわたる期間．地球の歴史にはいくつかの氷河時代があり，最も最近では180万〜約1万2000年前の更新世に起こった．

氷河性海面変動 glacioeustasy
氷冠の成長または溶解と共に海水量が変化して起きる世界的な海水面の変動.

氷縞粘土(バーブ, 年層) varve
氷河湖に堆積した堆積物の薄い層. 氷河は季節によって異なった速度で溶け, 氷河の溶けた水は異なった量の氷成堆積物を運ぶ. 氷縞粘土は粗い物質(夏縞)と細かい物質(冬縞)の年周期として蓄積し, 地質学者たちは氷河作用を受けた地域を研究するためにこれを利用できる.

氷床 ice sheet
山からの下り坂というよりは, 極めて寒冷な地域から広がり出る大陸性氷河. 南極とグリーンランドは氷床で覆われている.

氷成堆積物(氷礫土) till
氷堆石の, 氷河によって堆積された粘土と大礫の淘汰されていない混合物.

表層水生物 epipelagic organism →表海水層生物

氷堆石(モレーン) moraine
氷河に拾い上げられ, 運ばれ, 他の場所で堆積した岩屑.

氷礫岩 tillite
氷成堆積物の石化作用で形成される岩石.

氷礫土 till →氷成堆積物

ヒルナンティアン氷河時代 Hirnantian ice age
顕生累代で最初の氷河作用で, オルドビス紀の最末期(ヒルナンティアン)に起こった.

貧歯類 edentate
アリクイ類, ナマケモノ類, アルマジロ類を含む, 哺乳類の目の一員. 貧歯類には歯が無い.

[ふ]

ファマティナ造山運動 Fammatinian orogeny
オルドビス紀中期の南アメリカにおける造山運動の一段階. アンデス地域のプレコルディレラ山系がゴンドワナへ付加した後に続く.

ファラロンプレート Farallon plate
第三紀に北アメリカプレートの下に沈み込んだ太平洋東部の構造プレート.

フアン・デ・フカ海嶺 Juan de Fuca Ridge
カナダ西海岸沖の海嶺で, 現在, 北アメリカプレートの下に沈み込みつつある東太平洋海膨の孤立物.

フィルン firn →粒雪

風化作用 weathering
露出した岩石が雨, 霜, 風, その他の天候の要素によって分解される化学的または物理的過程. 風化作用は浸食の始まりである.

付加(アクリーション) accretion
プレートテクトニクスで, 海溝・トラフに海洋プレートが沈みこむ時, 海洋底の堆積物がはぎ取られて陸側へ押しつけられて付け加わっていくこと. 海溝の陸側に沿い大陸岩石圏が成長するとする説があり, この場合, 火山性弧状列島が陸塊の縁に結合し, 大陸を造り上げること.

付加帯 accretionary belt
付加により陸棚斜面の先端に加えられた堆積体が付加体(accretionary wedge)で, 多くの逆断層により積み重なっておりプリズム状の断面をもつ. この付加体がつくられている地帯を付加帯という. 弧状列島, テレーン, 海面上に出た海洋地殻の断片が付加することで形成された大陸の一部.

腹足類 gastropod
巻貝. よく発達した頭と足を持つ単殻の軟体動物で, 殻と内部器官は非相称に発達する. 腹足類はカンブリア紀に登場した.

腐食動物 scavenger
死んだ動物の肉を餌にする動物.

フズリナ類 fusulinids →紡錘虫類

不整合 unconformity
堆積岩の堆積層序中の不連続. 一連の岩石が海面上に隆起して浸食され, その後水没した結果, 堆積が再開する時に形成される.

普通海綿類 demosponge
カンブリア紀から存在する海綿類の綱. 骨格は海綿質(ケラチンに似た屈性のある蛋白質), 珪質の骨片や堅い炭酸カルシウム, またはこれらの組み合わせで造られる.

浮泥食者 detritus feeder
有機物を食べるために堆積物を摂取する消費者. 圧倒的にバクテリアが多い.

筆石類 graptolite
カンブリア紀から石炭紀に生息した, ろ過摂食動物で群体をなす半索動物. 筆石類は現代のプランクトンのように海面付近に生息し, 単純な外骨格化石から知られる. 大部分はシルル紀末に絶滅した.

浮遊生物 plankton →プランクトン

ブラックスモーカー black smoker
地溝が形成された海洋底の孔から上昇する, 鉱物を含んだ熱水の噴出. 色は鉄, 亜鉛, マンガン, 銅の溶融硫化物による.

プラヤ playa
砂漠にある, 囲まれた平坦な盆地. 通常, 1つあるいは複数の短命な(季節的な)湖が一部を占めている. プラヤが干上がると蒸発岩堆積物が形成される.

プランクトン(浮遊生物) plankton
水中を浮遊し, より大型の動物の重要な食物源である小さい, しばしば微小な浮遊性の生物体. 植物プランクトンと動物プランクトンを含む.

プリオサウルス類 pliosaur
中生代に生息した, 頭が大きく頸の短い, 泳ぐ爬虫類の1グループ.

フリッシュ flysch
隆起したばかりの山脈から浸食された砂岩と頁岩の厚い堆積物. この用語はアルプス山脈の北と南にある堆積物に限定されることがある.

プルトン(深成岩体) pluton
地表下で形成された貫入性火成岩の塊.

プルーム plume →マントルプルーム

プレコルディレラ山系 Precordillera
カンブリア紀にローレンシアのアパラチア山脈周縁部(北アメリカ)から分離した南アメリカのテレーン. 後に, そこにアンデス山脈が形成された.

プレートテクトニクス plate tectonics
大陸漂移, 海洋底拡大, 火山活動, 地震, 造山運動に対する説明として, 岩石圏プレートの動きと相互作用を引き合いに出す理論.

プロブレマティカ problematic fossil
現在のいずれの門とも類縁が無いように見られる生物体の化石. プロブレマティカはカンブリア紀の地層で特に多い.

ブロントテリウム類 brontothere
サイに似た有蹄類のグループの一員で第三紀初期に生息した. 一部のものは極めて大型であった.

分化 differentiation(biology)
[生物学]発達中の組織や器官の細胞がますます異なって特殊化し, 特定の機能を持つより複雑な構造を生じる過程.

分化 differentiation(geology)
[地学]同一マグマからの, 性質の異なる火成岩の形成. 鉱物は異なる温度と圧力で結晶し, 一部は他のものよりも先に蓄積する結果, 異なる組成の岩石を生む. 同質の溶けた岩石の塊体から, 核を伴う層状の惑星に至るまで, すべての惑星の主な分化は類似の方法で生じた.

分岐進化 divergent evolution
近縁種の異なる方向への進化. 異なった生活様式の結果であることがしばしばで, 最終的には, 2つの極めて異なった進化系列の出現につながる.

分岐図 cladogram
共通に持つ形質の数を比較することにより, 生物体あるいは生物体のグループの進化上の類縁関係を示す図.

分岐論 cladistics
共有形質の程度を評価することによって, 生物体を分類群に当てはめる分類法. →分類学

噴出岩 extrusive rock
噴火の産物である火成岩で, 地球内で形成されるのとは対照的に, 地球の表面で出現する.

分類学 taxonomy
生物体のグループ(タクサ)への分類の研究. 分類の基本的な単位は種で, 上位分類には属・科・目・綱・門・界の順で進む. 分類の諸特徴の取り扱いの違いから主に3学派(進化分類学, 数量分類学, 分岐分類学)がある.

分裂 fragmentation
地溝が生じ, その後広がる間に, 大陸がより小さい断片に割れる過程.

[へ]

碧玉 jasper
主として珪質の深海堆積物で形成される変成岩.

ヘッケルの法則 Haeckel's law
現在では修正されている進化上の原理で, 種の幼体はその祖先の成体に似る(個体発生は系統発生を繰り返す)としている.

ベニオフ帯 Benioff zone
海溝から岩流圏(アセノスフェア)に向かって下方に伸びる, 急勾配で傾斜した地震活動地帯. これらの地帯は破壊的なプレート縁部で沈み込む構造プレートの進路を示す. 地震の震源は沈み込まないプレートに対してより深くなり, 深度600km以上に達する. 深発地震帯ないしは和達ベニオフ帯ともいう.

ベーリング陸橋 Bering land-bridge
ベーリング海峡を横切って断続的に露出する陸橋で, 北アメリカとアジアを結合する.

ヘルシニア造山運動 Hercynian orogeny
現在ヨーロッパ西部で見られる花崗岩塊の多くを据え付けた, 古生代後期の造山事件. 北アメリカではアレガニー造山運動に相当する.

ペレット・コンベアー pellet conveyor

カンブリア紀に進化した自然の浄水体系で，海表から海底までの間で，微小な動物プランクトンが他の動物の有機排泄物を除去し始めた．海底では浮泥食者が有機排泄物を利用した．

ベレムナイト belemnite
中生代に生息した，イカに似た頭足類の1グループ．

変異 variation
同じ種の個体間の違い．遺伝的要素または環境的要素または両者の組み合わせによるため，有性生殖するすべての個体群に見られる．

片岩 schist
温度と圧力の上昇によって層に分かれ，珪長質の成分と苦鉄質の成分が分離する傾向を持つ変成岩（雲母片岩など）．これにより，変成岩は珪長質の結晶の層と苦鉄質の結晶の層が交互になった帯状の外見を生じる．

変成岩 metamorphic rock
通常は堆積岩起源で，熱または圧力にさらされ，固体の状態のままで新しい鉱物に再結晶した岩石．どこかの時点で溶けた場合，その結果は火成岩である．

変成帯 metamorphic belt
太古の褶曲山脈のコアで露出した，変成岩が長く延びた地域．

変動帯 mobile belt
プレート縁部沿いにある，地質学上の活動が激しい地域．変動帯は火山活動，地震活動や造山活動などで特徴づけられる．

片麻岩 gneiss
暗色と明色の物質が縞状になった粗粒の変成岩．このような岩石は地球内部にある変動帯内の深部で形成される．花崗片麻岩は大陸地殻の花崗岩と関連することがしばしばある．

鞭毛虫類 flagellate
鞭毛で動く単細胞生物体の集合的な名称．

[ほ]

貿易風 trade winds
赤道付近へ吹く卓越風で，熱帯の熱い空気が上昇し，北と南からより涼しい空気を呼び込むことに起因する．貿易風は南東と北東から吹き，地球の自転によるコリオリ効果でこれらの方向に偏向する．

方解石 calcite
炭酸カルシウム（$CaCO_3$）から成る鉱物．

胞群 rhabdosome
筆石類の個虫の全部のコロニーを保護するおおい．

胞子 spore
植物の生殖体で，主に，染色体の生存能力のある半数を持つ細胞から成る．胞子は植物に生長する前に別の胞子と結合する必要がある．

胞子嚢 sporangium
植物の胞子を保つ構造．

放射性炭素年代測定法 radiocarbon dating
炭素 ^{14}C を利用する放射年代測定法．^{14}C は半減期が極めて短く，比較的新しい岩石（約7万年前まで）の年代決定に利用できる．

放射性崩壊 radioactive decay
放射性元素が中性子を放出して原子番号が変わり，その結果，全く異なった物質になる過程．

放射年代測定 radiometric dating
岩石が形成されて以来，その放射性物質がどのくらい崩壊したかを計算することによって，岩石または鉱物の年代を推測するために使われる技術．

紡錘虫類（フズリナ類） fusulinids
石灰質で渦巻状の有孔虫類のグループで，石炭紀とペルム紀に豊富だった．紡錘虫類の多くは紡錘形だった．

捕食者 predator
他の動物を殺して食べる動物．

ホットスポット hot spot
マントルプルームが地殻の基部へ高温のマグマを上昇させ，地表で高温の熱流と火山活動を生む場所．アイスランドとハワイ諸島はホットスポット上にある．

哺乳類 mammal
脊椎動物哺乳綱のすべての構成員で，約4000の種を含む．最も特徴的な特質は雌の乳腺である．有胎盤類，有袋類，単孔類の3つの目がある．有胎盤類が最もよく見られ，単孔類は最も少ない．

ホモ *Homo* →ヒト類

ボロファグス類 borophagine
ハイエナドッグのこと．第三紀に生息した肉食のヴルパヴス類から進化し，古第三紀後期にイヌ類（真のイヌ）から分岐したグループの一員．

盆地 basin
周囲のより高い陸地から堆積物を集め，したがって一連の地層の積み重なりを造り上げる傾向を持つ地理的な低地域．

[ま]

マイクロプレート microplate
小型の岩石圏プレートで，通常，主に珪長質岩石で構成されている．

迷子石 erratic boulder
氷河に運ばれて堆積し，その結果，周囲の岩石とは岩質の違う巨礫．

マグマ magma
地表の下方の地殻またはマントルで形成される溶けた岩石物質．凝固すると火成岩，地表に噴出して溶岩として知られる．

マニコーガン事件 Manicouagan Event
三畳紀末に起こった，カナダのケベックでの隕石の衝突．

蔓脚類（まんきゃくるい） barnacle
多くの石灰質板状の殻を持つ，固着性でろ過摂食の海生甲殻類．蔓脚類はシルル紀に生じ，三畳紀に広まった．

マントル mantle
薄い外側の地殻と核の間にある，地球の構造部分．厚さはほぼ2900kmで，マントルは地球の容積の最大部分を構成する．他の地球型惑星のマントル同様，鉄とマグネシウムの高密な珪酸塩から成る．それに対し，小惑星帯より外側を運行する気体の惑星のマントルは主として水素であると考えられている．

マントルプルーム mantle plume
地球のマントル内から上昇する高温で部分的に溶けた物質の噴出する柱または噴出口．プルームはハワイなどの大陸プレートの縁部から離れた所に火山島を生じさせると考えられている．

[み]

ミアキス類 miacid
第三紀初期に生息した原始的な肉食哺乳類のグループの一員．ミアキス類はヴルパウス類とヴィヴェラヴス類——イヌ類とネコ類の分枝——に多様化した．

ミトコンドリア mitochondria
原核生物の生きている細胞内にあり，細胞が働くためのエネルギーを供給する微小構造．ミトコンドリアはより大きいバクテリア内に閉じ込められた小さいバクテリアの子孫かもしれない．

ミトコンドリア・イブ Mitochondrial Eve
今日の人類のすべてのミトコンドリアDNAの源だったと仮定される女性の祖先に対するニックネーム．

ミトコンドリア DNA mitochondrial DNA (mtDNA)
ミトコンドリア内に見られるDNA．核（普通の）DNAより急速に進化するため，個体群の分岐をたどるために利用できる．また，母系列でのみ代々伝えられる（→ミトコンドリア・イブ）．人類に見られるミトコンドリアの小さな変異は，人類起源のアフリカ起源仮説を支持している．

ミランコビッチ・サイクル Milankovitch cycle
地球の動きにおける変化（軌道の離心率，自転軸の歳差運動，黄道傾斜）のサイクル．氷河時代に対する説明として18世紀後期に初めて引きあいに出され，ミルチン・ミランコビッチ（Milutin Milankovitch）によって再提起された．

[む]

無顎類 jawless fish (agnathan)
顎，体幹の骨，および多くの場合，対になった鰭を持たない魚類のような頭蓋動物．無顎類はオルドビス紀に登場した．

ムカシクジラ類 archaeocete →古鯨類
無機栄養生物 autotroph →独立栄養生物
無弓類 anapsid
頭骨の眼窩の後ろに開口部が無いことで定義される，爬虫類の主要な亜綱の一員．無弓類は爬虫類グループの中で最も原始的なものと見られている．（訳注：分岐分類学が進むにつれ，あまり使われなくなってきた．）

無酸素 anoxia
水の酸素含有量が水1リットル当たり0.1ミリリットル未満の状態．この値より下になると動物が有意な減少を示す．

無整合 nonconformity →ノンコンフォーミティー

無脊椎動物 invertebrate
背骨の無い動物．動物全種の95％を占める．

無板類 aplacophoran
殻も足も持たない蠕虫様の海生軟体動物．現代の種のみが知られる．

[め]

メガロニクス類 megalonychid
第三紀後期～第四紀に生息し，絶滅した，巨大な地上生ナマケモノのグループの一員．

メキシコ湾流 Gulf Stream
メキシコ湾から北大西洋——そこで北大西洋海流になる——を横切って北東に流れる海流で，ヨーロッパ西海岸に温暖な状況をもたらす．

メソニクス類 mesonychid
第三紀初期に生息した原始的で雑食の無肉歯類哺乳類のグループの一員．メソニクス類はオオカミ大のメソニクス(*Mesonyx*)や巨大なアンドリューサルクス(*Andrewsarchus*)を含む．

メッシナ危機 Messinian Crisis
中新世末の海水面低下で起こった生物学的混乱．南極大陸の氷床が拡大し，地中海が干上がった．

[も]

目（もく） order
生物分類学の階級．1つの綱がいくつかの目を含み，1つの目がいくつかの科を含むことがある．霊長類は哺乳綱内の1つの目で，オモミス科やヒト科などのいくつかの科を含む．

モホロビチッチ不連続面（モホ面） Mohorovicic discontinuity (Moho)
地球の地殻とマントルの境界．そこで地震波の速度が急に速くなる．モホロビチッチ不連続面の深度は，海洋底の下約 10 km から，大陸の下 35 km と山脈の下 70 km まで幅がある．

モラッセ molasse
急速に浸食されつつある新しい山脈によって形成され，通常，粗粒の非海成堆積岩の集まり．

モレーン moraine →氷堆石
門（もん） phylum
1つまたは複数の，類似または近縁の綱から成る生物体のカテゴリー．類縁のある門は共に界に分類される．脊索動物門と軟体動物門は門の2例．

[ゆ]

遊泳生物 nekton
浮遊とは対照的に，水中で活動的に泳ぐ生物体．

有殻微小化石動物 tommotiid →トモティア類
有機栄養生物 heterotroph →従属栄養生物
有機物質 organic substances
炭酸塩と炭素の酸化物以外の炭素を含むあらゆるもの．したがって，有機物質はすべての生物とその生成物を含む．

有光層 photic zone →透光帯
有孔虫類 foraminiferan
単細胞原生動物の目．大部分は海生で，通常，被甲（殻）は炭酸カルシウムでできており，細孔があり，鉱物で強化されている．有孔虫類はカンブリア紀に進化した．

有腔腸動物 coelenterate →刺胞動物
湧昇 upwelling
深海水の動き．通常は大陸岸の沖にあり，プランクトンや他の生物が採餌する栄養分を海表近くにもたらす．

有櫛（ゆうそう）**動物**（クシクラゲ類） ctenophore
前方に進むための櫂状の櫛板（有櫛動物という一般名の由来）を持ち，放射状に対称な海生無脊椎動物．有櫛動物はカンブリア紀に登場した．

有爪動物 onychophoran
俗名カギムシ類．堅くて，伸縮自在の多数の脚を持つ，体節に分かれた陸生無脊椎動物．有爪動物は石炭紀に登場した．

有胎盤類 placental
出産前に子宮内で胎児を養育する哺乳類の目の一員．有胎盤類には有袋類および卵を産む単孔類以外の現代のすべての哺乳類が含まれる．

有袋類 marsupial
未発達の幼体を袋の中で養育する哺乳類の目の一員．カンガルーとウォムバットは現代の数少ない有袋類に含まれるが，第三紀にはこのグループは広く行きわたっていた．

有蹄類 ungulate
4本足で蹄を持つすべての哺乳類．

U字谷 U-shaped valley
氷河の重さによって下方と側方に摩滅されたため，平坦な底と垂直な側面を持つ渓谷．

油母頁岩 oil shale →オイルシェール

[よ]

溶岩 lava
火山噴火の場合のように，地球の内部から上昇した，溶けた岩石物質．玄武岩は典型的な溶岩である．

羊群岩 roche moutonnée →羊背岩
葉状植物 thallophyte
体部（葉状体）が根，茎，葉や，より進歩した植物に付随する他の特徴のいずれにも分かれていない，海藻などの原始的な植物．

羊背岩（羊背岩） roche moutonnée
その上を氷河が通過したことにより，片側は研磨され，反対側はもぎ取っていかれた，露出した岩石．

葉緑素 chlorophyll →クロロフィル
葉緑体 chloroplast
クロロフィルを含む植物細胞の構造．

翼鰓類（よくさいるい） pterobranch
カンブリア紀に生息した，主に群体の，樹木状で固着性の半索動物．

横ずれ断層 strike-slip fault →走向移動断層

[ら]

ラーゲルシュテッテン Lagerstätten
通常よりはるかに良い状態で保存された化石を含む産地．

裸子植物 gymnosperm
果実内に囲われ保護されていない種子を持つ植物に対する名称．針葉樹類やイチョウ類が例である．

ラディオキアス radiocyath
カンブリア紀前期に生息した，多数の放射条のある頭を持ったレセプタクリテス類．古盃動物の1つと見なされていたこともある．

ラマルキズム（ラマルク説） Lamarckism
フランスの生物学者ジャン・バプティスト・デ・ラマルク(Jean-Baptiste de Lamarck, 1744–1829)が提唱した進化論で，生時に個体が獲得した特性は子孫に代々伝えられ得るとする．この説はチャールズ・ダーウィン(Charles Darwin)の研究によって，正しくないことが示された．

ララミー造山運動 Laramide orogeny
白亜紀後期に北アメリカ西部で起こり，ロッキー山脈形成の一因となった造山事件．

藍藻類（らんそうるい） blue-green algae →シアノバクテリア

[り]

陸源性堆積物 terrigenous deposits
陸塊からの浸食物質で形成された堆積物．

陸棚海 shelf sea
大陸棚を覆う，真の海洋よりはるかに浅い海．北海が例である．

離心率 eccentricity
惑星または月のような物体の軌道が円軌道から離れる度合．

リソスフェア lithosphere →岩石圏
リボ核酸 ribonucleic acid →RNA
隆起海浜層 raised beach
海水面より上方にある平坦な棚から成る沿岸の地形で，過去のどこかの時点での海水面の位置を示す．隆起海浜層は氷河作用と氷の重さの産物である．

竜脚類 sauropod
長い頸が特徴の植物食竜盤類恐竜のグループの一員．

竜盤類 saurischian
「トカゲのような骨盤」の恐竜類．すべての鳥類は（名称にもかかわらず）竜盤類の系統を引いた．竜盤類は肉食の獣脚類と頸の長い植物食の竜脚形類の両方を含んでいた．

両生類 amphibian
四肢動物の最も原始的な型態で，幼生段階は水中で過ごし，成体段階は通常は陸上で過ごす．カエル類やイモリ類が例である．

リン灰土 phosphorite
糞化石，貝殻，バクテリアなどの堆積物としてのリン酸塩鉱物から成る堆積岩．

鱗甲類（ハルキエリア類） halkieriid
2つの殻，ナメクジ様の足，棘状で鱗様の骨片で覆われた上面を持つ，古生代前期のコエロスクレリトフォラ類．

[る]

累層 formation
基本的な層序学的単位．特有の地質学的な特色を持ち，地図に記せる岩体．

ルーシー "Lucy"
人類の初期の祖先アウストラロピテクス・アファレンシス(*Australopithecus afarensis*)の知られる最初の骨格化石．アウストラロピテクスの雌の成体で，1974年，エチオピアで発見された．

[れ]

霊長類 primate
キツネザル，有尾のサル，無尾または短尾のサル，ヒトを含む，高度に派生した哺乳類の目の一員．

レーイック海 Rheic Ocean
古生代初期にアヴァロニアとゴンドワナを隔てた海洋．

冷湧水海域 cold seep
岩石の細孔や割れ目を通り，冷たい鉱水がしみ

出る海洋底域．

礫岩 conglomerate
先在する岩石が一緒に固まった，まるい礫から成る堆積岩．本質的には石化した礫浜．

レセプタクリテス類 receptaculitid
古生代に生息した，分類上の所属不明の，固着性で石灰質の海生生物．中心軸の周りに渦巻状に配置された要素でできた卵形の骨格を持つ．海綿類似動物．

裂歯類（欠歯類） tillodont
第三紀初期に生息した原始的な植物食哺乳類のグループの一員で，おそらく紐歯類（ちゅうしるい）に近縁だった．

裂肉歯によるせん断 carnassial shear
イヌ類やネコ類などの肉食動物に見られる，特殊化した，刃状の臼歯または小臼歯のはさみに似た動き．肉を切る効率が増した進化上の発達．

連室細管（体管） siphuncle
オウムガイ類やアンモナイト類の殻のすべての室にわたって伸びる管．空気圧を調節して浮力に作用する．

[ろ]

ろ過摂食動物（ろ過摂食者） filter-feeder
周囲の水から有機物粒子または溶けた有機物質を濾し摂る消費者．

六放サンゴ類 hexacoral
触手で採餌するサンゴ類の1グループで，六方に相称という特徴があり，中生代に古生代の四放サンゴ類に取って代わった．六放サンゴ類は今日もまだ生息している．

ロディニア Rodinia
アフリカ以外の現代の全体陸の部分から成っていた先カンブリア時代の超大陸．

ローラシア Laurasia
パンゲア北部に相当した超大陸で，現在の北アメリカ，ヨーロッパ，アジア北部を構成する陸塊から成っていた．

ローレンシア Laurentia
分裂し，北アメリカおよびヨーロッパの一部を形成した超大陸．

[わ]

ワラス線（ウォレス線） Wallace's line
オーストラリアの生物地理区・東南アジアの生物地理区間の境界線で，バリ島とロンボク島の間にある海峡を通る．

腕足類 brachiopod
環状の器官にある触手（総担）で食物粒子を捕える，単生で，2枚の殻を持つ固着性海生動物．腕足類は真の軟体動物以前に，カンブリア紀初期に進化した．

参考文献

第Ⅰ巻

Cairns-Smith, A.G. *Seven Clues to the Origin of Life.* Cambridge, England: Cambridge University Press, 1985.
Cone, J. *Fire Under the Sea.* New York: William Morrow & Co, 1991.
Conway Morris, S. *The Crucible of Creation: The Burgess Shale and the Rise of Animals.* Oxford; New York; Melbourne: Oxford University Press. 1998.
Darwin, C. *On the Origin of Species by Natural Selection.* London: John Murray, 1859.
Decker, R. and Decker, B. *Mountains of Fire.* Cambridge, England: Cambridge University Press, 1991.
Dixon, B. *Power Unseen: How Microbes Rule the World.* New York: WH Freeman and Company, 1994.
Fortey, R. *The Hidden Landscape: A Journey into the Geological Past.* London: Pimlico, 1993.
Glaessner, M. F. *The Dawn of Animal Life.* Cambridge: Cambridge University Press, 1984.
Gould, S. J. *Wonderful Life: The Burgess Shale and the Nature of History.* New York: Norton, 1989.
Gross, M. Grant. *Oceanography: A View of the Earth.* Englewood Cliffs, NJ: Prentice-Hall, 1982.
Hsu, K.J. *Physical Principles of Sedimentology: A Readable Textbook for Beginners and Experts.* New York: Springer Verlag, 1989.
McMenamin, M. A. S. and D. L. S. McMenamin. *The Emergence of Animals. The Cambrian Breakthrough.* New York: Columbia University Press, 1990.
Margulis, L. and Schwartz, K. 1998. *Five Kingdoms: An Illustrated Guide to the Phyla of Life on Earth.* (3rd ed.) New York: WH Freeman and Company.
Norman, D. *Prehistoric Life.* London: Boxtree, 1994.
Sagan, D. and Margulis, L. *Garden of Microbial Delights: A Practical Guide to the Subdivisible World.* Dubuque, IA: Kendall-Hunt, 1993.
Schopf, J.W. *Major Events in the History of Life.* Boston: Jones and Bartlett, 1992.
Stewart, W. N. and G. W. Rothwell. *Palaeobotany and the Evolution of Plants* (2nd edition). Cambridge: Cambridge University Press, 1993.
Rodgers, J.J.W. *A History of the Earth.* Cambridge, England: Cambridge University Press, 1993.
Whittington, H. B. *The Burgess Shale.* New Haven: Yale University Press, 1985.
Wood, R. *Reef Evolution.* New York: Oxford University Press, 1999.

第Ⅱ巻

Alvarez, W. *T. Rex and the Crater of Doom.* Princeton, NJ: Princeton University Press, 1997.
Bakker, R.T. *The Dinosaur Heresies.* New York: William Morrow & Co, 1986.
Brusca, R.C. and Brusca, G.J. *Invertebrates.* Sunderland, Mass.: Sinauer Associates, 1990.
Currie, P.J. and Padian, K. *Encyclopedia of Dinosaurs.* San Diego: Academic Press, 1996.
Dingus, L. and Rowe, T. *The Mistaken Extinction: Dinosaur Evolution and the Origin of Birds.* New York: W.H. Freeman and Company, 1997.
Erwin, D.H. *The Great Paleozoic Crisis: Life and Death in the Permian.* New York: Columbia University Press, 1993.
Feduccia, A. *The Origin and Evolution of Birds.* New Haven: Yale University Press, 1996.
Fraser, N.C. and Sues, H–D. *In the Shadow of the Dinosaurs: Early Mesozoic Tetrapods.* Cambridge, England: Cambridge University Press, 1994.
Kenrick, P. and Crane, P. *The Origin and Early Diversification of Land Plants.* Washington, DC: Smithsonian Institution Press, 1997.
Lambert, D. *Dinosaur Data Book.* New York: Facts on File, 1988.
Lessem, D. *Dinosaur Worlds.* Hondsale, Pennsylvania: Boyd's Mill Press, 1996.
Long, J.A. *The Rise of Fishes.* Baltimore, MD and London: The Johns Hopkins University Press, 1995.
Savage, R.J.G. and Long, M.R. *Mammalian Evolution: An Illustrated Guide.* London: British Museum of Natural History, 1987.
Thomas, B.A. and Spicer, R.A. *The Evolution and Paleobiology of Land Plants.* London: Croon Helm, 1987.

第Ⅲ巻

Alexander, David. *Natural Disasters.* London: University College Press, 1993.
Andel, T. van. *New Views of an Old Planet.* Cambridge, England: Cambridge University Press, 1994.
Goudie, A. *Environmental Change.* London: Clarendon Press, 1992.
Hsu, K.J. *The Mediterranean Was a Desert.* Princeton, NJ: Princeton UP, 1983.
Johanson, D.C. and Edey, M.A. *Lucy: The Beginnings of Humankind.* New York: Simon and Schuster, 1981.
Lamb, H.H. *Cimate, History and the Modern World.* London: Routledge, 1995.
Lewin, R. *The Origin of Modern Humans.* New York: Scientific American Library, 1993.
McFadden, B.J. *Fossil Horses.* Cambridge, England: Cambridge Univesity Press, 1992.
Pielou, E.C. *After The Ice Age: The Return of Life to Glaciated North America.* Chicago: University of Chicago Press, 1991.
Prothero, D.R. *The Eocene-Oligocene Transition: Paradise Lost.* New York: Columbia University Press, 1994.
Stanley, S.M. *Children of the Ice Age: How a Global Catastrophe Allowed Humans to Evolve.* New York: W.H. Freeman and Company, 1998.
Tattersall, Ian. 1993. *The Human Odyssey: Four Million Years of Human Evolution.*
Tudge, C. *The Variety of Life: A survey and a celebration of all the creatures that have ever Lived.* Oxford, England: Oxford University Press, 2000.
Young, J.Z. *The Life of Vertebrates* (2nd ed.) Oxford, England: Oxford University Press, 1962.

謝 辞

AL	Ardea London
BCC	Bruce Coleman Collection
C	Corbis
NHM	Natural History Museum, London
NHPA	Natural History Photographic Agency
OSF	www.osf.uk.com
PEP	Planet Earth Pictures
SPL	Science Photo Library

第Ⅰ巻

2 © Kevin Schafer/C; **3** Andrey Zhuravlev; **4** Image Quest 3-D/NHPA; **10–11** & **12–13** Royal Observatory, Edinburgh/AATB/SPL; **16** NASA/SPL; **18t** Bernhard Edmaier/SPL; **20–21** © NASA/Roger Ressmeyer/C; **23** Dr. Ken Macdonald/SPL; **26–27** © Buddy Mays/C; **28** SPL; **30** Sinclair Stammers/SPL; **32** E.A. Janes/NHPA; **33** M.I. Walker/NHPA; **35** W. Perry Conway/C; **36** CNRI/SPL; **37** Volker Steger/SPL; **38** © Stuart Westmorland/C; **39** © Manuel Bellver/C; **40** Bruce Coleman Inc.; **42** Manfred Kage/SPL; **45** © C; **47t** A.N.T/NHPA; **47b** RADARSAT International Inc.; **48** © Kevin Schafer/C; **50–51** © Ralph White/C; **51** SPL; **54** Sinclair Stammers/SPL; **55** Martin Bond/SPL; **59** © James L. Amos/C; **60** Image Quest 3-D/NHPA; **61** © Kevin Schafer/C; **65** © Stuart Westmorland/C; **66–67** & **68–69** Paul Kay/OSF; **71** Andrey Zhuravlev; **74** P.D. Kruse; **77** Digital image © 1996 C: Original image courtesy of NASA/C; **78** Andrey Zhuravlev; **80t** S. Conway Morris, University of Cambridge; **81** © Raymond Gehman/C; **85** Andrew Syred/SPL; **87** © Raymond Gehman/C; **90t** © David Muench/C; **90b** Breck P. Kent/OSF; **92–93** Rick Price/Survival Anglia/OSF; **94** & **96** Sinclair Stammers/SPL; **99t** P.D. Kruse; **99c** Andrey Zhuravlev; **102** © James L. Amos/C; **106** Laurie Campbell/NHPA; **108** © Ralph White/C; **110** Jens Rydell/BCC; **112** Sinclair Stammers/SPL; **115** Breck P. Kent/Animals Animals/OSF; **116** Sinclair Stammers/SPL; **120** Norbert Wu/NHPA.

第Ⅱ巻

2 © Scott T. Smith/C; **3** © James L. Amos/C; **4** Richard Packwood/OSF; **10–11** & **12–13** Alfred Pasieka/SPL; **18** Jane Gifford/NHPA; **20** Jon Wilson/SPL; **20–21** © Jonathan Blair/C; **23t** NHM; **23b** & **27** © James L. Amos/C; **32** Oxford University Museum of Natural History; **32–33** © Patrick Ward/C; **35** Trustees of The National Museums of Scotland; **37** Richard Packwood/OSF; **43** © David Muench/C; **45** Tony Craddock/SPL; **50** George Bernard/SPL; **56** Tony Waltham/Geophotos; **57b** NHM; **58** Brenda Kirkland George, University of Texas at Austin; **59** © Buddy Mays/C; **60** Hjalmar R. Bardarson/OSF; **65** © Jonathan Blair/C; **66–67** & **68–69** François Gohier/AL; **75t** © Scott T. Smith/C; **75b** NHM; **76** © David Muench/C; **77t** Jane Burton/BCC; **77b** © Kevin Schafer/C; **81** C. Munoz-Yague/Eurelios/SPL; **87t** © C; **88** Jane Burton/BCC; **89** NHM; **90** François Gohier/AL; **92** © James L. Amos/C; **98** Ken Lucas/PEP; **100** © Michael S. Yamashita/C; **104** Ron Lilley/BCC; **106–107** U.S. Geological Survey/SPL; **108** Martin Bond/SPL; **111** & **112** François Gohier/AL; **112–113** Louie Psihoyos/Colorific; **116–117** © C; **119** SPL.

第Ⅲ巻

2 © Michael S. Yamashita/C; **3** NHM; **4** Anup Shah/PEP; **10–11** & **12–13** Jeff Foott/BCC; **16** John Mason/AL; **18** Digital image © 1996 C: Original image courtesy of NASA/C; **20** Patrick Fagot/NHPA; **22** Douglas Peebles/C; **24–25** Dr. Eckart Pott/BCC; **26** Tony Waltham/Geophotos; **27** NHM; **28** S. Roberts/AL; **29t** John Sibbick; **29b** NHM; **30** Bruce Coleman Inc.; **32** © Jonathan Blair/C; **36** AL; **39** Anup Shah/PEP; **42** CNES, 1986 Distribution Spot Image/SPL; **46–47** © Michael S. Yamashita/C; **48–49** © Liz Hymans/C; **49** Digital image © 1996 C: Original image courtesy of NASA/C; **50** François Gohier/AL; **51** B & C Alexander/PEP; **53b** BCC; **56** Ferrero-Labat/AL; **56–57** NHM; **58–59** © Sally A. Morgan; Ecoscene/C; **59t** & **59b** NHM; **63** G.I. Bernard/NHPA; **64** Nigel J. Dennis/NHPA; **65** Andy Rouse/NHPA; **66–67** & **68–69** F. Jalain/Robert Harding Picture Library; **74** Peter Steyn/AL; **76–77** Simon Fraser/SPL; **78** Wardene Weisser/AL; **79** David Woodfall/NHPA; **80–81** M. Moisnard/Explorer; **82** François Gohier/AL; **84** Kevin Schafer/NHPA; **85** NHM; **86l** NASA/SPL; **86r** inset Jane Gifford/NHPA; **87** Chris Collins, Sedgwick Museum, University of Cambridge; **88l** Volker Steger/Nordstar-4 Million Years of Man/SPL; **89** NHM; **90** J.M. Adovasio/Mercyhurst Archaeological Institute; **91** © Gianni Dagli Orti/C; **94** © Peter Johnson/C; **97** Sheila Terry/SPL; **98** inset © Charles & Josette Lenars/C; **100** NASA/SPL; **102** Matthew Wright/Been There Done That Photo Library; **104–105** © Galen Rowell/C; **106–107** Tom Bean; **107** Luiz Claudio Marigo/BCC; **108–109** A.N.T/NHPA; **109** Felix Labhardt/BCC; **110t** © Mike Zens/C; **110b** Adrian Warren/AL; **111t** © Robert Pickett/C; **111b** © Eric Crichton/C; **112c** Steven C. Kaufman/BCC; **112b** © Clem Haagner; Gallo Images/C; **112–113** Gunter Ziesler/BCC; **115** Jeff Foott/BCC; **116** Erich Lessing/Archiv für Kunst und Geschichte; **116–117** © Yann Arthus-Bertrand/C; **118** David Woodfall/NHPA; **118–119** D. Parer & E. Parer-Cook/AL; **120** Mark Conlin/PEP.

GENERAL ACKNOWLEDGMENTS

We would like to thank Dr. Robin Allaby of the University of Manchester Institute of Science and Technology (UMIST) and Dr. Angela Milner of the Natural History Museum, London for their specialist help, and John Clark, Neil Curtis, and Sarah Hudson for editorial assistance.

監訳者あとがき

　自然史（Natural History）は，地球上に天然に実在するか，かつて存在した，動物・植物・化石・鉱物・岩石・地質など自然物の特徴や存在様式を理学的に攻究する自然科学である．そして，自然史は広く世界の知識人の思想的根底にはかり知れないほどの大きな影響を与えてきた．その例としてダーウィン（Ch. R. Darwin）の進化論を挙げるまでもないであろう．

　伝統的な自然史研究に対するネガティブなイメージ，すなわち博物学という言葉が醸し出す独特の雰囲気とは全く異質な本──今日の地球科学で重要な概念であるプレートテクトニクスとプルームテクトニクスで整理された地質学的証拠が，今日の進んだ生物科学や分岐分類学の洗礼を受けた古生物学的資料と合わせてまとめられた情報を，一般市民にわかりやすいイラストを多く含んだ形で提供することができないものかと私はかねがね考えていた．今日では，本来の意味での総合的な「自然史」研究の条件が整い，成果が出てきているからである．しかし，それは必ずしも容易なことではないと思っていた．

　ところが2001年6月下旬のことであったろうか．関西の大学での数年にわたる教職生活を退いて帰京してからほぼ1年ほどがすぎていた．電話連絡があったのち，祖師ヶ谷大蔵駅近くの喫茶店で，朝倉書店編集部の方から見せられたアトラスの3冊は，その直観通り，みごとな出来栄えの本であった．地球や生命が誕生してから現代までの歴史の物語と，未来への洞察を示唆するものであった．

　自然史は純粋に知的な意味でアトラクティブな学問である．幼少の頃その魅力にとりつかれて，そのまま大人になって自然史の研究者になってしまった人たちがいることも事実である．しかし，強調すべき点は次のような事柄ではないだろうか．自然史の体系は，自然科学と歴史科学の接点にあるもので，生命科学の各領域と地球科学とがどのように関連しているかを示唆するであろう．また生命と地球との関連を総合的にとらえる視点に立ち，私たちの世界観や社会観の基礎となる自然観を示唆するであろう．

　上述の諸科学が今日ほど細分化・専門化した時代であればあるほど，学際的研究の必要性が述べられれば述べられるほど，また先端化した科学の倫理性や公害・自然保護の接点が要請されればされるほど，さらに自然災害への対策が要請されればされるほど，人間存在との関連で自然史の重要性が強調されねばならない．

　日本の教育界で，自然史教育の重要性が提起されてからすでに久しい．にもかかわらず教育現場からは自然史はますます影が薄くなりつつあるというのが，いつわりのない現状であろう．たとえば高校の学習指導要領でも「進化」が「生物Ⅰ」からはずされてしまった．「進化」概念なしでは用語の羅列で単なる個別項目の興味にとどまりかねない．1859年のダーウィンによる『種の起源』の発刊以前の博物学の時代に逆戻りするのではないかという危惧さえ感じるむきもあるようである．このような時であるからこそ，本書のように，きれいなイラストに富んだわかりやすい3巻を，全国の図書館や博物館に完備して，学校教育における自然史教育の衰退を補うための一助としてほしいと願っている．

　本原書は，イギリスのブリストル大学のマイケル・J.ベントン教授監修のもとに，キングストン大学のリチャード・T.ムーディ教授，ロシアのモスクワ古生物学研究所のアンドレイ・Yu.ジュラヴリョフ博士，ブリストル大学のイアン・ジェンキンス博士に，有名な古生物ライターのドゥーガル・ディクソン氏が主著者となって，アートやデザイン，イラストほか専門家約30名の協力を得て完成された3巻であって，豊富な絵・写真・イラスト・地図・古地理図・復元図を含んでいる．各地質時代の初めに，見開きの下側を使って放射年代，統・階名，地質学的事件，当時の気候，海水準，主要動植物がカラーの対照表として示されたり，時代ごとの大きな古地理図も記載するなど，巻末の用語解説と併せて辞典的な特徴を備えているので便利である．さらに，原著の巻ごとの引用文献と謝辞については，本訳書においても原著の通りに掲載した．これは，本文記述の出典をさかのぼって知りたい読者にとっては特に有益である．その意味では，本書の読者対象は一般市民のみならず，専門家や勉学中の学生諸君までを含む幅広い範囲を視野に入れたものである．

　さて，訳者が決まり，出版社側の諸手続を終えて，翻訳作業が開始されたが，私は訳者の方々の訳文と全英文との対照を行いつつ朱を入れていく作業を行った．さらに校正時においては日本文として無理がないかどうかに特に注意し，問題点については原著英文にさかのぼって検討した．邦訳が成立するまでの経緯は以上の通りである．

　邦訳作業を通じて，原著の若干の不備を補う必要を感じたので，わずかながら訳注をつけた．学問は日ごとに進んでいくので，最近の重要な進歩を付記したり，原著の誤りの訂正や記事の追加も行ったが，なかには原図の改訂を行った箇所もある．また，日本の読者のために，近年の成果をふまえた参考図書で入手可能と思われるものを，巻末の「日本語参考図書」にまとめてみた．したがって，本訳書は原著に勝るとも劣らぬ内容を備え得たと自負している．

　本書の刊行に当たっては，池田比佐子（第Ⅰ巻），舟木嘉浩，舟木秋子（第Ⅱ巻，用語解説），加藤　珪（第Ⅲ巻PART5，シリーズの序，地質年代図），永峯涼子（第Ⅲ巻PART6）の各氏からなる翻訳チームの努力を多としたい．また朝倉書店編集部の方々にはたいへんお世話になった．これらの方々に心から感謝申し上げる次第である．

2003年5月

小　畠　郁　生

日本語参考図書

本書をお読みになって，さらに興味を抱かれた方々のために，近年の成果をふまえた参考となる解説書を列挙しておく（順序不同）．

●先カンブリア時代から現代にいたるまでの通史的なもの
- 丸山茂徳著，1993．地球を丸ごと考える2「46億年地球は何をしてきたか？」134pp.，岩波書店，東京．
- 丸山茂徳・磯﨑行雄著，1998．「生命と地球の歴史」275pp.，岩波書店，東京．
- NHK取材班，1994～95．「生命40億年はるかな旅」1～5，日本放送出版協会，東京．
- NHK「地球大進化」プロジェクト編，2004．「NHKスペシャル 地球大進化 46億年・人類への旅」1～6，日本放送出版協会，東京．
- ダグラス・パルマー著，五十嵐友子訳，小畠郁生監訳，2000．「生物30億年の進化史」222pp.，ニュートンプレス，東京．
- リチャード・フォーティ著，渡辺政隆訳，2003．「生命40億年全史」493pp.，草思社，東京．

●時代や古生物の焦点をしぼって細かく解説したもの
- サイモン・コンウェイ・モリス著，松井孝典監訳，1997．「カンブリア紀の怪物たち―進化はなぜ大爆発したか―」301pp.，講談社，東京．
- J. ウィリアム・ショップ著，阿部勝巳訳，松井孝典監修，1998．「失われた化石記録―光合成の謎を解く―」342pp.，講談社，東京．
- ジェニファ・クラック著，池田比佐子訳，松井孝典監修，2000．「手足を持った魚たち―脊椎動物の上陸戦略―」295pp.，講談社，東京．
- フィリップ・カリー著，小畠郁生訳，1994．「恐竜ルネサンス」326pp.，講談社，東京．
- 冨田幸光，1999．「恐竜たちの地球」224pp.，岩波書店，東京．
- 冨田幸光（文），伊藤丙雄・岡本泰子（イラスト），2002．「絶滅哺乳類図鑑」222pp.，丸善，東京．
- 金子隆一著，1998．「哺乳類型爬虫類―ヒトの知られざる祖先」303pp.，朝日新聞社，東京．
- ガブリエル・ウォーカー著，川上紳一監修，渡会圭子訳，2004．「スノーボール・アース―生命大進化をもたらした全地球凍結―」293pp.，早川書房，東京．
- 大森昌衛著，2000．「進化の大爆発―動物のルーツを探る―」179pp.，新日本出版社，東京．
- スティーヴン・ジェイ・グールド著，渡辺政隆訳，1993．「ワンダフル・ライフ―バージェス頁岩と生物進化の物語―」，524pp.，早川書房，東京．
- リチャード・フォーティ著，垂水雄二訳，2002．「三葉虫の謎―進化の目撃者の驚くべき生態―」342pp.，早川書房，東京．
- 小畠郁生著，1993．「白亜紀の自然史」200pp. + xv，東京大学出版会，東京．
- 柴谷篤弘・長野 敬・養老孟司編，1991．講座 進化③「古生物学から見た進化」195pp.，東京大学出版会，東京．
- 重田康成著，国立科学博物館編，2001．「アンモナイト学―絶滅生物の知・形・美―」155pp.，東海大学出版会，東京．
- J. O. ファーロウ・M. K. ブレット-サーマン編，小畠郁生監訳，2001．「恐竜大百科事典」631pp.，朝倉書店，東京．
- 速水 格・森 啓編，1998．古生物の科学1「古生物の総説・分類」254pp.，朝倉書店，東京．
- 棚部一成・森 啓編，1999．古生物の科学2「古生物の形態と解析」220pp.，朝倉書店，東京．
- 池谷仙之・棚部一成編，2001．古生物の科学3「古生物の生活史」278pp.，朝倉書店，東京．
- ディヴィッド・M. ラウプ・スティーヴン・M. スタンレー著，花井哲郎・小西健二・速水 格・鎮西清高訳，1985．「古生物の基礎」425pp.，どうぶつ社，東京．
- 平野弘道著，1993．地球を丸ごと考える7「繰り返す大量絶滅」137 + 4pp.，岩波書店，東京．
- 松井孝典著，1998．「地球大異変 恐竜絶滅のメッセージ（改訂版）」229pp.，ワック，東京．
- カール・ジンマー著，渡辺政隆訳，2000．「水辺で起きた大進化」394pp.，早川書房，東京．
- D. E. G. ブリッグス他著，大野照文監訳，2003．「バージェス頁岩化石図譜」248pp.，朝倉書店，東京．

訳者一覧

池田比佐子	第Ⅰ巻
舟木嘉浩	第Ⅱ巻，用語解説
舟木秋子	第Ⅱ巻，用語解説
加藤 珪	第Ⅲ巻 PART5，シリーズの序，地質年代図
永峯涼子	第Ⅲ巻 PART6

索　引　ローマ数字は巻数を示す．

[あ]

アイスレイ，ローレン　III 72
アイヒヴァルト，エトヴァルト　I 99
アヴァロニア　I 69, 70, 72, 88, 89, 105, 106
アウストラロピテクス類　III 88
アウストラロピテクス属　III 13
アウストラロピテクス・アナメンシス　III 59, 94, 103
アウストラロピテクス・アファレンシス　III 59, 94
アウストラロピテクス・アフリカヌス　III 58, 94
アウストラロピテクス・ロブストゥス　III 59
アガシー，ルイ　I 39, 68, 71
赤潮　I 76
アカディア-カレドニア山脈（山系）　II 15, 18, 30
アカディア造山運動　II 42
アカントステガ　II 23, 36
アクチノセラス類　I 98
握斧　III 89
アクリターク　I 54, 59, 60
アジア古海洋　I 69, 73
足跡化石　II 75
アジアプレート　III 15
アシュール文化　III 88, 89, 103
アスコセラス類　I 98
アストラスピス類　I 114
アセノスフェア　I 19
アダピス類　III 64
アデニン　I 37
アデロバシレウス　III 36
アトラス山脈　II 43, III 24
アネウロフィトン　II 24
アノマロカリス類　I 71, 80, 83
アパラチア山脈　I 88, II 16, 42
アフトロブラッティナ　II 50
アフリカ大地溝系　III 102
アフリカプレート　III 16
網状生痕　I 77
網状流路　II 79
アミノ酸　I 35
アミノドントプシス　II 27
アユシェアイア　I 83
アラモサウルス　II 111
アラル海　III 49
アランダスピス類　I 114
アリスタルコス　I 12
アリストテレス　I 41
RNA　I 34, 37
アルカエオプテリス　II 24
アルキバクテリア　I 34, 36, 42, 64
アルクトキオン類　III 36
アルコンタ類　III 36
アルシノイテリウム　III 29
アルティアトラシウス　III 64
アルティカメルス　III 63
アルディピテクス　III 59
アルディピテクス・ラミダス　III 94
アルファドン　III 36
アルプス山脈　III 24

アルプス造山運動　III 25
アルベルティ，フリードリッヒ・アウグスト・フォン　II 52, 70
アルミニヘリンギア　III 38
アレガニー造山運動　II 42, 43, 54
アロデスムス　III 50
アンガラランド　II 40
アンキロサウルス類　II 111
安山岩　III 105
安定盾状地　I 59
アンデス山脈　III 16, 42, 84
アントラコテリウム類　III 63
アントラー造山運動　II 16, 21, 30
アンドリュウサルクス　III 34, 38
アンブロケトゥス　III 30
アンモナイト類　I 105, II 22, 70, 71, 82, 83, 88, 97, 98

[い]

イアペトス海　I 69, 73, 86, 88, 91, II 15, 16, 40
イアペトス構造　I 106
イアペトス縫合境界線　II 19
イウレメデン海盆　II 105
イカロサウルス　II 77
維管束植物　I 116, II 13
イグアノドン　II 111, 113
イクチオステガ　II 23, 36
異甲類　I 114
イシサンゴ類　I 112, III 18
イスアン期　I 44
異節類　III 55
一次生産者　I 77
異地性テレーン　II 19, 84
イチョウ類　II 58, 68, 83, 112
遺伝子　I 37
遺伝子プール　I 36, 64, 75
遺伝の法則　I 37
イトトンボ　II 114
イヌ上科　III 38
イベリアマイクロプレート　III 44
イマゴタリア　III 51
陰生代　I 68
隕石　I 17, 19
インドクラトン　III 46
インドケトゥス　III 30
インドプレート　III 15
インド洋　II 107
インドリコテリウム　III 29

[う]

ヴィヴェラヴス類　III 38
ウィスコンシン氷期　III 81
ウィリストンの法則　I 40
ウィルソン，エドワード・オズボーン　III 120
ウィワクシア類　I 83
ウインタテリウム　III 27
ウインタ盆地　III 25
ウェゲナー，アルフレッド　II 57
ヴェルヌーイ，エドゥアール・ド　II 53
ヴェンド生物　I 62, 64
ウェンロック礁群集　I 112
ウォルコット，チャールズ　I 80

ウォルビス海嶺　II 107
渦鞭毛藻類　I 54, 60
ウマ類　III 55
ウミエラ　I 112
ウミツボミ類　II 61
ウミユリ（類）　II 32, 61, 88, 95
ウーライト　II 82
ウラル海　I 108, II 54
ヴルパヴス（類）　III 34, 38

[え]

栄養分割　III 28
栄養網　I 76, 77, 78
エウシカリヌス類　II 50
エウパルケリア　II 81
エウリジゴマ　III 53
エウリノデルフィス　III 50
エウロタマンドゥア　III 33
エオシミアス・シネンシス　III 65
エオマニス　III 33
エダフォサウルス　II 64
エディアカラ　I 60, 64
エディアカラ動物相　I 61, 62
エナリアルクトス　III 50, 51
エピガウルス　III 60
エミュー・ベイ頁岩　I 80
エルデケオン・ロルフェイ　II 35
塩基対　I 36
エンテロドン類　III 63
エントセラス類　I 98
エンボロテリウム　III 34

[お]

オアチタ湾　I 90
オイラー極　I 22
オーウェン，デイヴィッド・デール　II 29
オーウェン，リチャード　III 21
横臥褶曲　I 26
オウムガイ類　I 92, 98, II 60, 98
大型海生爬虫類　II 68
オオツノシカ　III 83, III 86
オキシエナ　III 27
雄型　I 30
オステオボルス　III 60
オーストラリア界　III 108
オゾン層　I 20
オットイア　I 83
オッペル，アルバート　I 105
オドントグリフス　I 83
オビ海盆　II 94
オビク海　III 44
オフィオライト　I 74, 91, III 23, 46
オモミス類　III 64
オリクテロケトゥス　III 50
オルソセラス類　I 98
オルドビス紀　I 77, 86
──の礁　I 94
オルドワイ石器　III 103
オルドワンツール　III 88
オルニトデスムス　II 114
オレオドン類　III 63
オンコセラス類　I 98
温室効果　I 86, 93, III 100, 118
温暖化　II 61

[か]

界　I 42
外核　I 16, 18, 19, 23
貝形虫類　I 85, 117
海溝　II 30, 69, 72
海山　I 51, III 22
外翅類　II 51
海水準　I 92
──の変化　I 76
海生ワニ類　II 88
海底火山山脈　I 51
海底磁気異常　I 23
海綿動物（海綿類）　I 64, 65, 78, 93, 112, II 21, 58, 92
海洋地殻　I 50, II 106, 108
海洋底拡大　II 83
海洋プレート　II 108
外来性テレーン　II 108, 109
海嶺　II 69, 94, 107
外惑星　I 16
カウディプテリクス　II 121
化学循環　I 32
カギムシ類　II 50
カキ類　II 89
核脚類　III 63
カザフスタニア　II 16
カザフスタン　I 88
火山　II 88, 108
火獣類　III 55
過剰殺戮仮説　III 91
カスカス海　II 30
カスケード山脈　III 42
火成活動　I 59
火成岩　I 24
化石　I 23, 30
顆節類　III 27
河川堆積物　II 46
花虫類　I 65
滑距類　III 55
褐炭　II 45, 103
甲冑魚　II 22
カナダ盾状地　I 57
ガニスター　II 46
カブトガニ類　II 93
カモノハシ竜（類）　II 69, 111
カラミテス　II 47
カラモフィトン　II 24
カリーチ　II 90
カリブ海　III 106
カリブプレート　III 105, 106
ガリレオ・ガリレイ　I 12
カール　III 78
カルクリート　II 20
カルスト　II 32, 33
カルー地方　II 79
カルパチア山脈　III 24
カルー盆地　II 71
ガレアスピス類　I 114
カレドニア造山運動　I 104, II 19, 42
岩塩ドーム　II 87
環形動物　I 65, 117
環礁　II 32
完新世　III 96
岩石圏　I 19, 22, 24, III 24

索引

環太平洋火山帯　Ⅱ69
貫入岩　Ⅰ25
カンブリア紀　Ⅰ68, 69, 70, 77
──の爆発的進化　Ⅰ35, 70, 76
緩歩多足類　Ⅰ79
緩歩類　Ⅰ85
岩流圏　Ⅰ19, 22

[き]

ギガノトサウルス　Ⅱ111
気圏の構造　Ⅰ21
気孔　Ⅱ76
気候変動　Ⅲ96
疑似的反芻動物　Ⅲ63
輝獣類　Ⅲ55
寄生者　Ⅰ77
北アメリカクラトン　Ⅱ21
北大西洋　Ⅱ94
キモレステス　Ⅲ28, 38
逆磁極　Ⅰ29
逆断層　Ⅰ26
キュヴィエ, ジョルジュ　Ⅰ41, Ⅲ12, 21
旧世界ザル　Ⅲ13
旧赤色砂岩　Ⅱ14, 19, 20, 27
旧赤色砂岩大陸　Ⅱ16, 18, 20, 24, 30, 40
旧北界　Ⅲ108
鋏角類　Ⅰ84, 85
狭鼻猿類　Ⅲ57, 65
恐竜類　Ⅱ68, 69, 70, 79, 82, 90, 93, 100, 102, 112
棘魚類　Ⅰ120, Ⅱ23
棘皮動物　Ⅰ65, 78
裾礁　Ⅱ32
魚竜類　Ⅱ77, 89, 89
魚類　Ⅱ13, 37, 71, 89, 117
──の時代　Ⅱ18, 27
キロテリウム　Ⅱ74
キンバーライト　Ⅰ49
キンバーライトパイプ　Ⅰ18
菌類　Ⅰ43

[く]

グアニン　Ⅰ37
空椎類　Ⅱ37
苦灰岩　Ⅰ71, Ⅱ59
苦灰統　Ⅱ52, 53
クジラ類　Ⅲ14, 18
クモ類　Ⅱ23, 49
クラウディナ　Ⅰ64, 65
クラゲ類　Ⅱ93
クラトン　Ⅰ25, 45, 46, 47, 49, 53, Ⅱ16, 18, 73
クラトン性楯状地　Ⅱ12
グランドキャニオン　Ⅰ26
グリパニア　Ⅰ54, 64
グリプトドン類　Ⅲ55
グリーンストーン　Ⅰ47
グリーンストーン帯　Ⅰ48
グリーンリバー累層　Ⅲ25
グレゴリー, ジョン・ウォルター　Ⅲ102
グレーザー　Ⅰ77
クレード　Ⅰ41
グレートバリアリーフ　Ⅲ118
グレートリフトヴァレー　Ⅱ87, Ⅲ103
クレフト, ジェラード　Ⅲ53
グレーンストーン　Ⅰ113
グロッソプテリス　Ⅱ57, 58
クロル, ジェームス　Ⅲ76
クンカー　Ⅱ20

[け]

形質転換　Ⅰ39
傾斜不整合　Ⅰ26
ケイゼリング, アレクサンドル　Ⅱ53
珪藻類　Ⅰ54
ケサイ　Ⅲ83
欠脚類　Ⅱ35
KT事件　Ⅱ116
KT絶滅　Ⅱ117
ケーテテス類　Ⅰ111
ケナガマンモス　Ⅲ83
ケープベルデプルーム　Ⅱ86
ケプラー, ヨハネス　Ⅰ12
ケルゲレン海台　Ⅱ106
原猿類　Ⅲ64
原核細胞　Ⅰ61
原核生物　Ⅰ36, 57
顕花植物　Ⅱ102, 112, 119
懸谷　Ⅲ78
原始海洋　Ⅰ21
原始スープ　Ⅰ35
原始太陽　Ⅰ14
原始大陸　Ⅰ44, 46
剣歯ネコ　Ⅲ85
犬歯類　Ⅱ64, 76, Ⅲ28
減数分裂　Ⅰ36
原生生物　Ⅰ42, 64
原生代　Ⅰ21, 29, 44, 56, 68
顕生代　Ⅰ68
ケントリオドン　Ⅲ50
原有蹄類　Ⅲ63

[こ]

コイパー泥灰岩　Ⅱ70
甲殻類　Ⅰ85, 117
広弓類　Ⅱ81
光合成バクテリア　Ⅰ64
硬骨魚類　Ⅰ120, Ⅱ27
向斜　Ⅰ26
更新世　Ⅲ70
後生動物　Ⅰ65
構造海面変動　Ⅰ75
紅藻類　Ⅰ54
後退堆石　Ⅲ79
甲虫　Ⅱ50
広鼻猿類　Ⅲ57, 65
広翼類　Ⅰ118, Ⅱ22, 34, 35
コエロサウラヴス　Ⅱ77
コエロドンタ・アンティクイタティス　Ⅲ83
五界体系　Ⅰ42
コケムシ類　Ⅰ92, 93, 95, 117, Ⅱ58, 61

ココスプレート　Ⅲ104, 106
古細菌　Ⅰ42
弧状列島　Ⅱ72
古生代　Ⅰ68
五大湖　Ⅲ81
古第三紀　Ⅲ14
古大西洋　Ⅱ40
古太平洋　Ⅱ30, 40, 69, 72, 94
古地磁気　Ⅰ72
骨格　Ⅰ71
骨甲類　Ⅰ114, 118
コッコリス　Ⅰ54
古テーチス海　Ⅰ106
古ドリュアス期　Ⅲ74
ゴニアタイト類　Ⅱ60
コニビア, ウィリアム　Ⅱ28, 82, 102
コノドント　Ⅰ91, 114
古杯動物　Ⅰ65, 74, 78, 79
コープ, エドワード・ドリンカー　Ⅱ91
コープの法則　Ⅰ40
コペルニクス, ニコラス　Ⅰ12
固有種　Ⅲ108
コリフォドン　Ⅲ27
古竜脚類　Ⅱ77, 79
コルダイテス　Ⅱ47, 62
コルダボク類　Ⅱ58
コロニー　Ⅰ109, 111, Ⅱ29
昆虫類　Ⅰ85, Ⅱ13, 28, 38, 49, 50
ゴンドワナ　Ⅰ59, 69, 72, 88–90, 106, 107, Ⅱ16, 18, 29, 38–40, 42–44, 56–58, 72, 73, 79, 83, 84, 94, 107
ゴンドワナ植物相　Ⅱ74

[さ]

サイクロスフェア　Ⅲ12, 18, 41
サイクロセム　Ⅱ46
最古の大気　Ⅰ44
最初の石灰岩　Ⅰ45
最初の陸上群集　Ⅰ104
最大氷期　Ⅲ74
ザイラッハー, アドルフ　Ⅰ62
サウロクトヌス　Ⅱ62
砂丘　Ⅱ74, 75
砂丘層理　Ⅱ74
サソリ　Ⅱ23, 34, 35, 49, 50
サッココマ　Ⅱ92, 93
擦痕　Ⅲ78
砂漠　Ⅱ72, 74, 75, 79
砂漠性　Ⅱ62, 75
サムフラウ山脈　Ⅱ30
サムフラウ造山運動帯　Ⅱ31
サメ類　Ⅱ23, 88, Ⅲ15
砂紋　Ⅱ75
サルカストドン　Ⅲ34, 38
サーレマー海盆　Ⅰ118
サロペラ　Ⅰ116
サンアンドレアス (トランスフォーム) 断層　Ⅰ22, Ⅲ83, 84
三角州　Ⅱ20, 46, 47
山河氷河　Ⅲ72
山間流域盆地　Ⅱ20
漸減派　Ⅱ117
サンゴ　Ⅰ64, 95, 113, Ⅱ21, 32, 61, 83, 92

三重会合点　Ⅱ85, 86, Ⅲ102
三畳紀　Ⅱ68, 70
酸性雨　Ⅲ118
山西大地溝系　Ⅲ47
酸素　Ⅰ20
酸素含有量　Ⅱ29
サンダンス海　Ⅱ91
三葉虫類　Ⅰ80, 83, 85, 92, 95, 96, 97, Ⅱ60
──の進化　Ⅰ102
山稜石　Ⅱ74

[し]

シアノバクテリア　Ⅰ34, 48, 53, 54, 57, 61, 64, 68, 74
シアノバクテリア礁　Ⅰ93
シアル　Ⅰ19
塩　Ⅰ59, 87
シカデオイデア類　Ⅱ114
シギラリア　Ⅱ47
シーケンス　Ⅰ26
シーケンス層序学　Ⅰ28
ジゴマタウルス　Ⅲ53
四肢動物　Ⅱ37
地震波　Ⅰ18
沈み込み帯　Ⅱ94, Ⅲ22
始生代　Ⅰ29, 44, 68
──の風景　Ⅰ53
始祖鳥 (アルカエオプテリクス)　Ⅱ83, 92, 93, 120, 121
示帯化石　Ⅱ83
シダ種子類　Ⅱ58
シダ類　Ⅱ47, 62, 79, 83, 97, 114
シトシン　Ⅰ37
シドネイア　Ⅰ80, 83
磁場逆転　Ⅰ23
シベリア　Ⅰ69, 72, 86, 88, 89, Ⅱ16
シベリア植物相　Ⅱ74
四放サンゴ類　Ⅰ112
刺胞動物　Ⅰ61, 65, 78
シマ　Ⅰ19
縞状鉄鉱石　Ⅰ20, 45, 48, 59
縞模様　Ⅰ23
シミ　Ⅱ51
シャジクモ類　Ⅰ54
斜層理　Ⅱ20
ジャワ海溝　Ⅱ16
周寒帯　Ⅲ109
獣脚類　Ⅱ97
重脚類　Ⅲ29
獣弓類　Ⅱ64
周極海流　Ⅲ18, 45
褶曲山地　Ⅱ12
褶曲衝上帯　Ⅲ25
種形成　Ⅰ39
従属栄養生物　Ⅰ42
収束境界　Ⅰ23
終堆石　Ⅲ79
皺皮サンゴ類　Ⅰ112
収斂進化　Ⅰ39, Ⅱ111
ジューグロドン歯　Ⅲ31
ジューグロドン類　Ⅲ30
種子植物　Ⅱ29, 83
出アフリカ仮説　Ⅲ89
種の起源　Ⅰ38, 68
種分化　Ⅰ75

索 引

ジュラ紀　II 82
主竜類　II 80
礁　I 113, II 21, 59
条鰭類　II 23, 27
礁湖　I 113, II 32, 58, 59
衝上断層　I 26
衝突帯　III 25
鍾乳石　II 33
蒸発岩層　II 87
床板サンゴ類　I 112, 117, II 21
消費者（有機物の）　I 77
初期の大気　I 44
燭炭　II 45
植物　I 43, II 71
植物相　II 29
植物プランクトン　II 83
食物網　I 85, II 88, 89
食物連鎖　II 88
シリウス・パセット　I 80, 84
シルル紀　I 104, II 13
　——の風景　I 117
シレジアン　II 39
シロアリ類　II 114
真猿類　III 65
進化　I 35, 54, 85, 102, III 36, 38, 90
深海平原　I 50, 51, II 94
真核細胞　I 64
真核生物　I 36, 42, 57, 61, 64
人工衛星　I 23
新口動物　I 120
真骨類　II 88
浸食作用　I 25
真正細菌　I 42
新世界ザル　III 13
新赤色砂岩　II 14, 52, 53, 54
新第三紀　III 40
シンテトケラス　III 60
新ドリュアス期　III 74
新熱帯界　III 108
新北界　III 108, 109
針葉樹類　II 68, 69, 70, 83, 97, 112, 114
森林　II 14
　——の伐採　III 97

[す]

彗星　I 19
スクトサウルス　II 62
スクルートン，コリン　II 23
スコット，ロバート（キャプテン・スコット）　II 23
スコレコドント　I 117
スティグマリア　II 47
スティリノドン　III 27
ステゴサウルス　II 97
ステノ，ニコラウス　I 29, III 15
ストルチオサウルス　II 112
ストロマトライト　I 51, 53, 58, 60, 64, 79, 117
スミス，ウィリアム　I 29, II 82, 102
スミロデクテス　III 64
スワジアン期　I 44

[せ]

斉一観　I 25

星雲　I 14
生痕化石　I 30, 77
正磁極　I 29
生態的地位　I 40, III 14
正断層　I 26
生物群系　III 100
生物多様性　I 75
生物地理界　III 108
生物地理区　II 94
生命の起源　I 34
セヴィア造山運動　II 104
脊索動物　I 65, 120
石質普通海綿　I 94
石筍　II 33
赤色岩層　I 56, II 58, 79
赤色砂岩　II 13, 72
石炭　II 39, 44–46
石炭紀　II 13
石炭紀後期　II 38
石炭紀前期　II 28, 34
脊椎動物　I 65, 120
赤底統　II 52, 53
石油　II 21, 45
石油堆積物　II 103
石油トラップ　II 59
セジウィック，アダム　I 70, 86, II 14
石灰海綿　I 111
石灰岩　I 45, 71, II 29, 32, 33, 59
　——の時代　II 29
石灰シアノバクテリア　I 78, 93, 94
石灰藻類　I 54
石膏　II 59
節足動物　I 65, 83, 85, II 50
　——の進化　I 85
絶滅　I 39, 40, 41, II 100, III 120
　——の原因　II 61
先カンブリア時代　I 44, 68, II 12
扇鰭類　II 23
前弧海盆　III 22, 25
前礁　I 113
扇状堆積層　II 91
扇状地　II 19, 62, 74
染色体　I 37
鮮新世　III 71

[そ]

ソアニティド類　I 93, 94
双弓亜綱（双弓類）　II 80, 81, 100
総鰭類　II 13, 22, 23, 27, 36
走向移動断層　I 27
層孔虫類　I 93, 111, 118, II 21
層孔虫類礁　I 104
造山運動　I 56, 57, II 94
造礁　I 95
造礁サンゴ類　II 68
相対年代測定法　I 29
相同　I 38
草本植物　II 112
総鱗類　I 120
藻類の進化　I 54
続成作用　I 48
側生動物　I 64, 65
側堆石　III 79
ゾステロフィルム類　I 116
ソテツ類　II 58, 68, 69, 83, 112

ソノマ造山活動　II 54
ゾルンホーフェン（石灰岩）　II 93, 95

[た]

ダイアピル　II 87
大イオニア海　II 30
大気　I 44
大グレン断層　II 19
第三紀　III 12
大西洋　II 12, 86, 94, 107
　——の拡大　III 98
　——の循環　III 77
大西洋中央海嶺　I 22, III 16
大西洋プレート　III 106
堆積岩　I 24
大石炭湿原　II 29
大地溝　I 109, II 73, 106
大地溝形成　III 102
大地溝帯　II 72, 84, 86, 87, 88, 94, III 21
太平洋プレート　III 83
ダイヤモンド　I 49
大陸盾状地　I 46
大陸地殻　I 50, II 106, 108
大陸の古位置　I 72
大陸漂移　I 22
大陸氷河　II 56, III 78
大陸プレート　II 108
対流セル　I 22
大量絶滅　I 41, 76, 92, II 102, 116
タウイア　I 64
ダーウィン，チャールズ　I 38, 41, 68, II 57, 58, III 41
タエニオラビス類　III 28
多丘歯類　III 28
タコニック造山運動　I 86, 88, 91, II 42
タコ類　II 93
多細胞生物　I 61, 64
タスマニアデビル　III 38
タスマン帯　II 16
多足類　II 50, 51
多地域的な進化説　III 90
盾状地　I 45, 47, 49, II 30
ダート，レイモンド　III 58
タニストロフェウス　II 77
谷氷河　III 78
ダニ類　II 23
多板類　I 97
タラソレオン　III 51
ダロワ，ドマリウス　II 28, 102
単弓類　II 81
単系統（一元的）群　I 41
単細胞　I 57
単細胞生物　I 61
炭酸塩の礁　I 78
炭酸塩補償深度　I 93
単肢動物　I 85, II 51
炭素14（^{14}C）年代測定　III 96
炭素取り込み効果　III 15
炭田　II 44
単板類　I 97
炭竜類　I 35

[ち]

地衣植物　I 115
チェンジャン　I 80, 84
チェンジャン動物相　I 114
地殻　I 16, 18, 19
地殻均衡　III 72
チクチュルブ構造　II 117
地溝　II 84, 87, III 21
地溝帯　II 86
地上性ナマケモノ　III 55
地層累重の法則　I 29
チーター　III 113
地中海　III 16
地中海湖　III 49
チミン　I 37
チャート　I 20, 48
中央海嶺　I 22, 23, 50, 108
中国　I 88
柱状図　I 29
紐歯類　III 27
中生代　II 68
中堆石　III 79
鳥脚類　II 112
長頸竜類　II 88
超新星爆発　I 14
超大陸ゴンドワナ　II 30
鳥盤類　II 101
鳥類　II 68, 100, 117
　——の系統　II 121
チョーク　II 103
チョーク堆積物　II 104

[つ]

角竜　II 69
角竜類　II 111, 112
ツンドラ　III 71

[て]

ディアコデクシス　III 63
DNA　I 34, 37, 57
泥岩　I 113
ティキノスクス　II 74
ディキノドン類　II 64, 65
ディクロイディウム　II 76
ティコ・ブラーエ　I 12
ティタノテリウム類　III 26
泥炭　II 45
ディナンシアン　II 39
底盤　III 105
ディプロトドン　III 53
ディメトロドン　II 64, III 28
テイラー，フランク　III 80
ティラコレオ　III 53
ティラノサウルス　II 111
デオキシリボ核酸　I 34, 37
デカン・トラップ　I 23
適応放散　I 39
デスモスチルス類　III 52
テーチス海　II 40, 55, 70, 72, 77, 84, 88, 89, 94, III 16, 42
テーチス区　II 94
鉄　II 45
Tetracanthella arctica　III 110

索引

デボン紀 II 13, 14
デラウェア海盆 II 54, 58
テラトルニス III 93
テルマトサウルス II 112
テレーン I 74, 75
テロダス類 I 114, 115, 118
テンダグル II 97
天皇・ハワイ海山列 III 22

[と]

ドゥギウーリトス・シルグエイ II 81
頭足類 I 97, II 59, 61, 98
動物界 I 43
動物相更新の法則 II 82
動物地理区 II 110
トカゲ類 II 93
トクサ類 II 47, 49, 58, 62, 79, 114
独立栄養生物 I 42
ドッガー II 83
突然変異 I 36, 64
トビムシ II 50, III 110
トモティア類 I 70
トラップ II 60
トラップ玄武岩 III 103
トランスサハラ海路 II 105
トランステンション盆地 III 44
ドリコリヌス III 27
トリチロドン III 28
トロオドン II 121
トロゴスス III 28
ドロップストーン I 90, II 56, III 79
ドローの法則 I 40
トーンキスト海 I 69
トンボ類 II 93

[な]

ナイアガラ瀑布 III 82
内核 I 16, 18, 19
内翅類 II 51
内部共生 I 57
内陸海 I 75
内陸海路 II 104
内陸湖 II 72
内惑星 I 16
流れの痕跡 II 20
ナスカ海洋プレート III 104
南極プレート III 104
軟甲類 I 85
軟骨魚類 I 120
軟体動物 I 65
南蹄類 III 55
ナンヨウスギ類 II 77

[に]

肉鰭類 II 23
肉食動物 I 77
肉食哺乳類 III 38
肉歯類 III 26, 27
二酸化炭素 I 19, 20, II 22
二酸化炭素濃度 I 91
二酸化炭素レベル II 76
二重らせん構造 I 37

二枚貝類 II 32, 61, 70
ニュートン, アイザック I 12

[ね]

ネアンデルタール人 III 91, 95
ネヴァダ造山運動 II 84
ネオヴェナトル II 114
ネオヘロス III 53
ネコ上科 III 38
熱水生態系 I 109
熱水噴出孔 I 50, 51, 108
熱流量 III 23
ネマトフィテス類 I 116
年輪年代学 III 97

[の]

ノトサウルス類 II 77
ノルウェーヨモギ III 111
ノンコンフォーミティー I 26

[は]

バイオーム III 100, 109
バイカル大地溝系 III 47
配偶体 II 118
背弧縁辺海盆 III 23
背弧海盆 III 23
背弧拡大 III 23
胚細胞分裂 I 64
背斜 I 26
ハイデルベルク人 III 91, 95
ハイランド境界断層 II 19
バウンドストーン I 113
破壊境界 I 22
パキエナ III 27, 38
パキケトゥス III 31
破局説 II 116
白亜紀 II 102
バクテリア I 48, 57, 64, 115
バク類 III 63
バージェス頁岩 I 80, 81
バージェス頁岩動物相 I 81
バシロサウルス III 31
バソリス III 105
鉢虫類 I 65
爬虫類 II 13, 28, 35, 37, 38, 49, 70, 71, 77, 81, 83
パックアイス III 76
ハッチャー, ジョン・ベル III 26
ハットン, ジェイムズ I 12, II 18
八放サンゴ類 I 112
ハデアン期 I 44
パトリオフェリス III 27
パナマ地峡 III 86
パナマ陸橋 III 42
バーバートングリーンストーン帯 I 34
ハパロプス III 55
パーベック II 83
パラキノヒエノドン III 34, 38
パラテーチス海 III 42
バラネル・ベトン II 35
ブランド, ヨアキム I 70, 86
パラントロプス III 59
パラントロプス・エチオピクス

III 94
パラントロプス・ボイセイ III 59, 94
パラントロプス・ロブストス III 94
バリオニクス II 114
ハルキエリア・エバンゲリスタ I 79
ハルキゲニア I 79, 80, 83
バルティカ I 69, 72, 74, 86, 88, 89, 105, 106, II 12, 15, 16, 18, 42, 44
ハルパゴレステス III 34
パレイアサウルス類 II 62
パレオストロプス II 47
パレオパラドキシア III 52
バロルケステス III 53
パンゲア II 12, 38-40, 52, 54, 58, 68, 69, 72-74, 83, 84, 86, 94
半減期 I 29
半索動物 I 65
パンサラッサ(海) I 69, 88, 107, II 30, 40, 42, 69, 72, 94
板歯類 II 77
汎歯類 III 27
汎存種 III 108
パンダー, クリスティアン・ハインリッヒ I 99
ハンドアックス III 89
板皮類 I 120, II 23, 27
反復進化 I 39
ハンモッキー地形 III 81
盤竜類 II 64

[ひ]

ヒオプソドゥス類 III 27
ヒオリテス類 I 78, 83
ピカイア I 83
ヒカゲノカズラ類 II 34, 47, 58, 62, 76
東太平洋海膨 III 22, 85
ヒゲクジラ類 III 18
被子植物 II 119
非整合 I 26
ピタゴラス I 12
ビッグバン I 14, 15, 35
ヒッパリオン III 56
ヒト上科 III 57
ヒトデ類 II 88
ヒネルベトン II 23
ヒプシロフォドン II 114
ヒマラヤ山脈 II 104, III 24, 45, 46
ヒマラヤユキヒョウ III 113
ビュフォン, コント・ド I 38
ヒューロニアン階 I 56
氷河 II 40, 56, 57
氷河サイクル III 77
氷河擦痕 II 56
氷河作用 I 58, 59, 91, III 71, 72, 78, 80
氷河時代 I 56, 57, 60, 92, II 13
氷河性海面変動 I 75
氷河性堆積物 I 60
氷冠 II 40
氷結圏 III 70
氷縞 II 56
氷室状態 I 93

氷床 III 70, 72, 80
氷成堆積物 II 56, III 79
氷堆石 III 79, 96
氷礫岩 I 60, 90, II 56, 57, III 79
ヒラキウス III 27
ヒラコテリウム III 27
ヒラコドン III 56
ヒルナンティアン I 92
ピレネー山脈 III 24, 44
ヒロノムス II 49

[ふ]

ファマティナ造山運動 I 90
ファラロンプレート III 106
フアン・デ・フカ III 85, 106
フアン・デ・フカプレート III 104
フィリップス, ウィリアム II 28, 82, 102
風化作用 I 24, 25
フェナコドゥス(類) III 27
フォルスラコス III 38
腹足類 I 92, II 32, 60
フクロオオカミ III 38
プシッタコテリウム III 27
不整合 I 26, II 18
プッシュ・モレーン III 79
浮泥食者 I 77
筆石類 I 109, 111, II 16
普遍種 III 108
プラケリアスの化石 II 65
プラシノ藻類 I 54
ブラックスモーカー I 34, 50, 51, 108
プラヤ II 72, 75
ブランデ, ヨアキム I 70
フリッシュ I 25
プルトン III 25
プレコルディレラ山系 I 88, 90
プレート I 22, II 30
プレート境界 I 23
プレートテクトニクス I 59, 75
ブロークンリッジ海台 II 106
プロトケトゥス III 31
プロトケラトプス II 111, 113
プロトレピドデンドロン II 24
ブロニアール, アレクサンドル・ド II 82
プロパレオテリウム III 33
分解者 I 77
分岐進化 I 39
分岐図 II 121
分岐論 I 41
フンコロガシ III 111
分子配列決定 I 41
ブンター砂岩 II 70
フンボルト, アレクサンダー・フォン II 82

[へ]

平滑両生類 II 37
平行不整合 I 26
ペイトイア I 80
ベクレル, アントワーヌ・アンリ I 29
ヘス, ハリー II 83, III 21

索　引

ヘスペロルニス　II 120
ヘッカー，ローマン　I 99
ヘッケルの法則　I 39
ペトリファイドフォレスト　II 76
ベニオフ，ユーゴ　III 23
ベニオフ帯　III 23
ヘビ類　II 102
ベルニサールの炭鉱　II 113
ペルム紀　II 13, 52
ペレット・コンベアー　I 76, 77
ベレムナイト類　II 88, 89, 97
ペロケトゥス　III 50
変色ウサギ　III 111
ペンシルヴェニアン　II 29, 39
変成岩　I 24
変成帯　III 25
変動帯　I 22
ペンニン海　III 25

[ほ]

方解石質塩　II 87
縫合線　II 99
放散虫類　I 54, II 59
胞子　I 116
胞子体　II 118
放射性同位元素　I 29
放射年代測定　I 29
堡礁　II 32, 92
ポタモテリウス　III 50
ボッグヘッド炭　II 45
ホットスポット　I 23, 46, II 106, 107, III 20
ホットスポット火山　III 23
哺乳類　II 68, 69, 77, 102, 117
　　――の時代　III 13
　　――の進化　III 36
哺乳類型爬虫類　II 61, 64, 71
ボヘミア地塊　I 106
ホモ・アーガスター　III 88, 95
ホモ・エレクトス　III 88, 95
ホモ・サピエンス　III 88, 94
ホモ・ハビリス　III 88, 95
ホモ・ルドルフエンシス　III 95
ホルツマーデン　II 89
ボルヒエナ類　III 55
ボレアル区　II 94

[ま]

マイクロプレート　I 47, III 24
迷子石　II 57, III 78
マイネス，フェリックス・アンドリース・フェニング　III 23
マグマ　I 18, 22, 24
枕状溶岩　II 16, III 21
マーシュ，オスニエル・チャールズ　II 91, III 26
マストドン　III 55
マーチソン，ロデリック・イムピ　I 70, 86, 104, II 14, 53
末端堆石　III 79, 96
マッドクラック　II 20
マニコーガン事件　II 71

マムータス・プリミゲニウス　III 83
マルグリス，リン　I 42
マルム　II 83
マルレラ形類　I 84
蔓脚類　I 85
マンコウ，J.　II 53
マントル　I 16, 18, 19, 22
マントルプルーム　I 47

[み]

ミアキス類　III 38
ミシシッピアン　II 29, 39
ミッドランド海盆　II 54, 58
ミトコンドリア　I 36, 57
ミトコンドリア・イブ　III 89
ミトコンドリアDNA　III 89
南アップランド断層　I 19
南アメリカプレート　III 105
南大西洋　II 95
ミラー，スタンレー　I 34
ミランコビッチ，ミルティン　III 76
ミランコビッチサイクル　III 77

[む]

無煙炭　II 45
無顎類　I 113, 115, II 27
ムカシトカゲ類　II 93
無弓亜綱(無弓類)　II 80, 81
無酸素条件　II 61
無酸素状態　II 81, 105
無整合　I 26
無性生殖　I 36, 64
無脊椎動物　I 64
ムッシェルカルク石灰岩　II 70
無板類　I 97

[め]

迷歯類　II 37
メガゾストロドン　II 77
メガテリウム　III 54
メガネウラ　II 49
メガロケロス・ギガンテウス　III 83
メキシコ湾流　III 87
雌型　I 30
メソサウルス　II 57
メソニクス(類)　III 27, 30
メッシナ危機　III 48
メッセル湖　III 32
メニスコテリウム　III 27
メリキップス　III 57
メリコドゥス　III 60
メンデル，グレゴール　I 37

[も]

モイン衝上断層　II 19
木質素　II 29
木生シダ類　II 112

モクレン類　II 119
モネラ界　I 36, 42
モラッセ(堆積物)　II 30, III 25
モリソン　II 91
モリソン層　II 90
モーリタニデス褶曲帯　II 54
モルガヌコドン　III 28
モレーン　III 96

[や]

ヤスデ　II 50

[ゆ]

有殻微小化石　I 75, 79
湧昇水　I 111
有性生殖　I 36, 58, 61, 64
有爪動物　I 85, II 50
有胎盤哺乳類　II 117
有蹄類　III 63
U字(型の)谷　II 57, III 78
ユーバクテリア　I 36, 42
ユーラメリカ植物相　II 74
ユーリー，ハロルド　I 34
ユリノキ　III 111

[よ]

溶解空隙　II 33
羊群岩　III 78
葉状植物　I 61
葉緑体　I 57
翼竜(類)　II 89, 93, 97, 100, 114
横ずれ境界　I 22
横ずれ断層　I 27
ヨハンソン，ドナルド　III 59
よろい竜　II 69

[ら]

ライアス　II 82
ライエル，チャールズ　II 28, 52, III 14, 70
ラウイスクス類　II 79
ラガニア　I 80
ラーゲルシュテッテン　I 80, 81, 93, 103
裸子植物　II 68, 83
ラスコーの洞窟　III 91
ラディオキアス　I 94
ラブワース，チャールズ　I 86, 105
ラマピテクス科　III 13
ラマルク，ジャン・バプティスト　I 38
藍藻類　I 34, 48, 53, 57
ランチョ・ラ・ブレア　III 85
ランディアン期　I 45

[り]

リアレナサウラ　II 111
リオグランデ海台　II 107
リーキー，メアリー　III 58

リーキー，リチャード　III 88
陸上植物最古の化石証拠　I 116
陸棚海　II 31, 88, 95
リグニン　II 29
リストロサウルス　II 57
リソスフェア　I 19, III 24
陸橋　III 72, 87
リニア(類)　I 116, II 23
リボ核酸　I 34, 37
竜脚類　II 97, 112
竜盤類　II 101
両生類　II 13, 27, 28, 35, 37, 49, 71, 117
緑色植物　I 20
緑藻類　I 20, 54, II 58
リング・オブ・ファイア　III 18
鱗甲類　I 79
リンコサウルス類　II 76
リンネ，カール・フォン　I 41

[る]

類人猿　III 13, 57, 65
ルクレール，ジョルジュ・ルイ　I 38
ルーシー　III 59, 94

[れ]

レイクス，アーサー　II 90
霊長類　III 64
レーイック海　I 69
瀝青炭　II 45
レセプタクリテス類　I 94
裂歯類　III 28
レピデンドロン　II 47
レプティクティジウム　III 33
連続歩行跡　II 75

[ろ]

ろ過摂食者　I 77
六放サンゴ類　I 112, II 93
ローソン　III 80
ロッキー山脈　III 16, 42
六脚類　II 51
ロディニア　I 57-59, 69
ロドケトゥス　III 30
ローラシア　II 29, 54, 72
ローレンシア　I 69, 72, 86, 88, 90, 105, 106, II 12, 15, 16, 18, 32, 38, 42, 83
ロンズデール，ウィリアム　II 14

[わ]

ワニ類　II 100, 117
ワラス，アルフレッド・ラッセル　I 38, II 57, 58, III 53, 108
ワラス線　III 53
腕足類　I 78, 92, 117, II 32, 61

監訳者

小畠 郁生
（おばた いくお）

1929 年　福岡県に生まれる
1956 年　九州大学大学院（理学研究科）博士課程中退
　　　　　国立科学博物館地学研究部長
　　　　　大阪学院大学国際学部教授を経て
現　在　　国立科学博物館名誉館員・理学博士
著　書　　『オウムガイの謎』（監訳；河出書房新社）
　　　　　『恐竜学』（編著；東京大学出版会）
　　　　　『恐竜 過去と現在Ⅰ, Ⅱ』（監訳；河出書房新社）
　　　　　『恐竜の謎』（監訳；河出書房新社）
　　　　　『恐竜大百科事典』（監訳；朝倉書店）
　　　　　『恐竜はなぜ滅んだか』（岩波ジュニア新書）
　　　　　『古生物百科事典』（監訳；朝倉書店）
　　　　　『図解世界の化石大百科』（監訳；河出書房新社）
　　　　　『肉食恐竜事典』（監訳；河出書房新社）
　　　　　「白亜紀アンモナイトにみる進化パターン」
　　　　　　（『講座進化3』所収；東京大学出版会）
　　　　　『白亜紀の自然史』（東京大学出版会）
　　　　　　ほか多数

生命と地球の進化アトラスⅠ
―地球の起源からシルル紀―
　　　　　　　　　　　　　　　　　定価はカバーに表示

2003 年 6 月 30 日　初版第 1 刷
2008 年 7 月 30 日　　　第 4 刷

　　　　　　　　　　監訳者　小　畠　郁　生
　　　　　　　　　　発行者　朝　倉　邦　造
　　　　　　　　　　発行所　株式会社　朝　倉　書　店

　　　　　　　　　　東京都新宿区新小川町 6-29
　　　　　　　　　　郵便番号　　162-8707
　　　　　　　　　　電　話　03（3260）0141
　　　　　　　　　　Ｆ Ａ Ｘ　03（3260）0180
〈検印省略〉　　　　　　http://www.asakura.co.jp

　　　　© 2003〈無断複写・転載を禁ず〉　　　　印刷・製本　真興社

ISBN 978-4-254-16242-4　C 3044　　　　　　　Printed in Japan

生命と地球の進化アトラス

I 地球の起源からシルル紀

A4変型判148ページ
ISBN 4-254-16242-1 C3044 【好評発売中】

1 はじめに──地球史の始まり
地球の起源と特質
- ●化石のでき方　●化学循環

生命の起源と特質
- ●五つの界

始生代（45億5000万年前から25億年前）
- ●藻類の進化

原生代（25億年前から5億4500万年前）
- ●初期無脊椎動物の進化

2 古生代前期──生命の爆発的進化
カンブリア紀（5億4500万年前から4億9000万年前）
- ●節足動物の進化

オルドビス紀（4億9000万年前から4億4300万年前）
- ●三葉虫類の進化

シルル紀（4億4300万年前から4億1700万年前）
- ●脊索動物の進化

II デボン紀から白亜紀

A4変型判148ページ
ISBN 4-254-16243-X C3044 【好評発売中】

3 古生代後期──生命の上陸
デボン紀（4億1700万年前から3億5400万年前）
- ●魚類の進化

石炭紀前期（3億5400万年前から3億2400万年前）
- ●両生類の進化

石炭紀後期（3億2400万年前から2億9500万年前）
- ●昆虫類の進化

ペルム紀（2億9500万年前から2億4800万年前）
- ●哺乳類型爬虫類の進化

4 中生代──爬虫類が地球を支配
三畳紀（2億4800万年前から2億500万年前）
- ●昆虫類の進化

ジュラ紀（2億500万年前から1億4400万年前）
- ●アンモナイト類の進化　●恐竜類の進化

白亜紀（1億4400万年前から6500万年前）
- ●顕花植物の進化　●鳥類の進化

III 第三紀から現代

A4変型判148ページ
ISBN 4-254-16244-8 C3044 【好評発売中】

5 第三紀──哺乳類の台頭
古第三紀（6500万年前から2400万年前）
- ●哺乳類の進化　●肉食哺乳類の進化

新第三紀（2400万年前から180万年前）
- ●有蹄類の進化　●霊長類の進化

6 第四紀──現代に至るまで
更新世（180万年前から1万年前）
- ●人類の進化

完新世（1万年前から現在まで）
- ●現代の絶滅

朝倉書店

〒162-8707　東京都新宿区新小川町6-29／振替00160-9-8673
電話03-3260-7631／FAX03-3260-0180
http://www.asakura.co.jp　eigyo@asakura.co.jp